实用电铸技术

（第二版）

刘仁志　编著

化学工业出版社

·北京·

内 容 简 介

电铸技术在现代制造业中具有举足轻重的地位。这项技术不仅是各种模具制造的重要方法，也是直接用于复杂精细构件生产的重要工艺技术。在现代交通、通信、电子电器和国防军工等领域都有广泛的应用，特别是在微机电系统（MEMS）制造领域，显示出重要的应用价值。

本书在保留上一版全面、系统、专业、实用特色的基础上，增补了微系统制造中的电铸技术等相应内容，是学习和应用现代电铸技术的广大科技工作者和相关专业师生值得拥有的专业参考书。在系统学习和了解电铸技术的同时，可从中获得新的信息和启发，从而强化专业知识和技能。

图书在版编目（CIP）数据

实用电铸技术/刘仁志编著．—2 版．—北京：化学工业出版社，2024.1

ISBN 978-7-122-44299-4

Ⅰ.①实… Ⅱ.①刘… Ⅲ.①电铸 Ⅳ.①TQ153.4

中国国家版本馆 CIP 数据核字（2023）第 190057 号

责任编辑：于 水 段志兵
责任校对：宋 玮 　　　　　　　　装帧设计：关 飞

出版发行：化学工业出版社（北京市东城区青年湖南街 13 号 邮政编码 100011）
印 装：大厂聚鑫印刷有限责任公司
710mm×1000mm 1/16 印张 20 字数 379 千字 2024 年 1 月北京第 2 版第 1 次印刷

购书咨询：010-64518888 　　　　　　售后服务：010-64518899
网 址：http://www.cip.com.cn
凡购买本书，如有缺损质量问题，本社销售中心负责调换。

定 价：118.00 元

前言

随着智能化时代的到来，现代制造的产业链呈现欣欣向荣的发展态势，电铸技术在现代制造中的作用也越来越明显，特别是以芯片为代表的微电子产品制造，电沉积技术在其中发挥了独特的作用，且是不可替代的。电铸技术在微机电制造中同样发挥了重要作用，其独特性也清晰地显现出来，从而进一步推动了电铸技术的创新发展，也适应了市场的需要。

现在，电沉积技术作为以原子为单位"积小为大"（bottom-up）的增量制造技术，已经在现代高端制造中成为不可或缺的技术，并且在应用中取得了许多重要成就。预期今后还会有更多令人惊奇的应用展现出来，其中也包括微电铸技术的各种新应用。

作为早期从实用角度全面介绍电铸技术的《实用电铸技术》出版至今已经有十多年的时间。十多年来，电化学理论和电沉积技术都有了长足的进步，而微机电制造更是很好地发挥了微电铸技术的作用。第一版虽然也介绍了微制造技术中电铸的应用，但在科技高速发展的今天，十多年的时间各项科学技术取得的进展十分惊人，一些科学预言得到印证，新预期不断涌现。其中就包括微制造技术往更细微的空间发展，且仍有很大的拓展空间。新版也重点增补了电铸技术在微机电制造中的应用，以适应时代进步和市场需求，使专业读者和学习本专业的师生能从中获得新的信息和启发。

当然，书本知识往往是落后于现实进步的，在科技高速发展的当代更是如此。但是，基础和基本的东西仍在最坚实的根基上发挥着重要的普及作用，就如牛顿力学定律仍然在指导现实社会中各种运动器件的制造和运动一样。历史是过去的积累，科技则是历史的积累。

囿于作者能力，不足之处在所难免，深望读者批评指正。

刘仁志
2023 年 8 月

第一版前言

　　电铸作为一种现代加工技术，尽管有着非常重要的用途，但是对许多人来说，却是一种很陌生的技术，不像机械加工技术和电子技术那样家喻户晓。不要说寻常百姓，就是一些非电铸专业的工程技术人员，对电铸也知之甚少。这固然有电铸的应用面相对较窄的原因，但更重要的原因是我国对电铸技术的应用相对落后于世界先进水平，以至于想要找一本电铸方面的专著都很困难，只能从有些电镀或模具制造专业的专著中的相关章节得到有关电铸技术的信息。

　　但是，随着我国国际加工中心地位的确立，我国利用电铸技术的步伐正在加快。无论是民用还是军工，也无论是平常的装饰品还是高科技的电子产品，都少不了电铸加工技术的应用。可以说从儿童玩具到航天器都离不开电铸技术。因此，很多从事电铸技术工作的人员，包括工程技术人员和现场操作人员以及管理者，都希望有一本综合性的可供参考的电铸专业专著。正是基于这种考虑，本人才冒昧承担了这本专著的编写工作，以期作为引玉之砖，推动更多的同行关注电铸技术的普及与进步。

　　考虑到读者不一定都是电铸专业人员，本书除了重点介绍电铸工艺以外，还以专门的篇幅对电极过程和电化学工艺、电子计算机辅助设计（CAD/CAM）做了介绍，对一些基本的电化学工艺参数做了比较详细的说明，以方便读者在读到电铸工艺的相关内容时有一个明确的概念。为加深对电铸技术的了解，书中还举了一些电铸技术的应用实例，力求比较全面地向专业和非专业人员介绍电铸技术，使读者能开卷有益。

　　需要说明的是，由于是国内第一本电铸专业的书籍，难免有不当和疏漏之处，敬请读者不吝赐教。

刘仁志

2006 年 6 月

目录

第1章 电沉积技术与电铸 / 001

1.1 电沉积技术概论 / 001

1.1.1 电沉积技术的原理 / 001

1.1.2 阴极电极过程 / 005

1.1.3 阳极电极过程 / 020

1.1.4 研究电沉积过程的方法 / 022

1.1.5 电沉积过程的直接观测 / 029

1.2 影响电沉积过程的因素 / 032

1.2.1 搅拌的影响 / 032

1.2.2 电源因素的影响 / 036

1.2.3 温度的影响 / 039

1.2.4 几何因素的影响 / 042

1.2.5 添加剂的影响 / 047

1.2.6 阳极过程的影响 / 049

1.2.7 超声波和其他物理场的
影响 / 053

1.3 电沉积技术的应用 / 055

1.3.1 电镀技术与电冶金技术 / 055

1.3.2 电铸技术 / 056

第2章 电铸技术总论 / 058

2.1 电铸技术概要 / 058

2.2 电铸技术的特点与流程 / 059

2.2.1 电铸技术的特点 / 059

2.2.2 电铸工艺的流程 / 061

2.2.3 电铸加工需要的资源 / 067

2.3 电铸技术的应用 / 074

2.3.1 模具制造 / 074

2.3.2 特殊产品加工 / 074

2.3.3 专用型材制造 / 075

2.3.4 纳米材料的制造 / 075

2.3.5 其他领域的应用 / 076

2.4 电铸技术的现状与展望 / 077

2.4.1 电铸技术现状 / 077

2.4.2 电铸技术展望 / 078

第3章 CAD/CAM与快速成型技术 / 081

3.1 CAD/CAM技术概要 / 081

3.1.1 CAD/CAM的发展历史 / 081

3.1.2 常用 CAD/CAM 软件的
功能 / 081

3.2 快速原型成型技术概要 / 083
3.2.1 快速成型技术的历史与
发展 / 084
3.2.2 快速成型技术的原理 / 085
3.2.3 快速成型系统的分类 / 086
3.2.4 快速成型技术的应用 / 091
3.3 快速成型与加工技术 / 093

3.3.1 如何用三维 CAD 设计建立快速
加工产品的数据模型 / 093
3.3.2 三维模型数据的处理及
输出 / 094
3.4 快速成型与快速模具技术 / 098
3.4.1 真空注型及低压灌注 / 098
3.4.2 快速非金属注塑模具 / 098
3.4.3 电铸模 / 099

第 4 章 电铸原型 / 100

4.1 电铸原型的作用与分类 / 100
4.1.1 电铸原型及材料选择 / 100
4.1.2 金属原型 / 102
4.1.3 非金属原型 / 103
4.1.4 一次性原型 / 103
4.1.5 反复使用性原型 / 104
4.2 原型材料选用原则与设计要求 / 106

4.2.1 原型材料选用原则 / 106
4.2.2 原型设计要求 / 107
4.3 原型的制造 / 109
4.3.1 人工加工原型 / 109
4.3.2 由成品复制原型 / 111
4.3.3 机械加工制作原型 / 115

第 5 章 电铸原型的表面处理 / 119

5.1 金属原型的表面处理 / 119
5.1.1 前处理流程 / 119
5.1.2 除油 / 120
5.1.3 弱浸蚀 / 124
5.1.4 脱模剂处理 / 125
5.2 非金属原型的表面处理 / 126
5.2.1 非金属原型的表面金属化 / 126
5.2.2 物理方法 / 126

5.3 表面金属化的化学方法 / 130
5.3.1 表面金属化流程 / 131
5.3.2 预处理和除油 / 131
5.3.3 敏化 / 132
5.3.4 活化 / 135
5.3.5 化学镀和化学镀铜 / 137
5.3.6 化学镀镍 / 142
5.3.7 其他化学镀工艺 / 146

第 6 章 铜电铸 / 149

6.1 铜电铸简介 / 149
6.1.1 铜的物理和化学性质 / 149
6.1.2 铜的电沉积液及其分类 / 150

6.1.3 铜电铸的特点 / 150
6.2 铜电铸工艺 / 151
6.2.1 铜电铸液的性能 / 151

6.2.2　铜电铸工艺流程 / 152

6.2.3　各种铜电铸液及操作要点 / 153

6.3　铜电铸的阳极 / 159

6.3.1　硫酸盐镀铜的阳极 / 159

6.3.2　氨基磺酸盐镀铜的阳极 / 160

6.3.3　焦磷酸盐镀铜的阳极 / 160

6.4　铜电铸模腔化学镀镍 / 161

6.4.1　化学镀镍在模具制造中的应用 / 161

6.4.2　铜电铸模腔化学镀镍 / 162

第 7 章　镍电铸 / 166

7.1　镍电铸综述 / 166

7.1.1　镍的物理和化学性质 / 166

7.1.2　镍电解液及其分类 / 167

7.1.3　镍电铸特点 / 168

7.2　镍电铸工艺 / 169

7.2.1　镍电铸液的物理化学性能 / 169

7.2.2　镍电铸的工艺流程 / 172

7.2.3　各种镍电铸液及操作要点 / 172

7.3　镍电铸的阳极 / 176

7.3.1　阳极的选择与使用 / 176

7.3.2　阳极篮的功能 / 177

7.4　影响镍电铸内应力的因素 / 178

7.4.1　有机添加剂的影响 / 179

7.4.2　pH 值的影响 / 179

7.4.3　电流密度和温度的影响 / 180

7.4.4　镀液成分的影响 / 180

7.4.5　杂质对内应力的影响 / 180

7.5　模腔内镀铬 / 182

7.5.1　关于镀铬 / 182

7.5.2　镀铬工艺 / 183

7.5.3　电铸模腔的镀铬 / 185

第 8 章　铁电铸 / 187

8.1　铁电铸简介 / 187

8.1.1　铁的物理化学性质 / 187

8.1.2　铁电铸的历史 / 188

8.1.3　铁的电沉积及其分类 / 188

8.2　铁电铸工艺 / 189

8.2.1　硫酸盐镀液 / 189

8.2.2　氯化物镀液 / 189

8.2.3　氟硼酸盐镀铁 / 192

8.2.4　氨基磺酸盐镀铁 / 192

8.3　铁电铸的阳极 / 195

8.3.1　铁电铸阳极的特性 / 195

8.3.2　适合作铁阳极的材料 / 197

8.3.3　铁电铸阳极的管理 / 197

第 9 章　合金与稀贵金属电铸 / 199

9.1　合金与稀贵金属电铸简介 / 199

9.1.1　合金电铸概况 / 199

9.1.2　稀贵金属电铸简介 / 200

9.2　合金电铸工艺 / 201

9.2.1　合金电铸的原理 / 201

9.2.2　铜系合金 / 205

9.2.3　镍系合金 / 210

9.2.4　钴系合金 / 216

9.2.5　其他合金 / 218

9.3　稀贵金属电铸工艺 / 223

9.3.1　钴电铸 / 223

9.3.2　银电铸 / 225

9.3.3　金电铸 / 230

9.3.4　其他稀贵金属电镀 / 233

第10章　微系统制造中的电铸技术 / 241

10.1　微系统制造 / 241

10.1.1　微系统简介 / 241

10.1.2　微型电铸技术 / 242

10.2　微型电铸工艺 / 245

10.2.1　适合微型电铸的合金 / 245

10.2.2　镍钴合金电镀工艺 / 246

10.3　微型电铸的应用领域 / 246

10.3.1　传感器领域 / 247

10.3.2　生物医学领域 / 247

10.3.3　微执行器领域 / 248

第11章　电铸应用举例 / 249

11.1　ABS塑料制品模具的电铸 / 249

11.1.1　ABS塑料及其制品 / 249

11.1.2　ABS塑料制品电铸模加工
工艺 / 250

11.1.3　ABS塑料模电铸的后处理 / 255

11.2　软聚氯乙烯玩具模电铸 / 255

11.2.1　玩具模原型的制作 / 256

11.2.2　玩具模原型的表面金属化 / 256

11.3　滚塑成型模具的电铸 / 258

11.3.1　关于滚塑成型 / 258

11.3.2　电铸滚塑模的优点 / 259

11.3.3　滚塑模的电铸 / 260

第12章　电铸液的维护、分析和电铸件的质量检测 / 268

12.1　表面金属化溶液的维护和
分析 / 268

12.1.1　表面金属化前处理液 / 268

12.1.2　化学镀液 / 270

12.2　电铸液的维护和分析 / 275

12.2.1　铜电铸液 / 275

12.2.2　镍电铸液 / 279

12.2.3　铁电铸液 / 283

12.2.4　其他电铸液 / 285

12.3　电铸质量检测 / 293

12.3.1　电铸原型的检测 / 293

12.3.2　电铸制品的检测 / 295

第13章　电铸技术与环境 / 298

13.1　电铸工艺对环境的影响及
治理 / 298

13.1.1　电铸工艺对环境的影响 / 298

13.1.2　电铸废弃物的治理 / 299

13.1.3　电铸用水的零排放系统 / 302

13.2　电铸资源的可再利用 / 302

13.2.1　反复使用性原型的再利用 / 302

13.2.2　一次性原型的再利用 / 303

13.2.3 清洗水中金属的回收利用 / 304

13.2.4 水的再利用 / 305

13.3 安全生产 / 307

13.3.1 电铸生产中的安全技术

知识 / 307

13.3.2 防护用品的正确使用及

保管 / 309

参考文献 / 310

第1章
电沉积技术与电铸

电铸是电沉积技术的三大应用领域之一，是电沉积技术的其他两个应用领域即电镀和电冶金的综合。因此，要真正掌握电铸技术，不能不了解电沉积技术。

我们将要讨论的电沉积过程和电化学工艺，与电能的关系与其他用电过程明显不同。因为电能的开发和利用与电化学有着紧密的联系。可以说，化学电源与电沉积是同源技术，它们的理论基础都是电化学，而电化学也随着物理化学的进步而有所发展，现在已发展到量子电化学，更注重电极过程中电子的量子态行为，这对深入认识电沉积过程有重要意义。

1.1 电沉积技术概论

1.1.1 电沉积技术的原理

电沉积过程是被研究得最充分而又在现代工业中应用最广的技术之一。而电沉积技术的原理，则是建立在电化学原理基础之上的。

电沉积过程实际上是金属离子从阴极持续获得电子，在阴极上还原为金属原子，然后再结合成金属晶体的过程。因此，也有人将电沉积过程叫作电结晶过程。要点是这种电结晶过程是以原子为单位成长起来的，可以说是原子级别的沉积过程，可以将电沉积定义为原子级别的增量制造技术。

1.1.1.1 金属晶体

结晶是指在一定条件下，溶液中的分子从溶液中形成一定结构的固态物质的过程，比如过饱和盐溶液中的盐晶体。结晶过程是从晶核生成到晶体长大的过程。如果晶核形成的速度比晶核长大的速度快，则结晶比较细小；相反，如果结晶长大的速度比晶核形成的速度快，则结晶比较粗大。金属结晶过程基本上也遵循这个规律。

（1）金属键

金属晶体原子间的结合力是由金属键维持的。金属键是由金属的自由电子和金属离子组成的晶体格子之间的相互作用构成的。金属键实际上是一种包含无限多个原子的多原子键，因为电子能量可以在整个金属晶体内自由传递。

需要指出的是，金属结晶体实际上有一些不同于一般化学结晶体的性质和特征。这主要是因为金属结晶所依靠的键力不同于一般分子间键力。

首先金属晶体实际上是由金属原子直接堆积而成的，也可以说是多原子晶体的极限情况。当多原子共价键中的原子个数由几个、几十个发展到 10^{20} 个那么多时，键的性质就会发生改变，我们可以称这种极强的多原子间力或金属分子间的力键为金属键。

金属键的另一个特征是没有方向性和饱和性。可以在任何方向与任何数目的邻近原子的价电子云重叠，从而生长为任意规格的金属晶体，并且是最稳定的晶体结构。这就是金属有最好的力学性能的原因。

（2）晶面指数

很多研究电沉积过程的报告在描述金属结晶的结构时，用到了晶体的晶面指数。这种晶面指数也叫密勒（Miller）指数（h、k、l）。

选择把阵点划分为最好格子的平移向量 $\underline{a}$、$\underline{b}$、$\underline{c}$ 的方向 a、b、c 为坐标轴。如果有一平面点阵或晶面与 a、b、c 轴相交于 M_1、M_2、M_3 三点（图 1-1），则截长分别为

$$OM_1 = h' \cdot \underline{a} = \frac{1}{2}\underline{a}$$

$$OM_2 = h' \cdot \underline{b} = \frac{1}{3}\underline{b}$$

$$OM_3 = h' \cdot \underline{c} = \frac{2}{3}\underline{c}$$

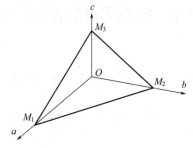

图 1-1　晶面指数示意图

因为点阵面必须通过阵点，所以截长一定是单位向量的整倍数，即 h'、k'、l' 必定是整数。这 h'、k'、l' 三个整数可以作为表示晶面的指数。但是，如果平面与 a 轴平行，则 h' 会无穷大。为了避免这个无穷大，密勒采取用 h'、k'、l' 的倒数的互质比来表示晶面

$$\frac{1}{h'} : \frac{1}{k'} : \frac{1}{l'} = h : k : l$$

h、k、l 就叫密勒指数或晶面指数。根据边长和交角的不同，空间点阵单位一共有 7 种，即立方晶系、六方晶系、四方晶系、三方晶系、正交晶系、单斜晶系、三斜晶系。

这些空间点阵又因构成形式不同而分为简单 P、面心 F、体心 I、底心 C、菱面体 R 等 14 种形式。如图 1-2 所示。

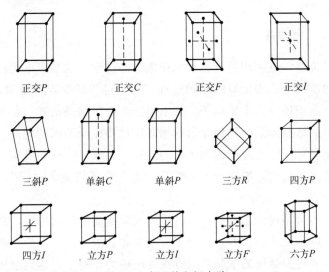

正交P	正交C	正交F	正交I

三斜P	单斜C	单斜P	三方R	四方P

四方I	立方P	立方I	立方F	六方P

图 1-2　十四种空间点阵

了解了这些指数以后，当我们在后面读到电沉积层金属组织结构时，不会再感到生疏。点阵一般为整数（包括零），可采取 100、110、111、200、210、211、220、221、222、300 等数值，通常用括号将晶面指数括起来，以便于识别。比如在低电流密度下的镀镍层具有 100 或 111 的结构。

（3）金属结晶的模式

为了较为准确地描述金属结晶的结构，通常是将金属原子看成球形体，从而提出了球的紧密堆积结构模型（图 1-3）。这种模型能更好地说明金属结晶的特征，在对构成体按不同层面进行解析时，也可以借用化学结晶的晶面指数加以描述。由于球体的紧密堆积可能有至少两种模式，即所有位置都有原子球的 ABC 模式［图 1-3(a)］和每三个球构成的空间位没有被原子填补的 AB 模式［图 1-3(b)］，从而也可以将金属结晶分为面心结构和体心结构的结晶。

无论是用哪种方法获得的金属晶体，基本上都有自己特定的金属组织结构，特别是以熔炼法获得的金属材料，同一种金属的结晶基本上是相同的。

 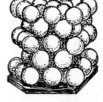

(a) ABC模式　　　　　　　　(b) AB模式

图 1-3　两种最紧密的堆积方式

1.1.1.2　电结晶

前面已经说过，电沉积过程也被叫作电结晶过程。这是以电为能量从含有所需金属离子的溶液中获得金属结晶的过程。这个过程的要点是金属离子的还原，如果没有金属离子还原为金属原子，就不可能有金属结晶出现。很明显，金属离子（化合物）的结晶体是与同种金属的结晶体性质完全不同的物质。因此，金属结晶过程是金属离子已经还原为原子后的过程，是原子晶核的成长。如果要用电结晶来定义电沉积过程，准确地说应该是"电化学还原结晶过程"，简称电结晶过程。

一般盐类的结晶过程是一个物理过程。只要提高溶液的浓度，使其达到过饱和状态，就可以实现结晶。但是，对于含有金属盐的溶液，无论你将浓度增加到多少，都不可能得到金属的结晶。只有在外电场的作用下，达到金属离子的还原电位，使金属离子还原为原子以后，才可以实现金属的结晶过程。电结晶中的过电位与溶液的过饱和度所起的作用是相当的。并且过电位的绝对值越大，金属结晶越容易形成，形成的结晶的晶核尺寸越小。

电结晶的另一个重要特征是金属结晶必须在电极上进行，必须要有一个载体或平台，使金属结晶可以在上面成核和成长。由于电极（金属）本身也是金属晶体，而金属晶体表面是一定会存在结晶缺陷的，这些部位会有金属晶核露出，因此，还原的金属原子也可以从这些晶核上成长起来。也就是说对于电结晶而言，不形成新的晶核，也可以进行电结晶。而一般盐的结晶，形成晶核是必要条件。

金属离子的电结晶过程主要经历以下几个步骤。

（1）金属离子的"瘦身"

在电解质溶液中的金属离子都不是简单盐的离子，通常是络合物离子。即使是在简单盐溶液中，金属离子外围也有极化水分子膜的包围。在电场作用下进入阴极区紧密层以前的金属离子，必须去掉这些配体离子和水分子膜，使自己"瘦身"后，才能在电极表面获得电子而还原。如果没有这个步骤，金属离子缺电子的空轨道被配体或极性水分子膜屏蔽，无法接收电子能量使自己还原。

（2）还原为吸附原子

完全裸露的金属离子在电极表面获得电子成为可以在电极表面自由移动的原子。靠吸附作用在表面移动，寻找最低能量的位置，也可以说是向低位能处流动。这个过程也可以叫作表面扩散。

（3）进入晶格

电极表面的低位能位置实际上是晶体表面的台阶位或"拐点"（图1-4）。这些位置的能量比较低，原子进入到这样的位置才能够稳定下来，成为结晶体的成员。这种适合接纳新来的原子进入晶格的地方，也可以叫作"生长点"。

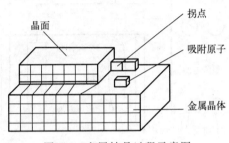

图 1-4　金属结晶过程示意图

电结晶过程是阴极电极过程实用化的重要过程。要想全面地了解和掌握电结晶过程的动力学特征，就必须了解和掌握电极过程的有关知识。

1.1.2　阴极电极过程

1.1.2.1　第二类导体

在讨论阴极电极过程以前，我们首先应该知道有关离子导电的知识。大家都知道可以导电的物质就是导体，所有的金属都是导体。但是，也有一类物质不是金属，也可以导电，这就是电解质溶液。

电的本质是电子的定向流动，因此，所谓导体，就是能使电子顺利流过的物质。这种认识在解释金属等电子导电体时是成立的，但是对于电解质溶液的导电，就不能用这种认识来解释了。

当金属盐类等可溶解的化学物质溶于水时，在水分子的作用下，这些金属盐类会发生离解，我们把这种可以离解的化学物质称为电解质。电解质离解出的离子总是成对出现的，即离解成带正电的正离子和带负电的负离子。在没有外电场作用于电解质溶液时，这些离子做无序的、杂乱的运动，也就是所谓的布朗运动。

如果我们在这种溶液中放进两个电极，并让这两个电极与电源的正极和负极相连接时（图 1-5），会有什么现象发生呢？首先，我们会发现电流表的指针动起来并显示有一定大小的电流流过电解质溶液。同时，会在两个电极上分别发现有化学反应发生。对于不同的电解质溶液，会观察到不同的现象。比如在单纯的酸性电解液中，不论是硫酸还是盐酸，可以观察到电极上有大量的气体析出。如果我们收集这些气体，就会发现在与电源负极相连的电极也就是阴极上，析出的是氢气。而与正极相连的电极也就是阳极上，析出的是氧气。这是电能对电解质水溶液做功的结果，生成了氢和氧。也就是发生了水的电解。说明电流通过了电解质溶液。

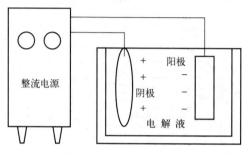

图 1-5　电解过程示意图

但是，研究表明，电子并没有在电解质溶液中通过，而只是在两个电极上分别与阴阳离子发生了交换。也就是说，当电流通过电解质溶液时，电解质溶液中的离子开始有序起来，阴离子向阳极移动，并在阳极上放出电子，自己被氧化；而阳离了则向阴极运动，并在阴极上获得电子还原。

我们以用石墨作电极电解 $CuCl_2$ 为例，在通电以后，铜离子在电场作用下移向阴极；氯离子则移向阳极。分别在阴极和阳极获得和交出电子，铜离子被还原，氯离子被氧化。

$$阴极反应（还原）Cu^{2+}+2e = Cu$$

$$阳极反应（氧化）\quad 2Cl^- = Cl_2+2e$$

$$总反应\quad Cu^{2+}+2Cl^- = Cu+Cl_2$$

在没有电流流过电解质溶液时，溶液中的铜离子和氯离子是不可能在溶液中进行电子交换的，但是当电源接通以后，在两个电极区间内分别发生了反应（请注意这里用的是石墨电极，这是为了让电极保持中立，只起导电作用而不参加电极反应）。可以理解为电流流过了电解质溶液，但实际上是没有流过的。

我们可以这样来理解电流是如何通过电解质溶液的。负极将电子源源不断地送到阴极，使阴极区内的阳离子获得电子还原，这等于是阳离子向电源借贷电子一样。然后由阴离子将自己所带的电子运送到阳极，在那里交回到电源的正极。在阴极上有多少电子（能量）被阳离子吸收，就有多少阴离子在阳极放出相同数量的电子给阳极。当然阳极上还有可能是另一种景象。当我们不是用石墨而是用铜作阳极时，如果阴离子并没有完全放出那么多电子（或者说阴离子发生反应的电位比较低时），这时阳极就会做出牺牲，自己拿出电子来加以弥补，我们就会发现阳极发生了溶解。金属铜不断地有一部分变成铜离子进入到溶液中去，同时每一个铜原子将两个电子还给正极，自己成为二价的铜离子。

这样，电解质溶液中的阳离子和阴离子有序地向相反方向移动，完成着导电的任务。我们称这为离子导电，并且将金属电子导电称为第一类导体，而将离子导电称为第二类导体。正是这些离子导体，扮演着电沉积过程中的重要角色。

在半导体中，有大家熟悉的空穴导电过程，实际上是固体物理学中的离子导电的例子。

1.1.2.2　双电层

（1）双电层的形成与性质

前面已经说到电解质溶液导体中的电子（现在应该说是电子能量）的交换是在电极表面进行的。无论是阳极还是阴极，在电解过程中，在电极上都有电子能量的交换。

电子能量到底是怎么样在电极表面交换的呢？这就要引入双电层的概念来加以说明。所谓双电层，是指当电极浸入到电解质溶液中时，由于金属电极表面的电荷密度高过溶液中分散的离子或偶极子（比如极性分子水或其他有电荷倾向的溶质分子）的电荷，这些溶液中的离子等会以相反的电荷在电极表面排列，形成一种与电极表面电荷极性相反的动态的双电层，并且相应地存在一定的电位差。根据形成双电层的电荷载体的不同，双电层可以分为离子双电层、偶极子双电层和吸附双电层。对于电沉积过程来说，重点要认识的是离子双电层。

离子双电层有可能是在电极与电解质溶液接触后自发形成的，但也可能是在外电源作用下形成的。比如电沉积中所使用的电源。无论哪种情况下形成的双电层，在性质上基本是一样的。

对于金属电极来说，当与电解质溶液接触时，在固相（金属）和液相（电解质溶液）之间会发生金属离子在两相间的转移。这种转移是动态的，当进入溶液中的金属离子达到一定量的时候，金属表面的电子数就会增加，从而以库仑力的作用使金属离子在电极表面排列，并阻滞电极上的金属离子进一步进入溶液。这就是自发形成的双电层。这种以电极金属离子进入溶液的形式形成的双电层，电极表面是负电性而溶液表面层则呈正电性。金属锌电极在含锌离子的电解液中形成的双电层就是这种性质的双电层。还有一种情况是金属电极上金属离子的化学位能比溶液中的低，这时当金属电极浸入到相应的电解质溶液时，溶液中的金属离子会自发地沉积到电极上。比如金属铜电极在硫酸盐溶液中，溶液中的铜离子会向铜表面聚集，使电极表面正电荷增加，而使双电层界面中的溶液一侧呈电负性。

金属进入到相应的溶液中形成自发双电层的速度非常快，可以说是瞬间完成的，大概只需要百万分之一秒。

而在外电源作用下形成的双电层则相当于给一个平板电容器充电。由于电极表面双电层之间的距离极近，在这个双电层之间有很高的场强，可达 10^{10} V/m。而从电工学的角度可知，当场强达到 10^6 V/m 时，所有的电介质都会因放电而被击穿。由于双电层之间的距离非常小，在两极之间没有介质可以进入，因而不会引起介质破坏的问题。

双电层的这种特性可以使一些在通常情况下不能进行的化学反应得以进行，同时可以使电极过程的速度发生极大的变化。

例如界面间的电位差改变 $0.1 \sim 0.2$V，反应速度可以改变 10 倍左右。由此可知，电极过程的反应速度与双电层电位差之间有着非常密切的关系。

（2）双电层的负离子特性

前面已经介绍过，电极在形成双电层时，电极表面的电荷极性有时是正的，有时是负的。许多研究表明，电极表面的这种不同的电性能表现在电极行为上有很大的差别。概括起来有如下几点。

① 电极表面为负电荷集聚时，溶液中的正离子在电极表面附近分布，这单纯地取决于库仑力的作用。而当电极表面集合的是正电荷时，溶液中的负离子除了在库仑力的作用下分布在双电层内溶液一侧，还受到另一种非静电力的作用，使负离子与电极表面直接接触，说明负离子与电极分子间存在分子轨道的相互作用。使负离子能停留在电极表面。这种作用力被称为吸附，或叫特性吸附。

② 水分子是偶极子，在有库仑力作用时，也会在电极表面附近排列，从而影响双电层的结构和性能。由于水分子还可以与其他显示电性的离子形成外围水分子极性团，这对这种离子达到和进入双电层都会有所影响。

③ 很多有机物都能在电极表面吸附，并且对电极过程有很大影响。例如电镀中的添加剂或金属防腐蚀中使用的缓蚀剂就都是利用表面活性物质在电极表面的强吸附作用。有机物的活性离子向电极表面移动时，必须先去掉包围着它的水化极性膜。并排挤掉原来在电极表面的水分子。这两个过程都将使体系的自由焓增加。在电极上被吸附的活性粒子与电极间的相互作用，则将使体系的自由焓减小。只有后者的作用超过了前者的作用，体系的总自由焓减小，吸附才会发生。

（3）紧密层和分散层

双电层是由电极和溶液中异种电荷的离子相对排列构成的。但是溶液中离子的排列存在紧密和分散两种状态。在静电力或其他作用力大的区间，将形成紧密的离子排列层，双电层的性质主要是这个紧密层决定的。但是在这个紧密层外围，由于偶极子现象会有异种电荷的离子或分子由接近紧密层的离子向外排列，形成分散层。电极表面附近溶液的这些性质，对电极过程都存在一定程度的影响。前面在介绍电结晶过程时已经讲到，对于阴极过程来说，进入紧密层的金属离子要摆脱水合离子、络离子配体等外围离子的包围，才能完成放电过程。

1.1.2.3 传质与电极过程

（1）传质过程

当有外电流通过电极时，溶液中的离子将参加电极反应，得到或放出电子能量。对于电沉积而言，在阴极上将有金属沉积。如果阳极是不溶性阳极，则随着通电时间的延长，溶液中的阴极区附近的金属离子将由于不断地沉积到阴极上而减少，溶液本体中的离子将运动过来补充。如果补充不及时或没有离子补充，反应速度就会下降或停止。离子向电极表面运动的过程在电化学中叫作传质过程，简称为传质。

电化学反应的速度还会受到电极所在溶液中的其他一些反应的影响。我们以锌在碱性电沉积液中的行为为例来加以说明。

在碱性镀锌液中，锌离子 Zn^{2+} 以锌络合物离子 $Zn(OH)_4^{2-}$ 的形式存在。但是，在阴极上获得电子能量还原时，却是以 $Zn(OH)_2$ 的形式存在。它在向阴极移动的过程中还要经历两次放出羟基的过程

$$Zn(OH)_4^{2-} \Longrightarrow Zn(OH)_3^- + OH^-$$

$$Zn(OH)_3^- \Longrightarrow Zn(OH)_2 + OH^-$$

这些过程将延缓锌离子到达阴极区进入双电层的速度。同时，对于已经获得电能被还原的物质，在电极表面还有一个形成分子或晶种再长大的过程。即使像氢离子在阴极的还原，也是这样的。

$$H^+ + e \Longrightarrow H$$

$$H + H \Longrightarrow H_2$$

先是一个氢离子得到一个电子还原为氢原子，两个氢原子结合到一起才形成氢分子，由于氢原子是所有元素中个子最小的，它可以在金属原子的间隙内穿行或停留，这就是电沉积金属往往有氢脆危险的原因。

（2）电极过程的步骤

参加反应的粒子通过传质过程到达电极区内以后，还要经过放电过程，直至出现新的产物，也就是生成新相。

无论是氢气或氧气的析出，还是金属沉积物的沉积，在电化学中都是新相的生成。有新相生成是电沉积过程的最终结果，也是电极电化学过程的最后一个步

骤。这样我们可以将电极过程归纳为以下三个步骤。

① 传质步骤 这是电解质溶液中的反应物粒子向电极表面附近移动的过程。阴离子或带负电荷的偶极子、络离子等，向阳极移动，阳离子或带正电荷的偶极子、络离子等向阴极移动。这种在电场作用下的粒子的移动，我们称之为电迁移。

电解质溶液中的粒子除了电迁移外，还可以在浓度差别（也叫浓度梯度）存在的时候出现扩散性移动，使其浓度趋向于均匀。这种浓度梯度可能是电极区反应物的消耗导致的，也可能是外界添加物进入溶液后形成的。

显然，外加的机械搅拌或温度差异（也可以叫温度梯度）也会引起粒子的流动，我们称之为对流。

② 电子转移步骤 根据量子电化学，电子从电极表面离开进入电解质溶液是一个克服界面势垒跃迁到溶液中金属离子空轨的过程。重新认识电沉积过程中电子的行为是量子电化学引进电极过程的重要内容。经典电极过程动力学简化了这个过程。

③ 新相生成步骤 经过电子转移后生成的新相在阴极上可能是金属晶格的形成和成长，也可能是气体的析出，在阳极则可能是一部分原子转变为离子向溶液本体扩散，也可能是气体的析出，或者是其他离子的氧化。电极过程只有完成了这个步骤，才是一个完整的电极过程。而电沉积过程正是这一过程随时间的连续和重复。要点是，结晶是从电极也就是基材表面生长起来的，新的表面总表现为基面，结晶就这样从基面成长起来而形成宏观的金属结构组织。

（3）速度控制步骤

在电极过程中，每一个步骤在进行时都有可能遇到一定的阻力。显然这些步骤进行的速度是不一样的，有的快，有的慢。并且改变电极过程进行中的某些条件，比如浓度、温度、搅拌等，各个步骤的速度会有所不同。但是，不管其中哪一个步骤的速度再快，也不能代表整个电极过程的反应速度。相反，是那个速度最慢的过程决定了整个电极反应的过程。这个最慢的过程也叫控制过程或控制步骤。

研究和分析电极过程，实际上就是分析和研究这个过程中的控制步骤。整个过程的动力学特征，实质上就是控制步骤的动力学特征。

（4）与传质有关的电化学参数

① 活度 我们所讨论的电解质溶液基本上都是强电解质溶液，但是，就是在这种强电解质溶液中，离子也不是完全处于自由离解的状态。离子之间的相互作用，使离子参加化学反应和电极反应的能力有所削弱。当我们要定量地描述电极过程时，不能简单地将所配制的电解液的浓度作为依据，而是要根据其参加反

应的程度进行修正。修正后的浓度参数就叫活度，也可以称为有效浓度。电解质的活度可以由实验测出，但通常是测量活度与溶液浓度 c，用它们的比值 γ 表示。当我们以 a 表示活度，则活度与浓度 c 关系为

$$a = \gamma c$$

γ 为活度系数，其值可从化学手册中查到。物理化学中规定固态物质的活度为 1，当溶液的浓度无限稀时，可以认为 $a = c$，$\gamma = 1$。

但是对于较高浓度的强电解质溶液，就不得不用活度来取代浓度了。比如 1mol/L 的 NaCl，其活度为 0.67mol/L。

② 电导率 导体电阻（R）的大小，取决于导体材料的性质和它们的几何形状。无论是一截导线还是一槽电解质溶液，其电阻的大小与电流流经的长度（L）成正比而与流经的截面积（S）成反比

$$R \propto \rho \frac{L}{S}$$

式中的 ρ 为电阻率，它代表导体 $L = 1$ 和 $S = 1$ 时的电阻。

因为导体的几何形状对电阻有影响，我们对它们进行比较时存在一定困难。因此，为了便于比较，需要有一个表示导体共性的指标，这就是电阻率。对于电解质溶液，由于其导电过程的特殊性，比较方便的是采用电阻和电阻率的倒数来表示，这就是电导（L）和电导率（k）。

$$L = \frac{1}{R} \qquad k = \frac{1}{\rho}$$

电导的单位是西门子（S），电导率的单位是西门子/厘米（S/cm）。电导率是描述第二类导体导电能力的重要参数。比较电解质水溶液的导电能力就只用比较它们的电导率。电导率可以用电桥法测量，也可以用直流测定法测量。重要的电解质的电导率可以从有关手册中查到。

影响溶液电导率的因素主要有电解质的本性、电解质溶液的浓度和温度等。

③ 离子迁移数 离子在电场作用下的移动称为电迁移。由于一种电解质通常总是离解为电荷相反的两种离子，两种离子分担着导电任务，阳离子迁移数为 t_+，阴离子的迁移数为 t_- 则有

$$t_+ + t_- = 1$$

离子的迁移数比离子的浓度、运动速度和所带的电荷等更真实地表示了离子对导电的贡献。离子的迁移数与离子的本性有关，也与溶液中其他离子的性质有关。因此，每一种离子在不同溶液中的迁移数是不同的。常用离子的迁移数可以从手册中查到。但手册中所列举的是只有这一种离子导电时的迁移数。如果溶液中有几种离子存在，则其中某一种离子的迁移数比它单独存在时要小。比如在单纯的硫酸镍溶液中，镍离子的迁移数是 0.4 左右，即镍离子迁移全部电量的

40%。但是，如果在这一溶液中加入一定数量的硫酸钠，则镍离子的迁移数明显地变小，甚至可以趋近于零，即镍离子这时根本不迁移电流。

④ 扩散系数　在电解质溶液中，如果存在某种浓度差，这时即使在溶液完全静止的情况下，也会发生离子从高浓度区向中低浓度区转移的现象，这种传质的方式就叫扩散。

我们将电解质溶液中单位距离间的浓度差称为梯度，如果这个梯度为1，这时离子扩散传质的速度就是扩散系数 D。它的单位是米/秒（m/s）。

1.1.2.4　电极电位

（1）标准电极电位

电极电位是金属离子进入电解质溶液中后，在金属表面排列形成双电层时，表现出的电极特性。从双电层的结构我们可以推知，在双电层中的金属电极表面一侧和溶液中异种离子排列的一侧相当于一个平行的平板电容。在这两极之间是存在电位差的。但是这个电位的绝对值目前是无法测到的，只能间接测量。在标准状态下（25℃，浓度1mol/L），每一种金属都有一个稳定不变的电极电位，这就是标准电极电位。当发生电极反应时，比如发生电沉积时，金属电极的电位会发生变化。在研究了对电极电位的变化有影响的因素后，德国物理化学家瓦尔特·能斯特（Walther Nernst，1864—1941）提出了计算电极电位的方程，这就是在电化学中有名的能斯特方程

$$E = E^{\ominus} + 2.303 \frac{RT}{nF} \lg a$$

式中　E——被测电极的（平衡）电极电位；

　　　$E^{\ominus}$——被测电极的标准电极电位；

　　　R——理想气体常数，等于8.314J/(mol·K)；

　　　T——绝对温度；

　　　n——在电极上还原的单个金属离子得电子数；

　　　F——法拉第常数；

　　　a——电解液中参加反应离子的活度（有效浓度）。

电极电位是电化学中一个非常重要的概念，也是研究电沉积过程经常要用到的一个概念。这里所说的电极电位方程是用来计算电极在非标准状态下的实际电极电位的。因为电极在实际工作中的状态很少是标准状态。特别是电沉积过程，电解质溶液中除了被沉积金属的主盐离子外，还添加了许多辅助剂和添加剂，有时温度达60℃以上，电极的电位值肯定会偏离原来的标准电位。并且很多时候我们希望被研究电极的电位向我们需要的方向有一定的偏移，我们称之为极化。一定的极化对有些电沉积过程是有利的，比如电镀过程或电铸过程，加入络合剂

或其他添加剂，可以使两种标准电极电位相差较远的金属，在特定镀液中的电位相接近，从而可以共沉积为合金，这就是合金电镀的原理。当然在电冶金过程和大多数阳极过程，都不希望有极化发生。因为极化意味着增加电能的消耗或某些不希望的反应发生。

在电沉积工艺研究和开发中，为了方便计算，可以对电极电位方程进行简化。这就是将几个基本固定的常数项先行计算合并化简为一个常数，并且用金属离子的浓度代替活度。这样，再将法拉第常数、阿伏伽德罗常数和温度（定在25℃）进行合并后得到 0.0592 这个常数，使能斯特方程简化为

$$E = E^{\ominus} + \frac{0.0592}{n} \times \lg c$$

我们以普通镀镍为例，可以通过这个方程式计算镍沉积时的平衡电位。由表查得镍的标准电极电位为 -0.250V，普通镀镍中镍离子的浓度约为 1mol/L，每个镍离子还原为金属镍需要 2 个电子，代入上述方程

$$E = -0.250 + \frac{0.0592}{2} \times \lg 1 = -0.250 \; (V)$$

由此可知，普通镀镍的平衡电位近似地等于它的标准电极电位。

一些常用的电沉积金属的标准电位见表 1-1。

表 1-1　常用金属的标准电极电位

电极	电位/V	电极	电位/V	电极	电位/V
Au/Au^+	+1.7	Sn/Sn^{4+}	+0.05	Fe/Fe^{2+}	-0.44
Au/Au^{3+}	+1.42	H/H^+	0.00	Cr/Cr^{3+}	-0.71
O_2/H^+	+1.23	Fe/Fe^{3+}	-0.036	Zn/Zn^{2+}	-0.763
Pt/Pt^{2+}	+1.2	Pb/Pb^{2+}	-0.126	Al/Al^{3+}	-1.66
Pd/Pd^{2+}	+0.83	Sn/Sn^{2+}	-0.140	Ti/Ti^{2+}	-1.75
Pb/Pb^{4+}	+0.80	Ni/Ni^{2+}	-0.23	Na/Na^+	-2.71
Ag/Ag^+	+0.799	In/In^+	-0.25	Ba/Ba^{2+}	-2.90
Rh/Rh^{2+}	+0.6	Co/Co^{2+}	-0.27	K/K^+	-2.925
Cu/Cu^+	+0.52	In/In^{3+}	-0.34	Li/Li^+	-3.045
Cu/Cu^{2+}	+0.34	Cd/Cd^{2+}	-0.402		

（2）电极的极化与极化曲线

在实际的电沉积过程中，很少有电极能在标准电极电位下进行反应。这是因为无论是工业应用还是科学实验，电沉积电解液的浓度都不会是标准浓度。因此，在这样的电解质溶液中的电极，从一开始就不是处在标准状态下的。这时的电极一接触到实际工作的电解液，将在电极与溶液间建立起新的电位平衡，因此，我们对这种初始状态的电极电位叫作平衡电位。一旦有外电流通过电解槽，

在电极过程中的传质和电化学反应会因为反应条件的变化而发生各种阻滞现象，这都将会使电极的电位发生变化而偏离平衡电极电位。我们将电极电位偏离平衡电位的现象称为极化。极化的结果是产生过电位，从而使电极反应在过电位下进行，出现一些与标准状态不同的现象。

极化是电极过程的重要特性。从应用电化学的角度看，一定的极化有时是有利的，正是利用电极可以产生极化的性质，在电沉积过程中可以改善电沉积物的性能或获得合金沉积物等。但并不是说极化总是有利的，有时我们要求电极不要发生极化，或极化尽量地小，比如对于大多数阳极过程，或某些阴极过程，过大的极化是有害的。

大量的研究表明，电极上通过的电流的大小不同，电极的电位也是不同的。我们可以通过对一个电极过程（比如阴极过程），在一定温度和一定溶液组成和浓度下，不同电流密度下的电位进行一系列的测量，然后根据所测得的值绘出曲线，我们称为极化曲线。如图 1-6 所示。

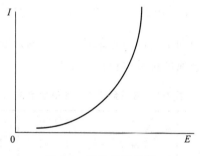

图 1-6　极化曲线示意

通过不同条件下测出的不同的极化曲线，可以观察其他因素对电极极化的影响，也可以在一个坐标系内绘出不同条件下的极化曲线，以比较不同条件下产生的不同的极化现象。比如不同温度、不同浓度、不同电解液组成、不同表面活性剂、不同添加剂、不同搅拌条件等，都可以有不同的极化曲线。并且这些曲线与实际电极过程的结果是一一对应的。这对研究获得不同宏观效果的极化曲线特征来改善电极过程是很有意义的。极化曲线在电极过程研究中有着非常重要的作用。

（3）电化学极化和交换电流密度

一定的电极电位，对应于电极与溶液界面之间有一定的电位差，存在着双电层。这我们已经有所了解。在没有外电流通过时，电极表面一般表现为电负性。比如在镀镍的溶液中的镍电极，从微观的角度，没有外电流时，也不断地有镍离子在溶液中进行着交换，并且由于正反向的速度相等，电极处于平衡状态。在宏观上没有任何变化。有多少个镍离子进入溶液，就有多少个镍离子重新回到电极上去。如果以电流密度表示反应的速度，则可以认为还原和氧化这两个方向相反的电流密度相等。这个相等的电流密度值叫作交换电流密度 i_0。

$$i_{还原} = i_{氧化} = i_0$$

显然，i_0 是又一个表示电极处于平衡状态的参数。但是我们必须知道，平衡电位相同的两个电极，交换电流密度不一定是相同的。而交换电流不同的两个电极的性能也就是不同的。这在电极处于极化状态时，表现得特别明显。

交换电流密度是电极反应的一个重要参数。不同金属电极的交换电流密度是不同的，并且可以通过这些不同的交换电流密度判断这些金属离子在电极上的还原能力。通常只有交换电流密度低的金属易于在阴极还原，其中交换电流密度最低的一类金属在简单盐溶液中就可以电沉积出来，比如铁族元素铬、铁、镍等。这些元素都在元素周期表的中部，即过渡元素，也即典型金属元素的区域。而一些交换电流密度非常高的元素则根本不可能从水溶液中获得电沉积物，比如所有的碱金属或碱土金属钾、钠、钙、镁等。

金属离子要在阴极上还原为金属结晶，必须要有外电流通过电极。在外电流通过阴极而发生还原反应的情况下，电极与溶液间的粒子交换速度不再相等，还原反应比氧化反应要进行得快一些。这两个反应之间的差值就是外电流密度 i_k

$$i_{还原} > i_{氧化} = i_k$$

在有外电流通过电极的情况下，电极反应的交换电流密度的大小，对电极的极化影响很大。除非有无穷大的交换电流密度和无限小的外电流密度，电极才能仍然在平衡电位下进行反应，但这是不可能的。因此，当有外电流通过电极时，平衡电位总是要受到破坏而发生极化。对于阴极而言，如果被还原的离子来不及将电极上的电子消耗掉，就会有多余的电子在电极上积聚而使电位向负的方向偏移。这个新增加的电位差所产生的电场作用是为了加速阳离子的还原，以使电极趋于新的平衡，这时的电位已经不是原来的平衡电位，而是极化了的电位。这种由于电化学反应的变化引起的极化，我们就称为电化学极化。

（4）浓差极化与极限电流密度

在电极上有外电流通过时，如果电极能够在平衡电位下工作，此时电化学极化为零。当然这种理想状况是不存在的。但是有一些电极反应可以接近这种状态，就是说电极的电化学反应阻力很小，接近于零。比如在含有 H_2SO_4 的 $CuSO_4$ 溶液中镀铜，如果不加入任何有机添加剂，则其阴极过程的电化学极化就非常小。这就是我们用它作为铜库仑计来测量电流效率的原因。但是，实际上，即使在电化学极化基本不存在的条件下，电极反应时还是会有极化现象出现，这就是由反应物或反应产物粒子在溶液传送过程中的阻力在电极电位上的表现。我们将这种由于反应物浓度变化引起的极化，称为浓差极化。

由于在电极反应中有电能的消耗，并由此产生物质浓度的变化。因此，我们可以建立起电流与物质浓度的关系。当我们以电流密度 i 来表示扩散过程的流量，就有

$$i=zFJ=zFD\frac{C_0-C_S}{\delta}$$

式中 J——扩散流量，表示单位时间单位面积上扩散的摩尔数；

D——扩散系数；

δ——扩散层厚度；

C_0——反应物的总浓度；

C_S——紧靠电极表面附近液层中反应物的浓度；

z——电极反应中电子得失数；

F——法拉第常数。

在通电以前，溶液中的 $C_0=C_S$，$i=0$。随着电流的增大，C_S 相应地减小。在极限情况下，$C_S=0$，电流密度 i 达到最大值，成为极限电流密度 i_d，显然

$$i_d=\frac{zFDC_0}{\delta}$$

代入上式，可得

$$i=i_d\left(1-\frac{C_S}{C_0}\right)\quad \text{或者}\quad C_S=C_0\left(1-\frac{i}{i_d}\right)$$

当我们将电极电位方程中的有效浓度 a 换成以电流密度表示的浓度变化时，就可以导出反应产物为金属结晶体的条件下的浓差极化方程

$$E=E_平+2.303\frac{RT}{nF}\lg\left(1-\frac{i}{i_d}\right)$$

显然，当阴极电流密度越大时，阴极表面附近液层中的反应物浓度就越低，电极电位 E 的值就越负，浓差极化就越大。

对电沉积溶液来说，当没有外电流通过时，我们可以认为各个部分的浓度是均匀的。但是，当通电一发生，电极上就会有反应。在阴极表面，首先就是离电极最近的阳离子的还原，除非溶液中其他部位的离子可以以极高的速度来补充这些一通电就马上发生了还原的离子，否则，溶液中的浓度均匀性肯定会被破坏。我们知道即使采用极强的搅拌，离子的补充仍然会稍慢于通电瞬间就发生还原进入到阴极双电层内的离子。因此，浓差极化是不可避免的，我们只能用各种手段来减小它的影响。因为在反应电流很大的电极反应中，浓差极化的影响是比较大的。而对于电沉积来说，特别是对于电铸，在较大电流密度下工作是常态。因此，这些电极实际上都是在极化状态下工作的。当然，加温和搅拌可以增大反应物或产物的传质速度，从而有利于浓差极化的减小。

1.1.2.5　法拉第定律

电沉积过程遵守法拉第定律。迈克尔·法拉第（Michael Faraday，1791—1867）是英国著名的自学成才的科学家，在许多科技领域都做出了卓越的贡献，也是电化学的奠基者之一。他发现的电解定律至今仍然是电沉积技术中最基本的定律，在电化学中被称为法拉第定律或电解定律。这一著名的定律又分为两个子定律，即法拉第第一定律和第二定律。

（1）法拉第第一定律

法拉第的研究表明，在电解过程中，阴极上还原物质析出的量与所通过的电流和通电时间成正比。

当我们讨论的是金属的电沉积时，用公式可以表示为

$$M = KQ = KIt$$

式中　M——析出金属的质量；

　　　K——比例常数；

　　　Q——通过的电量；

　　　I——电流；

　　　t——通电时间。

法拉第第一定律描述的是电能转化为化学能的定性关系，进一步的研究表明，这种转化有着严格的定量关系，这就是第二定律所要表述的内容。

（2）法拉第第二定律

电解过程中，通过的电量相同，所析出或溶解出的不同物质的物质的量相同。也可以表述为：电解 1mol 的物质，所需用的电量都是 1 个法拉第（F），等于 96500C 或者 26.8 安培小时（A·h）。

$$1F = 26.8A \cdot h = 96500C$$

结合第一定律也可以说用相同的电量通过不同的电解质溶液时，在电极上析出（或溶解）物质的质量与它们的摩尔质量成正比。

我们由法拉第第一定律的公式还可以得知，比例常数 K 实际上是单位电量所能析出的物质的质量

$$由 M = KQ, 可得 K = \frac{M}{Q}$$

因此，电化学中也将比例常数 K 称作电化当量。需要提醒的是，电化当量的值因所选用的单位不同而有所不同。比如同样是镍，如果不以库仑作单位，而改用安培小时作单位，则电化当量的值就不同了。

为了方便读者查对，现将常用金属元素的电化当量列于表 1-2。

表 1-2　常用金属元素的电化当量

元素	元素符号	化合价	相对原子质量	密度/(g/cm³)	化学当量	电化学当量 K 值	
						mg/C	g/(A·h)
金	Au	1	196.967	19.3	196.967	2.04	7.353
		3			65.656	0.68	2.45
银	Ag	1	107.868	10.5	107.868	1.118	4.025
镉	Cd	2	112.40	8.642	56.20	0.582	1.097
锌	Zn	2	65.38	7.14	32.69	0.399	1.220
铬	Cr	6	51.996	7.20	8.666	0.0898	0.324
		3			17.332	0.180	0.647
钴	Co	2	58.933	8.9	29.466	0.305	1.099
铜	Cu	1	63.546	8.92	63.546	0.658	2.371
		2			31.733	0.329	1.186
铁	Fe	2	55.847	7.86	27.924	0.289	1.042
(氢)	H	1	1.008	0.0899	1.008	0.010	0.038
铟	In	3	114.82	7.30	38.27	0.399	1.429
镍	Ni	2	58.70	8.90	29.35	0.304	1.095
(氧)	O	2	15.999	1.429	7.999	0.0829	0.298
铅	Pb	2	207.2	11.344	103.6	1.074	3.865
钯	Pd	2	106.4	11.40	53.2	0.551	1.99
铂	Pt	4	195.09	21.45	48.77	0.506	1.820
铑	Rh	3	102.906	12.4	34.302	0.355	1.28
锑	Sb	3	121.75	6.684	40.58	0.421	1.514
锡	Sn	2	118.69	7.28	59.34	0.615	2.214
		4			29.67	0.307	1.107

1.1.2.6　电流效率和电沉积层厚度计算

（1）电流效率

在实际电沉积过程中，我们可以发现，所消耗的电量并不都是用来沉积我们需要的金属层。也就是说实际电沉积过程在表观上与法拉第第二定律不相符。这就要引入电流效率来加以解释。因为在实际电沉积过程中，在电极上除了发生所要的金属离子的电沉积，还会有一些副反应发生，比如氢的析出或者其他非主盐金属离子的还原或其他杂质离子的还原。这些副反应也会消耗电能，使通过电极的电量不能完全用在电沉积上。

所谓电流效率是指电解时，在电极上实际沉积或溶解的物质的量与理论计算的析出或溶解量之比。通常用符号 η 表示

$$\eta = \frac{M'}{M} \times 100\% = \frac{M'}{KIt} \times 100\%$$

式中　M'——电极上实际析出或溶解物质的量；

　　　M——理论计算的析出或溶解物质的量；

K、I、t——电化当量、电流和电解时间。

由不同电沉积液或不同镀种所获得的镀层的质量与理论值的比例可知，不同镀液或镀种的电流效率有很大差别。显然，对于电铸和电冶金而言，需要采用电流效率高的电镀液。以提高电铸和电冶金的速度。一些常用金属电沉积溶液的阴极电流效率见表1-3。

表1-3 某些电沉积溶液的阴极电流效率

电镀溶液	电流效率/%	电镀溶液	电流效率/%
硫酸盐镀铜	95～100	碱性镀锡	60～75
氰化物镀铜	60～70	硫酸盐镀锡	85～95
焦磷酸盐镀铜	90～100	氰化物镀黄铜	60～70
硫酸盐镀锌	95～100	氰化物镀青铜	60～70
氰化物镀锌	60～85	氰化物镀镉	90～95
锌酸盐镀锌	70～85	铵盐镀镉	90～98
铵盐镀锌	94～98	硫酸盐镀铟	50～80
镀镍	95～98	氟硼酸盐镀铟	80～90
镀铁	95～98	氯化物镀铟	70～95
镀铬	12～16	镀铋	95～100
氰化物镀金	60～80	氟硼酸盐镀铅	90～98
氰化物镀银	95～100	镀镉锡合金	65～75
镀铂	30～50	镀锡镍合金	80～100
镀钯	90～95	镀铅锡合金	95～100
镀铼	10～15	镀镍铁合金	90～98
镀铑	40～60	镀锡锌合金	80～100

在测量电解过程的电流效率时，就是利用了有稳定的接近100％电流效率的硫酸盐镀铜电解槽，这种镀铜电解槽也被叫作铜库仑计。将被测的电解液与之串联连接，在单位时间内电解后分别对镀铜阴极上的镀层和被测阴极上的镀层用减重法测出质量，它们的比值就是这种被测液的电流效率。

（2）电沉积层厚度的计算

由电流效率公式可以得到

$$M' = KIt\eta$$

同时，所得金属镀层的质量也可以用金属的体积和它的密度计算出来。

$$M' = V\gamma = S\delta\gamma$$

式中　V——金属镀层的体积，cm^3；

　　　S——金属镀层的面积，cm^2；

　　　δ——金属镀层的厚度，cm；

　　　γ——金属的密度，g/cm^3。

由于实际科研和生产中对镀层的度量单位都用微米（μm），而对受镀面积则都采用平方分米（dm^2）作单位，电铸也是这样。因此，当我们要根据已知的各个参数来计算所获得镀层的厚度时，需要做一些换算。由 $1dm^2 =$

100cm^2，$1\text{cm} = 10000\mu\text{m}$ 可得到

$$M' = 100S \times \frac{\delta}{10000} \times \gamma = \frac{S\delta\gamma}{100}$$

将 $M' = KIt\eta$ 代入上式得

$$\delta = \frac{100KIt\eta}{S\gamma}$$

电沉积过程中是以电流密度为参数的，也就是单位面积上通过的电流值。为了方便计算，根据电流密度的概念，$D = I/S$，可以将上式中的 I/S 换成电流密度 D。而电流密度的单位是 A/dm^2，考虑到电沉积是以 min 为时间单位，代入后得

$$\delta = \frac{100KDt\eta}{60\gamma}$$

这就是根据所沉积金属的电化学性质（电化当量和电流效率）和所使用的电流密度和时间进行电沉积层厚度计算的公式。这个公式对于电镀、电铸和电冶金都是有用的计算公式。因为通过这个公式可以对镀层厚度和电铸时间或还原金属的产物等各种参数进行计算，从而做到心中有数，有利于组织科研和生产。

1.1.3　阳极电极过程

电沉积过程是阴极过程，这在前面已经有比较全面的介绍。所有这些有关阴极过程的介绍和讨论，都涉及溶液中离子浓度的变化。这些变化实际上与阳极过程有着密切的关系。理想的电极过程中，阳极过程与阴极过程是匹配的，但是实际当中并不是如此。比如阳极的电流效率有时会超过 100%，这是因为阳极有时会发生非电化学溶解，使阳极溶解物的量超过了电化学溶解正常情况下的量。而有时又大大低于 100%，使阴阳极之间物质转移的平衡被破坏，电解液极不稳定。为什么会发生这些现象？这与阳极过程的特点是分不开的。但是，从事电化学工业的从业人员多半对阴极过程很重视而对阳极过程不是很重视。以至于很多本专业的人员对阳极过程的认识要比对阴极过程的认识肤浅得多。

我们有时可以在电镀或电铸现场看到工作中的电镀槽中阳极的面积根本达不到工艺规定的要求。阳极面积不够可以说是目前我国电镀行业普遍存在的现象。而对阳极过程的控制绝不仅仅是阳极面积这一条。因此，从事电沉积工艺开发、生产和管理的人员，不可不对阳极过程有一个正确和全面的认识。

1.1.3.1　阳极的电化学溶解和钝化

阳极过程是比阴极过程更为复杂的过程。这是因为阳极过程包括化学溶解和电化学溶解以及钝化、水的电解、其他阴离子在阳极的放电等复杂的过程。

作为电解过程中的电极，阳极首先要承担导电的任务，同时本身发生电化学反应

$$M-ne \Longrightarrow M^{n+}$$

这就是阳极金属的电化学溶解。这一过程一般也是在一定过电位下才会发生，但其电流密度比阴极过程的要小一半左右。因此，电沉积中用的阳极的面积往往要求比阴极大一倍，就是为了保证阳极的电流密度在正常电化学溶解的范围内。

如果阳极的极化进一步加大，理论上来说，其溶解的速度会更大。但是，实际在电沉积过程中，可以观测到，过大的阳极极化的结果是阳极反而处于钝化状态。这就是阳极的钝化。阳极钝化的结果是阳极不再向溶液提供金属离子，并且阳极电阻增大，槽电压上升，影响到阴极过程的正常进行，带来一系列不利影响。

随着阳极极化的增加，阳极反应会发生转化，钝化后的阳极在超过一定电位以后，金属阳极不再发生金属的离子化，而是其他阴离子的氧化或氧的析出

$$4OH^- -4e \Longrightarrow O_2+2H_2O$$

至于阳极的钝化现象，则有两种理论加以解释，即成膜理论和吸附层理论。

（1）成膜理论

成膜理论认为，在阳极氧化过程中，电极表面首先形成了胶体状的金属盐膜。比如镍电极表面的氢氧化镍膜，可以称为预钝化膜。然后才是预钝化膜转化为钝化膜。例如，胶体状的 $Ni(OH)_2$ 转化为 Ni_2O_3。钝化膜将金属与溶液隔离开，这时，尽管处在很正的电极电位下，金属的溶解速度也很小，电极处于钝化状态。但这种钝化膜仍然可以导电，水和羟基离子仍然可以在电极上放电。

另一种钝化膜是难溶金属盐的膜。例如在硫酸溶液中铅电极表面的硫酸铅膜。形成这类膜有时是有利的，比如酸性硫酸盐镀铜中的铜阳极，就需要在其中加入少量的磷使阳极处于钝化状态，以防止铜粉的产生。这时的磷铜阳极不是以一价铜的形式将金属铜在电解液中溶解，而是以二价铜的形式往镀液中溶解，从而防止一价铜因歧化反应而生成铜粉，危害电沉积过程。

（2）吸附理论

吸附理论认为，金属的钝化是由于电极上形成了氧的吸附层或其他物质的吸附层，这种吸附层影响了金属的正常电化学溶解，使阳极的极化增加。测试表明，在阳极表面确实有时会存在一层氧化物膜，而氧化膜是钝化膜的一种。

两种理论的不同在于，一种将钝化作为引起极化的原因，而另一种则认为是极化的结果。

实际上这两者是互成因果的，一有电流通过电极，多少就会有极化发生，极化的大小视电极和溶液的性能而异，包括阳极金属材料的纯度，溶液中的添加物

等，都会对阳极的极化带来影响。

除了电化学钝化，金属还会发生化学钝化。化学钝化的结果也是在金属表面生成金属本身或外来金属的盐膜，也可能是生成金属的氧化物膜。人们利用金属的钝化性能，可以在一些金属镀层表面生成钝化膜来保护金属不受腐蚀。比如镀锌层的钝化等。也有些金属正是表面有天然的钝化膜而可以保持美丽的金属光泽，比如镀铬。但对于电沉积过程中的金属表面的钝化，则有时是有害的。不过，对于电铸来说，金属钝化膜有时是被用来作为金属原型与电铸层的脱模剂而加以利用。

1.1.3.2　阳极的化学溶解

金属阳极除了有电化学溶解，还存在化学溶解。这是在没有外电流情况下，金属的自发性溶解。比如铁在盐酸溶液中置换氢

$$Fe + 2HCl = FeCl_2 + H_2 \uparrow$$

金属的化学溶解也可以看作是金属的腐蚀过程。金属在电解质溶液中发生的腐蚀，称为金属的电化学腐蚀。

特别是当金属结晶中存在缺陷或杂质时，从这些缺陷和杂质所处的位置发生腐蚀的概率要高得多，包括应力集中的地方，也比其他位置容易发生腐蚀。

对于金属阳极来说，电化学腐蚀的过程，就是金属阳极溶解的过程。如果存在化学溶解，阳极的溶解效率会相对阴极电流效率超过 100%。阳极的这种过快的溶解，导致电沉积溶液中金属离子的量增加，当超过工艺规定的范围时，就会对电沉积过程带来不利影响。

有些电解液不工作的时候要将阳极从电解槽中取出来，就是为了防止金属阳极的这种化学溶解。以免额外增加镀槽中金属离子的浓度而导致电沉积液比例失调。

因此，我们并不希望阳极在镀槽中发生化学溶解。理想的阳极是有一定程度的钝化状态。只在有电流通过时才正常发生电化学溶解，而在不导电时不发生化学溶解。

同时，所有用于电沉积的阳极都要保证有较高的纯度，一般应该在 99.99%。有些时候要求阳极要经过压制或辊轧，都是为了防止其发生化学溶解。当然，要求高纯度的阳极还有一个重要的原因，就是防止从阳极中将异种金属杂质带入镀液中而影响沉积物质量。

1.1.4　研究电沉积过程的方法

由于电沉积过程在许多领域都有应用，同时还有一些潜在的用途，因此，对

电沉积过程的研究始终没有停止过。开发出新的电沉积镀层，包括复合镀层、新合金、难以获得的金属镀层（比如铝）等，都一直是电沉积技术科技工作者努力的方向。

而要研究电沉积过程，就要用到一些研究和测试的方法。包括从事电铸技术开发在内的科技工作者，有必要了解和掌握一些基本的研究手段和方法。

1.1.4.1 电沉积过程的试验手段

尽管物理化学，特别是电极过程动力学对电沉积过程有充分的研究，但是电沉积技术实际上还是一种试验科学。很多电沉积技术成果都是经过无数次试验从实践中获得的。有技术理论的指导固然重要，但是，由于影响电沉积过程的因素很多，并且有些电极反应的机理并不是那么清楚，这使得在电解液中加入某种添加物的空间非常广阔。同时，其他领域的技术进步将会对电沉积技术的进步有所帮助，这种情况在许多技术领域都是存在的。因此，继续在试验中努力总是会有所回报。

（1）霍尔槽试验

在电沉积过程的试验中，霍尔槽是一种非常重要而又实用的试验方法。

所谓霍尔槽，也叫梯形槽。霍尔槽试验示意图如图 1-7 所示。

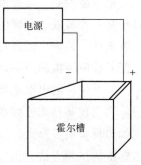

图 1-7　霍尔槽试验示意图

由图 1-7 可以看出，霍尔槽的阴极两端与阳极的距离不等。阴极上远离阳极的一端电流密度最小，称为远端；而阴极离阳极最近的一端电流密度最高，称为近端。在这两点之间，随着阴极与阳极距离的接近，电流密度也由小渐大，直至最大。这是霍尔槽试片的一个最为显著的特点。电流密度的不同，所获镀层的厚度、性能会有所不同。霍尔槽阴极试片上镀层厚度与电流的关系如下式

$$\frac{d_1}{d_2} = \frac{i_{k1}}{i_{k2}} \times \frac{\eta_1}{\eta_2}$$

式中　d_1、d_2——阴极上不同点（1、2 点）的厚度；

　　　i_{k1}、i_{k2}——阴极上不同点的电流密度；

　　　η_1、η_2——阴极上不同点的电流效率。

通过大量的试验，得出霍尔槽（阴极）试片上某一点的电流密度（i_k）与离近端的距离的对数成反比

$$i_k = I(C_1 - C_2 \lg L)$$

式中　I——通过霍尔槽的电流；

C_1、C_2——常数，与电解质性质有关，在容量为 1000mL 的试验液中，$C_1 =$
3.26，$C_2 = 3.05$。在 250mL 试验液中，$C_1 = 5.1$，$C_2 = 5.24$；

L——阴极上某点距近端的距离。

经测试和计算表明，霍尔槽试片上的电流密度的这种差别，从最小到最大，相差 50 倍。比如我们用 1A 的电流在 250mL 的霍尔槽中做试镀时，这时近端的电流密度为 0.10A/dm^2，而远端的电流密度则达到 5.1A/dm^2。

由此可知，采用霍尔槽做试验，从一个试片上一次就可以获得有 50 倍不同电流密度范围的镀层状态，对提高分析镀液和镀层性能的效率和试验效率是非常有利的。

霍尔槽试验的另一个特点是从一次镀得的试片上还可以获得相当于制件不同区域镀层的状态。我们可以从一片试片上看到从烧焦到漏镀等各种镀层状况。实际上，这时的近端相当于制件中的过角或靠近阳极等的高电流区部分，当电流过大时，往往容易烧焦。而远端则相当于制件的凹槽、孔隙、远离阳极的低电流区，这些部位容易镀不上或者镀层很薄或发暗。

最有趣的是，当镀液中存在杂质等时，阴极试片上会有一些特征反应，并且对于某一种镀液，同样的原因总是导致一样的结果，也就是说霍尔槽试验有较好的重现性，从而可以通过制作一系列标准的已知良好和故障试片，作为参考，以方便对故障镀液的故障进行快速的排查。

一个优良的电沉积液可以从霍尔槽试验中获得从高端到低端全片光亮的镀层。当出现某些工艺参数变量时，这种全光亮的试片的不同区域就会有所变化，比如出现条痕、麻点、发黑、高区烧焦、低区漏镀等。由于霍尔槽试验已经被作为标准的试验方法。因此，采用标准的试验方法制作的霍尔槽试片就有了可比性。这种采用标准方法进行的试验，也构成了一些同行可以理解和认同的对霍尔槽试验的描述。在介绍一个电沉积工艺时，往往也要以其对霍尔槽试验的情况作为重要指标。

通过对霍尔槽试验简明扼要的介绍，我们可以知道，进行电沉积液的开发和试验时，采用这种试验镀槽的好处。我们可以通过配制一些（比如 1000～2000mL）含有待研究主盐和配体的试液为基液，每次只用很少的液量（常用的是 250mL）就可以获得较多的信息。读者如果有兴趣，可以通过自己的实践来熟悉这种试验方法，并且很有可能会有所创新或发现。但是需要注意的是，由于霍尔槽的容量很小，每做一次试验，电解液的浓度就会发生一些变化，使镀液指标偏移。因此，正规的霍尔槽试验，每槽试验液只能做 2 片试验，就要更换或调整。当然实际试验工作中，为了了解包括槽液变化在内的信息，或追踪某种成分的影响，会多做几片或一直做到出现某种结果为止。这也正是利用霍尔槽试验的优点。

（2）改良的霍尔槽试验

尽管霍尔槽是现场工艺管理的有效试验方法，但是随着电镀技术的进步，还是存在不能完全反映电沉积过程的情况。由此产生了一些对霍尔槽进行改进的方案。这些方案并不是取代或淘汰经典的霍尔槽，而是针对一些特殊的试验需要，以获取更多的信息。经过改良的霍尔槽有如下几种。

① 带加温器和搅拌气孔的霍尔槽　这种霍尔槽基本维持了原槽的所有特性，只是更加方便了。主要是为了适应光亮电镀和电镀工艺参数变量增加的场合，可以对有无搅拌和有无加温的不同情况进行试验。

② 可以在大槽中使用的带对流孔的霍尔槽　这种霍尔槽是在槽体没有电极的两个面上各开有 6 个直径 10mm 圆孔，这样可以将其放入另外较大的镀槽内进行霍尔槽试验，由于镀液总体量比较大，可以不受一个霍尔槽内的镀液只能做两片有效试片的规定约束。方便在现场调整镀液。

③ 加长的霍尔槽　由于光亮剂技术的进步，有些光亮剂的光亮区的电流密度范围超出了经典霍尔槽试片的电流密度范围，这时要确定影响这类光亮剂的因素，用原来的霍尔槽做试验就达不到目的。这样，就有人将霍尔槽的试片长度延长一倍，使原来为 103mm（实际现在通用 100mm 的长度）长的试片，变为200mm 长试片。这样霍尔槽的阴极边的长度也就要相应地延长，使霍尔槽变成一个底边更长的梯形。这样可以获得更宽电流密度范围的镀层信息。

④ 采用阳极篮的霍尔槽　由于要经常做霍尔槽试验，发现霍尔槽阳极的使用存在许多不规范的情况。比如有人用厚度达 15mm 的极板作霍尔槽阳极，使霍尔槽原设计的尺寸效应有了改变。还有的用已经溶解表面积变小的阳极做霍尔槽试验，也使得这些试验的结果与其他人做的结果没有了可比性。为了避免这些问题，专利 ZL963195026（1996）中设计了一种采用了阳极篮的霍尔槽。

（3）其他试验方法

除了霍尔槽试验或专业的电镀性能测试外，还有一些在现场适用的流行试验方法可以获取电沉积过程的信息。比如与远近阴极法有类似作用的弓形阴极法、测试滚镀分散能力的旋转阴极法等。

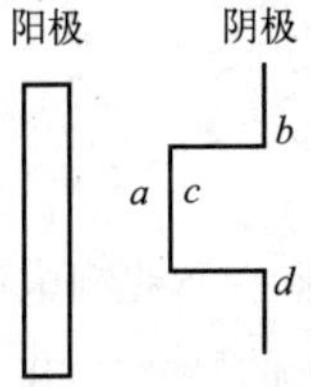

图 1-8　弓形阴极

① 弓形阴极法　将试片制成如图 1-8 所示的弓形阴极，然后以 $0.5 \sim 1 \text{A/dm}^2$ 的电流密度在测试液中电镀 20min，取出干燥，测厚。

测试图中所示的 a、b、c、d 各部位中间的镀层厚度，分别记为 Ha、Hb、Hc、Hd，并计算出 b、c、d 各部位与 a 部位的比值，记为 Hb/Ha、Hc/Ha、Hd/Ha。然后根据下式计算分散能力

$$T = \frac{Hb/Ha + Hc/Ha + Hd/Ha}{3} \times 100\%$$

② 旋转阴极法　对滚镀液或高速流动镀液的测试多数是沿用挂镀（静止）液的方法，其结果与真实的过程往往有较大差别。旋转阴极法则是模拟滚镀等流动镀液过程的测试方法。这种方法是将阴极制作成两边长 50mm、夹角为 60°的角形，其高度为 100mm。然后将这种阴极试片放入可令阴极按一定速度旋转的圆形试验槽内进行电镀。

1.1.4.2　电沉积过程的基本测试方法

（1）镀层应力的测试

定量地测量镀层内应力是有困难的，但也有一些定性或半定量的方法。可以从宏观上测量镀层应力的方向和相对大小。比如使用条形阴极法，在镀层应力测试仪上测量镀层的应力状态。这种条形阴极是一个长 100～200mm，宽 8～10mm，厚 0.2mm 的铜片，将一面用防镀胶绝缘起来，在一定条件下电镀后，根据试片变形的情况来判断镀层的应力。当试片向无镀层方向弯曲，表示镀层有压应力；当试片向有镀层的方向弯曲，则表示有拉应力。如果试片不弯曲，则表示镀层没有应力或应力小于基体变形所需要的力。只要在相同的电镀条件下进行试片电镀，就可以对电镀工艺、添加剂、pH 值、杂质等因素对镀层内应力的影响做出适当判断。并且有一个公式可以对这种条形阴极法测得的内应力做出定量的表达。

$$S = \frac{E(t^2 + dt)Y}{3dL^2}$$

式中　　S——镀层内应力，kg/cm^2；

　　　　E——基体材料弹性模量，kg/cm^2，对于纯铜 $E = 1.1 \times 10^6 kg/cm^2$；

　　　　t——试片厚度，cm；

　　　　d——镀层平均厚度，cm；

　　　　L——试片电镀面的长度，cm；

　　　　Y——试片自由端偏转幅度，cm。

（2）镀液电流效率的测试

镀液电流效率的测试通常采用铜库仑计法。铜库仑计实际上是一个镀铜电解槽。它具有电流效率为 100%、而电极上的析出物又都能收集起来的特点，并且镀槽中没有漏电现象。测试的精确度可达到 0.1%～0.05%，完全可以满足电沉积工艺的要求。铜库仑计的电解液组成如下：硫酸铜 125g/L，硫酸 25mL/L，乙醇 50mL/L。

铜库仑计与被测电解液的连接方法如图 1-9 所示。

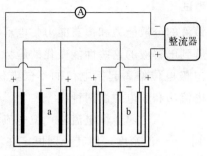

图 1-9 用铜库仑计测试电流效率

测量前将铜库仑计的阴极试片 b 和被测试电解液槽中的阴极试片 a 洗干净，烘干并准确称重。按被测电解液的工艺要求通电一段时间后，取出试片 a 和 b，洗净、烘干再准确称重。然后按下式计算出阴极电流效率。

$$\eta_k = \frac{a \times 1.186}{b \times k} \times 100\%$$

式中　η_k——被测液阴极电流效率，%；

　　　a——被测液镀槽中阴极试片的实际增重，g；

　　　b——铜库仑计上阴极试片 b 的实际质量，g；

　　　k——被测镀液中阴极上析出物质的电化当量，g/(A·h)；

1.186——铜的电化当量，g/(A·h)。

（3）镀层分散能力的测试

镀层分散能力的测试通常采用的是哈林槽法。这种方法的要点是在试验槽中放入两个尺寸相同的金属板式试片，镀前要先将其清洗干净并称重。在两个阴极的中间设置一个带孔的阳极，使其与两片阴极间的距离成整数比 K，其中距阳极近的一片为 $M_近$，距阳极远的一片为 $M_远$。进行电镀后，再测出两试片各自的增重，即为镀层质量。然后可以按下式计算分散能力。

$$T = \frac{K - M_近/M_远}{K - 1} \times 100\%$$

式中　T——表示分散能力；

　　　K——远阴极离阳极的距离与近阴极离阳极的距离之比；

$M_近$，$M_远$——近阴极上镀层的质量和远阴极上镀层的质量。

由这个公式可知，最好的分散能力为 100%，即 $M_近 = M_远$，而最差的分散能力为 0，也就是 $M_近/M_远 = K$，这时近阴极区镀层的质量与远阴极区镀层质量的比，正好等于它们距离的比。由于这个方法直观地反映了镀液的分散能力，因而成为常用的测试方法。

（4）极化曲线的测试

由于电沉积过程中镀液的分散能力和覆盖能力与电解液的极化性能有关，通过测量极化曲线可以了解到电解液的这些性能变化的趋势。极化曲线是电解液中电极在不同电流密度下电极电位偏离起始电位的不同电位值的交点组成的连接线。测量极化曲线有恒电流法和恒电位法两种。

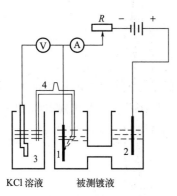

图 1-10 恒电流法测极化曲线

1—被研究电极；2—辅助电极；

3—参比电极；4—盐桥

① 恒电流法 恒电流法是控制被测电极的电流密度，使其分别恒定在不同数值上，然后测定与每一个恒定的电流密度相对应的电位值。将测得的这一系列的电位值记下后，与电流密度在平面坐标系中标出——对应的点，连接这些点组成的曲线，即为极化曲线。

用恒电流法测得的极化曲线反映了电极电位是电流密度的函数。恒电流比较容易操作，是常用的极化曲线测量方法。恒电流法测量极化曲线的设备与方法如图 1-10 所示。

在 H 形电解槽中放入被测镀液，被研究电极（阴极）1 和辅助电极（阳极）2 分别安置在 H 形电解槽的两端。为了维持电路中电流的恒定，外线路的变阻器 R 的电阻值要远大于 H 电解槽的电阻（100 倍以上）。调节 R 使电流表 A 上的值依次恒定，可从电位计 V 上依次测得相应的电极电动势。由于参比电极 3 的电位值是已知的，因此可以求出待测电极不同电流下的电极电位。为了消除 H 形电解槽中溶液的欧姆电位降的影响，盐桥 4 的毛细管尖端应尽量靠近待测电极 1 的表面。参比电极不直接放入被测电解液也是为了消除电解液对参比电极电位的影响。参比电极通常都是放置在 KCl 溶液中。有时在这两个电解池中间还加一个装有被测镀液的电解池，再增加一个盐桥，使参比电极电位更少受到影响。

② 恒电位法 恒电位法是控制被测电极的电位，测定相应不同电位下的电流密度，把测得的一系列不同电位下的电流密度与电位值在平面坐标系中描点并连接成曲线，即得恒电位极化曲线。恒电位法的精确度比恒电流法差，但是测量起来比较简便。采用恒电位法的测量极化曲线的方法如图 1-11 所示。

与恒电流法相同的是在 H 形电解槽中装入被测镀液，被测电极 1 和辅助电极 2 分别安置在 H 形电解槽的两端。通过盐桥 4 和参比电极 3 与电源和测试仪器构成回路。为了防止直流电源短路，在线路中增设了可变电阻 5。盐桥内采用的是 KCl 琼脂。通过可调电阻 R 使伏特计 V 上的读数固定在某一个数值，然后通过电流表 A 计量这个电位下的电流值。这样通过一组恒定的电位值可以在坐标上绘出各个电位下电流密度值的点连接成的曲线。

还有一些更加专业的测量方法，并且还有将各种电化学测量方法集中在一体机上的电化学工作站问世，为电沉积过程的研究和工艺开发提供了方便。

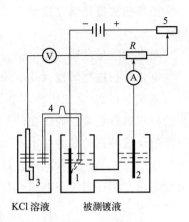

图 1-11　恒电位法测极化曲线
1—被测电极；2—辅助电极；
3—参比电极；4—盐桥；5—可变电阻

1.1.5　电沉积过程的直接观测

在电沉积技术的研究和开发工作中，一直都要用到各种测试和观测技术，以获取有用的信息来确定或改进所研究的产品或工艺。在以往的电沉积技术开发中所用到的观测手段，除了某些静态样本，比如热处理材料的金相可以借助显微技术直接观测外，所有的动态表面过程都无法直接观测到，只能借助间接的测量来描述。比如电极过程的动态，特别是双电层内的过程，多少年来都是借助测量电极电位变化的曲线来间接获得信息的。尽管这些间接的方法随着技术特别是电子技术的进步不断得到改进，对电沉积技术的开发有着重要的指导价值，但是直接观测始终是人类认识事物的最有效方法，所有间接观测技术的出现都是在无法直接观测时才得以发展的，并且所有间接的方法都是以能模拟或反映直接观测结果为目标的。因此，只要有可能，科研人员都会开发直接观测技术，来捕捉更多的信息以便完善现有的技术。

现在，在微电子技术和电子计算机技术飞速发展的新世纪，各种直接观测技术应运而生，特别是对微观过程的观测已经在许多领域进入实用阶段，这些成功的例子促使电沉积技术人员开始运用各种最新的直接观测技术来研究表面过程，并且取得了值得关注的进步。

1.1.5.1　表面过程的直接观测技术

现在对表面进行观测所用到的技术涉及微电子技术、显微技术、电脑及解析软件、微传感技术等。所用到的设备有各种扫描型显微镜，比较典型的有以下几种：

探针式扫描显微镜（scanning probe microscope），简称 SPM；

隧道式扫描显微镜（scanning tunneling microscope），简称 STM；

原子间力显微镜（atomic force microscope），简称 AFM；

场式扫描型光学显微镜（scanning near-field optical microscope），简称 SN-OM；

激光扫描显微镜（scanning laser microscope），简称 SLM；

电化学扫描显微镜（scanning electro chemistry microscope），简称 SECM。

事实上在 20 世纪中期，电子显微镜已经用于科研和开发，但那时都是对静止的样本进行观测，而现在的一个显著进步就是可以对动态的样本进行观测，更重要的是这种新的显微技术不仅仅用于科学研究，并且已经用于一些微观过程的生产或加工控制，这种动向在进入纳米时代后会进一步增强。下面以电化学显微装置为例介绍这类设备的工作原理。图 1-12 是用于电极过程直接电化学显微测试的装置。

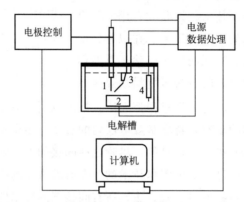

图 1-12　用于电极过程直接电化学显微测试装置

1—工作电极；2—被测电极；3—参比电极；4—计算机传感器

它是通过在被测电极 2 上方的任意高设置的工作电极（探针）1 在二维方向上扫描来获取信息，通过参比电极 3 和计算机的传感器将收集到的信息进行处理，然后用电脑进行解析，以直观图形表现表面的状态。使用这套装置可以观测电沉积溶液中各组分及添加剂等对电沉积过程的影响，其沉积层的形貌可以通过电脑屏幕观测。比较不同主盐浓度或不同添加剂和不同条件下不同的镀层组织形貌，可以确定最佳的镀液组成和合适的添加剂。

这类直接观测装置的共同点是都使用了显微技术，同时采用了电脑解析和屏幕显示技术，这与电脑科技的进步和微传感器的采用是分不开的。这类装置的应用结束了以往只能通过测量极化曲线来间接了解表面双电层信息的历史。

1.1.5.2　表面过程的直接观测

（1）电化学扫描显微镜的应用

表面过程中很重要的一个领域是电化学过程。研究电化学过程对电镀、电铸、电冶金、电池等技术和工艺的改进是十分重要的。传统的研究方法是极化曲线的测定、微分电容的测定等，比较先进的方法是利用旋盘电极或加入电脑解析的电化学测试组合式仪器。而利用电化学电子显微镜，则可以得到更多更直观的信息。

首先，利用电化学扫描显微镜（SECM）可以直接观测电沉积物的微观结构。利用针状测试头与被测电极的近距离接触可获得超过 $1\mu m$ 的解像度。对有些镀层甚至可以获得更精确的解像度，比如银的析出，可以达到 $0.2\mu m$，这种测试也可以用于溶解过程、腐蚀过程或其他电化学过程，比如钝化过程等。

利用 SECM 还可以更精确地确定一些重要的电化学参数。包括对高速化学反应的解析、离子迁移数、钝化电流、腐蚀电流等的测量。

更重要的是，利用 SECM 不仅可以对固液界面进行测量，而且可以对液液界面和生物活性样本进行测量。不仅可以测量完全反应的结果，比如金属的沉积或溶解，还可以测量一些中间过程或副反应。从而使研究人员更多地了解电化学反应的真实过程。从而对这些过程做出适当的有利于改进这些过程的调整。

由于可以在分子水平对电化学过程加以研究。这对表面活性剂的选择、络合物的选取、表面性能的改善等都是有重要意义的。

（2）表面过程的动态观测

通过显微技术来观测表面的微观状态并不是现在才有的新技术，但以往的观测的样本只能是静态的，并且对样本的制作也有许多限定和要求，这就限制了其应用的领域。现在的直接观测技术的一个重要的功能是可以对有些过程进行动态的观测，这对确定精确的工艺参数和各项工艺指标都有十分重要的意义，并且有可能通过直接观测而修正一些以往由于间接测量所得出的错误结论。

表面过程的直接动态观测包括结晶过程，晶粒成长、取向，表面吸附、解吸，表面接触、摩擦、磨损，电沉积过程，离子迁移过程等。例如，等离子体膜的密度是活性等离子体膜在制作过程中的重要参数，在实际测量中由于各种干扰而很难准确测量，当这些微粒的带电量和密度都较大的时候，微粒间的库仑力大于每个微粒的热运动量，使粒子的热运动减速，这时以激光照射这些微粒，就会因其不同的反射状态而使其具有可视性，经电脑进行解析后，这种由于粒子间距离大小和排列层数（厚度，也就是成膜过程中的影响膜厚的因素如时间等）不同而产生的不同反射参数，就可以转化为密度。这就是 SLM 测量等离子体密度的简要原理。

在摩擦和磨损研究领域，相接触介质间正在运动中所发生的现象是最有价值的。以往，我们都是对已经磨损的表面进行观测，甚至于可以用到 AFM 观测微观表面的磨损状态，但仍然只是静态的观测，对正在发生的过程只能推测而无法准确地得到真实的信息。当使用微视照相机从不同视角对运动中的试样进行观测取照并输入计算机进行解析，就可以得到正在摩擦中的图像，在这种系统中用上偏光技术进行 AFM 观察，可以对润滑剂的分子取向进行观测。

利用扫描光学显微镜和扫描型激光显微观测表面粗糙度、表面微裂纹、表面膜状态等都已经是很普遍的，其中 SLM 由于对非导电材料也可以进行观测而更有优势，比如现在用途和用量都在增长的陶瓷材料，在微电子领域有不少课题，都要用到 SLM 观测技术。例如在制作集成电路的硅片表面要进行镜面抛光，由于在以后的线路蚀刻中极微小的缺陷就会导致报废，对其表面进行检测是必要的，以找到极微小的潜在缺陷，这种缺陷有可能使那一区域内的微电子元件失效。这时最有效的方法就是 SLM 观测，它不仅适用于非导体材料，并且其放大倍数也大大高于光学显微镜，前者的最大倍率可达 X2400，而光学显微镜最大为X1000 倍。

在成型加工中，可塑性材料注射成型的应用是很广泛的，但由于模具、成型工艺、材料、脱模剂等多种因素的影响，成品的表面状态会出现各种变化而不合要求，如何确定和排除这些因素，就要了解各种因素在注射成型过程中是如何影响表面质量的，最好的办法就是对注射过程进行观测，这也已经成为现实。在模具的不同部位设置透光窗口（用玻璃材料密封），然后以极高速微视相机拍摄注射过程，可以得到模具和成型件表面界面的影像，这种高速相机的速度可达每秒500～4000 幅，特殊用途的可达每秒 40000 幅。对于有些过于复杂的模具不能直接观测的，则可以通过超声波等技术对过程进行扫描，将信息传到电脑加以解析，同样可以得到一些各种因素对表面质量影响的重要资料。利用这种技术，可以对电铸原型进行修正，以更符合注塑工艺过程中的流体动力学特征，使模具造型设计更加完美。

电沉积技术本身也是建立在对表微观过程的认识和研究的基础上的。因此，对表面过程的直接观测是在电沉积技术本身需要的推动下，在微电子技术和各种显微观测技术的进步支持下才得以实现的。随着这一测试技术介入电沉积技术研究开发领域，对电沉积技术的进步将是一个有力的促进。这不仅给微观表面过程的机理研究带来一些突破，还将给许多应用工艺的开发带来新的潜力。

1.2 影响电沉积过程的因素

1.2.1 搅拌的影响

对于电沉积过程而言，搅拌是从广义上讲的。凡是导致电解液做各种流动的方式，都称为搅拌。在电沉积过程中，搅拌除了加速溶液的混合和使温度、浓度均匀一致以外，主要是促进物质的传递过程。由于搅拌在消除浓差极化和提高电流密度方面的显著作用，因此，大部分电沉积工艺都采用了搅拌技术。

那么搅拌究竟是怎么样影响电沉积过程的呢？在讨论这个问题之前，我们先介绍一下搅拌的方式和搅拌程度的定量表示方法。

1.2.1.1 搅拌的方式

（1）阴极移动

阴极移动是电沉积过程中应用最多的方法。这是以电机带动变速器并将转动转化为平动的方法。阴极移动设备属非标准设备，但已经有专业的企业生产这种装置。阴极移动量的单位一般是 m/min，但是也有的工艺用次/min 表示。因为对于阴极移动而言，移动的频率比移动的距离更为重要。移动的距离受槽子的长度等的影响会有所不同，但对于移动的次数（频率），则对于任何尺寸的槽子都是一样的。实际上当工艺规定为 m/min 时，还要根据镀槽的长度来确定每次可以移动的距离后，再换算成每分钟移动的次数。例如，某工艺规定的阴极移动程度为 2m，而镀槽的长度允许阴极每次移动的最大幅度为 0.2m，则这时的阴极移动频率为 10 次/mim。常用的阴极移动量为 $10\sim15$ 次/min 或 $2\sim5$m/min。

（2）空气搅拌

空气搅拌是电镀中用的较多的搅拌方式。采用空气搅拌时，压缩空气必须是经过净化装置净化过的。因为直接从空气压缩机中出来的压缩空气，难免会带有油、水等杂质，如果带入镀槽，对电沉积层质量是会有不利影响的。空气搅拌用量的表示单位是 $L/(m^3 \cdot min)$。强力空气搅拌时，可达成 $500L/(m^3 \cdot min)$。

（3）镀液循环

镀液循环现在已经是很流行的方式。因为采用镀液循环时多半用的是过滤机，这样可以在搅拌镀液的同时净化镀液，一举两得。当然有时也可以不加入滤芯，单纯地进行镀液的循环。循环量的表示方法是 m^3/min 或者 m^3/h。要根据所搅拌镀液的总液量来确定所用的过滤机。因为过滤机的流量单位也是 m^3/min，因此，可以根据工艺对流量的规定选定相应的循环过滤装置。

（4）磁力搅拌

磁力搅拌多用于实验或小型电沉积装置。这是以电机带动永久磁铁旋转，由旋转的磁铁再以磁力带动放置在电解液内的磁敏感搅拌装置旋转，从而达到高速搅拌的效果。磁力搅拌的单位实际上就是电机的转速，即 r/min。

（5）阴极往返旋转

这是类似阴极移动的装置。但阴极所做的不是平行的来回移动，而是以主导电杆为轴的正反旋转运动。现在也已经有专业的这种设备销售。所用的量标为次每分钟（次/min）。

（6）超声波搅拌

超声波搅拌的作用比通常的机械类搅拌大得多，是特殊的搅拌方式。适合于要求很高的某些重要的电沉积过程。我们将在本节的第 7 小节加以介绍。

（7）螺旋桨搅拌

这是机械搅拌中最原始的模式。主要是用于电解液的配制或活性炭处理等。如果用于镀液的搅拌，由于转速太快而需要用减速器减速，单位为转每分钟（r/min）。

1.2.1.2　搅拌对传质过程的影响

我们在前面的内容中已经知道传质是电极过程中的重要步骤。标准情况下的传质过程是由于电解质溶液中存在浓度、温度的差异等而引起的溶液内物质的流动。这种情况下的流动速度是非常缓慢的，在发生电极反应时，很快就会在阴极区内造成反应离子的缺乏，阴极发生浓差极化。这时，采取搅拌措施就可以弥补自发性传质不足带来的电极反应受阻。并且使极限电流密度提高，从而在保证电沉积质量的同时提高电极反应的速度。

搅拌能使电沉积液在较高的电流密度下工作，对电沉积过程是有重要意义的。这对于获得光亮良好的镀层有重要作用。许多光亮添加剂要求在较高的电流密度下工作，没有搅拌的作用，在高电流区很容易发生镀层的粗糙甚至于出现烧焦现象。电镀添加剂许多是有机大分子甚至是高分子化合物，离子的半径都比较大，迁移的速度较低。如果没有搅拌作用的促进，要使在阴极吸附层内消耗的添加剂得到及时的补充是有困难的。

搅拌还可以加速电极反应所产生的气体逸出，比如氢气的析出，从而减少镀层的孔隙率。

搅拌的副作用是会使阳极的溶解加速，有时会超过阴极反应的速度而使镀液组成失去平衡。如果阳极有阳极泥或渣生成时，搅拌会带起这些机械杂质沉积到镀件上。当然这是指强力搅拌时的情况，低频的阴极移动一般不会有这样的问题。

搅拌还是实现高速电镀的重要手段。这对于电铸是特别有意义的。

1.2.1.3　搅拌与高速电沉积

高速电沉积是在高速电解加工工艺的迅速发展的刺激下发展起来的。自1943 年苏联的拉扎林科发表了利用电容器放电进行金属钻孔加工的方法以来，高电流密度的电解加工方法在各国迅速发展起来。1958 年，美国阿罗加德公司生产了以普通电镀不可想象的高电流密度进行阳极加工的设备。这种设备在电解液的流速为 $1\sim100\mathrm{m/s}$ 的条件下，可以在高达 $10000\sim100000\mathrm{A/dm^2}$ 的电流密度下进行电解加工。这种惊人的速度当然会引起电镀技术工作者的关注，结果是使电镀的高速化也成为可能。实验表明，采用普通的搅拌手段，电镀的阴极电流密度的变化值，只有 $10\mathrm{A/dm^2}$ 左右。而采用高速搅拌，阴极电流密度的变化可达 $100\mathrm{A/dm^2}$ 左右。现在已经实现的高速电镀的方法有如下几种。

（1）镀液在阴极表面高速流动的方法

这个方法根据镀液的流动方式又可分为平流法和喷流法两类。使用平流法的阴极电流密度可达 $150\sim480\mathrm{A/dm^2}$，沉积速度对于铜、镍、锌可达 $25\sim100\mu\mathrm{m/}$ min，对于铁是 $25\mu\mathrm{m/min}$，对于金是 $18\mu\mathrm{m/min}$，而对于铬是 $12\mu\mathrm{m/min}$ 以上。普通镀铬使用搅拌会降低电流效率，但对于高速镀铬，则可以提高阴极电流效率，达到 48%（普通镀铬的电流效率只有 12%）。例如在铝圆筒内以 $530\mathrm{A/dm^2}$ 的电流密度镀铬 2min，可以得到 $50\mu\mathrm{m}$ 的镀层。

（2）阴极在镀液中高速运动的方法

根据运动相对性原理，让阴极（制件）在镀液中做高速运动，其效果与镀液做高速流动是大同小异的。但是，由于这时运动的频率相当高，已经不适合让阴极做往返运动，而是让阴极高速振动和旋转。

当采用阴极振动时，阴极的振幅并不大，只有几毫米至数百毫米。但是频率则为几赫至数百赫。这种阴极振动法适合于不易悬挂的小型或异形制件。设备的制造也比较容易。

阴极高速旋转的方法适合于轴状制件或者呈轴对称的制件。这种高速旋转的电极上的电流密度也可以达到上述高速液流法中的水平。

（3）在镀液内对电极表面进行摩擦的方法

这个方法是在镀液中添加固体中性颗粒，使之以一定速度随镀液冲击作为阴极的制件表面。这一方法的优点是既加强了传质过程，又对镀层表面进行了整理。添加在镀液中的这些中性颗粒是不参加电极反应的。它们是在强搅拌的作用下（通常是喷流法）对阴极进行冲刷。可以获得光洁平整的镀层。镀覆的速度为镀铜 $50\mu\mathrm{m/min}$；镀镍 $25\mu\mathrm{m/min}$；镀铜合金 $25\mu\mathrm{m/min}$；镀铬 $6\mu\mathrm{m/min}$。

运用搅拌而出现的另一个电沉积新技术的领域是复合镀，也称为弥散镀。这种复合镀层是为了解决工业发展中对表面性能的各种新要求而开发的，包括高耐磨、高耐蚀、高耐热镀层等。例如航天器制件、军事制品等。

在高速运动的镀液中，可以使各种固体颗粒悬浮，如 Al_2O_3、SiC、TiC、WS_2 等，还可以在镀液中分散有机树脂、荧光颜料等。这些粒子与金属共沉积，可以得到具有新的物理化学性能的表面。

1.2.2 电源因素的影响

在电沉积加工或实验过程中，不少人有过这样的经验：即使完全按照技术资料提供的配方和化学原料来重复某项电沉积过程，结果与资料的介绍仍然有很大的差异。经过一些周折，才发现是使用了不同的电源。不同电源对电沉积过程有影响是肯定的。所谓不同的电源主要是指电源的波形不同。我们知道所有的电源根据供电方式的不同而有单相和三相之分。对于直流电源来说，除了直流发电机组或各种电池的电源在正常有效时段是平稳的直流外，由交流电源经整流而得到的直流电源，都多少带有脉冲因素，尤其是半波整流，明显有负半周是没有正向电流的。即使是单相全波，也存在一定脉冲率。加上所采用的滤波方法的不同、供电电网的稳定性等，都使电沉积电源存在着明显的不同。但是，在没有注意到这种不同时，其对电沉积过程的影响往往会被忽视。

通常认为平稳的直流或接近平稳的直流是理想的电沉积电源。但是，实际情况并非如此。在有些场合，有一定脉冲的电流可能对电沉积过程更为有利。

事实上，早在 20 世纪初，就有人用换向电流进行过金的提纯。在 20 世纪 50 年代，则有人用这种方法试验从溴化钾-三溴化铝中镀铝。与此同时，可控硅整流装置的出现，使一些电镀技术开发人员注意到不同电源波形对电沉积过程的影响，这种影响有时是有利的，有时是不利的。到了 70 年代，电源对电沉积过程的存在影响已经是电沉积工作者的共识。现在，电源波形已经作为工艺参数之一在有些工艺中成为必要条件。

1.2.2.1 描述电源波形的参数

在有关电源波形影响的早期研究中，一般使用两个概念来定量地描述电源波形，这就是波形因素（F）和脉冲率（W）。

$$F = I_{eff} / I_0$$

$$W = \sqrt{I_{eff}^2 / I^2 - 1} \times 100\%$$

式中　I_{eff}——电流的交流实测值；

　　　I_0——直流的稳定成分；

　　　I——电路中的总电流。

这种表达方式比较简明，并且所有几个参数都能用电表进行测量获得。根据上述表达方式，各种电源波形的参数见表1-4。

表 1-4   电源波形及参数

电源及波形	波形因素 F	脉冲率 W
平稳直流	1.0	0
三相全波	1.001	4.5%
三相半波	1.017	18%
单相全波	1.11	48%
单相半波	1.57	121%
三相不完全整流	1.75	144.9%
单相不完全整流	2.5	234%
交直流重叠	—	$0 < W < \infty$
可控硅相位切断	—	$W > 0$

现在流行的脉冲电沉积表达参数为以下几种:

关断时间 t_{off}

导通时间 t_{on}

占空比 $D = t_{on}/(t_{on}+t_{off})$

脉冲电流密度 j_p

平均电流密度 $j_m = j_p D$

脉冲周期 $T = t_{on} + t_{off}$(或脉冲频率 $f = 1/T$)

1.2.2.2   电源波形影响的机理

我们已经知道,在电极反应过程中出现的电化学极化和浓差极化,都影响金属结晶的质量,并且分别可以成为控制电沉积过程的因素。但是,这两种极化中各个步骤对反应速度的影响,都是建立在通过电极的电流为稳定直流基础上的,没有考虑波形因素的影响。当所用的电源存在交流成分时,电极的极化是有所变化的。弗鲁姆金等在《电极过程动力学》一书中,虽然有专门一节讨论"用交流电使电极极化",但是那并不是专门研究交流成分的影响,而是借助外部装置在电极表面维持某种条件以便于讨论不稳定的扩散情况,更没有讨论它的工艺价值。但是这还是为我们提供了交流因素影响电极极化的理论线索。

由于电极过程的不可逆性,电源输出的波形和实际流经电解槽的波形之间的差异是无法得知的。直接观测电极过程的微观现象也不是很容易。因此,要了解电源波形影响的真实情况和机理是存在着困难的。但是我们可以从不同电源波形所导致的电沉积物的结果来推论其影响。

现在已经可以明确,电源波形对电沉积过程的影响有积极的,也有消极的。对有些镀种有良好的作用,对另一些镀种就有不利的影响。有一种解释认为,只有受扩散控制的反应,才适合利用脉冲电源。我们已经知道,在电极反应过程中,电极表面附近将由于离子浓度的变化而形成一个扩散层。当反应受扩散控制时，扩散层变厚了一些，并且由于电极表面的微观不平而造成扩散层厚薄不均匀，容易出现负整平现象，使镀层不平滑。在这种场合，如果使用了脉冲电源（负半周、在零电流停止一定时间），就使得电极反应有周期性的停顿，这种周期性的停顿使溶液深处的金属离子得以进入扩散层而补充消耗了的离子。使微观不平造成的极限电流的差值趋于相等，镀层变得平滑。如果使用有正半周的脉冲，则因为阴极上有周期性的短暂阳极过程，使过程变得更为复杂。这种短暂的阳极过程有可能使微观的突起部位发生溶解，从而削平了微观的突起而使镀层更为平滑。

当然，脉冲电镀的首要作用是减少了浓度的变化。研究表明，使用频率为20周的脉冲电流时，阴极表面浓度的变化只有直流时的 1/3；而当频率达到1000 周时，只有直流时的 1/23。

现在已经认识到，波形因素不仅仅对扩散层有影响，而且对添加剂的吸附、改变金属结晶的取向、控制镀层内应力、减少渗氢、调整合金比例等都能起到一定作用。

1.2.2.3　电源波形对各种电沉积过程的影响

（1）对镀铜的影响

普通酸性镀铜几乎不受脉冲的影响，但是在进行相位调制以后，分散能力大大提高。氰化物镀铜使用单相半波电源（$W=121\%$）后，在平常会使镀层烧焦的电流密度下电沉积，可以得到半光亮镀层。酸性光亮镀铜在采用相位调制后，可用 $W=142\%$ 的脉冲电流，使分散能力进一步提高，低电流区的光亮度增加。

（2）对镀镍的影响

对于普通（瓦特型）镀镍，采用脉冲为 $W=144\%$ 和 $W=234\%$ 的电流，镀层的表面正反射率提高。以镜面的反射率为 100，对于平稳直流，不论加温与否，镀层的反射率有 40 左右。而采用单相不完全整流（$W=234\%$）和三相不完全整流（$W=144\%$）时，随着温度的升高，镀层的反射率明显增加。45℃ 时，是 60；60℃ 时，达到 70；而在 70℃ 时，可以达 80。另外，交直流重叠，可以得到低应力的镀层。这种影响对氨基磺酸盐镀镍也有同样的效果。

脉冲率对光亮镀镍的影响不大，这可能是由于光亮镀镍结晶的优先取向不受脉冲电流的影响。但是采用周期断电，可以提高其光亮度。

（3）对镀铬的影响

镀铬对电源波形非常敏感。有人对低温镀铬、微裂纹镀铬、自调镀铬以及标准镀铬做过试验。对于低温镀铬，试验证明要采用脉冲尽量小的电源，但 W 值仍可以达到 30%。对于微裂纹镀铬，由于随着脉冲的加大，裂纹减少，当脉冲

率达到 $W=60\%$ 时，裂纹完全消失，因而不宜采用脉冲电流。三相全波的 $W=4.5\%$，可以用于镀铬。

对于标准镀铬，在不用波形调制（如皱波）时，W 不应超过 66%。但是在采用皱波以后，则频率提高，镀层光亮。

自调镀铬在 CrO_3 250g/L、K_2FSiF_6 12.5g/L、$SiSO_4$ 5g/L 的镀液中，在 $40\,℃$ 时电镀，当脉冲率达到 40% 时，镀层明显减少，而 W 超过 50% 时，又能获得较好的镀层。但是当 W 达到 108% 时，则不能电镀。在采用阻流线圈调制以后，W 在 60% 以内，可以使镀层的外观得到改善。

（4）对镀银的影响

普通镀银的分散能力随波形因素的增加而下降，但是光亮镀银不受影响。采用单相半波整流进行光亮镀银，随着电流密度的增加，镀层的平滑度也增加。

（5）对合金电镀的影响

有人利用不同频率的脉冲电流，对四种不同组分的镍铁合金受脉冲电流的影响做过实验，证明采用交流频率对铁的析出量有明显影响。同时与镀液中络合物的浓度也有关。在频率增加时，铁的含量增加。因为频率增大后，阴极表面的微观阳极作用降低，使铁的反溶解度降低，从而增加了铁的含量。但是在络合物含量低时，铁的增加量不明显。

通过对碘化物体系脉冲电沉积 Ag-Ni 合金工艺的研究，证明随着 $[Ni^{2+}]/[Ag^+]$ 增大，镀层中镍含量上升；镀液温度升高时，镀层中镍含量降低；增大平均电流密度会提高镀层中镍含量，但使镀层表面变差；占空比和频率的变化也对镀层成分有一定影响；增加反向脉冲的个数，会使镀层表面状况好转，随镀层中镍质量分数升高，结晶变得粗大。

在对锌镍合金镀层 Zn-Ni 进行方波脉冲电沉积研究时，所采用的镀液组成为：硼酸 30g/L，氯化钾 160g/L，氯化镍 135g/L，氯化锌 130g/L，pH 为 3.5。脉冲参数为 $t_{on}=1ms$，$t_{off}=10ms$，$j_m=92mA/cm^2$。发现脉冲电沉积比直流电沉积呈现更细的颗粒，而且镍的含量增加。同时，温度升高也将促进镍的沉积，镀层的耐腐蚀性明显提高。

1.2.3 温度的影响

所有的电沉积都是在一定温度环境中进行的。从工艺和工业化生产的角度，室温（$25\,℃$）是理想温度。但是如果只允许在室温下工作，则许多电沉积过程将不能进行。包括镀铬、光亮镀镍、镀镍磷合金、铜合金等都难以实现。事实上，人们很早就知道利用温度因素来改善电沉积过程。在物理因素对电沉积过程影响的研究中，温度的影响是研究得最多的。由于电铸液有很多是需要加温的，我们将比较详细地讨论温度的影响。

1.2.3.1　温度影响的电化学原理

一般说来，电解液温度的升高可以增加离子的活度。离子和分子一样存在热运动加速的现象。

提高温度也会增加镀液的电导率，从而提高镀液的分散能力。因为镀液的分散能力是由电流在阴极表面分布情况决定的。在低温下，离子的活泼性下降，溶液的黏度增加，导致电导降低。加温可以提高电导率。电导率与黏度以及与温度的关系如下

$$\mu\lambda = KT$$

式中　μ——电解液的黏度；

λ——电导率；

K——比例常数；

T——绝对温度。

由上式可以看出，黏度与电导率成反比，在一定温度下，黏度提高，电导率下降。

同时，当电极反应的电化学极化较大时，受温度的影响较大。温度升高使超电压值下降，反应容易进行。而温度降低则可以增加电极的极化。

温度 T 与决定反应速度的交换电流密度 i_0 之间的关系，可以用阿伦尼乌斯（Arrhenius）方程来表示

$$\frac{\mathrm{d}\ln i_0}{\mathrm{d}T} = \frac{W}{RT^2}$$

式中　W——活化能。

由这个公式可以计算出温度的变化对 i_0 的影响，并由 i_0 的变化计算出其对超电压的影响。因为根据塔菲尔关系式，在一定的电流密度 i 下，超电压 η 与 i_0 有如下关系

$$\eta = \frac{RT}{anF}\ln\frac{i}{i_0}$$

根据上式及前式，当活化能为 $W = 46\text{kcal/mol}$ 时，温度变化 $10℃$，i_0 的变化可以达到 10 倍。由此而引起的 η 值的变化可达 2 倍。而当温度由 $25℃$ 变化到 $-25℃$ 时，i_0 的变化可达 10^5 倍，使 η 值的变化达到 6 倍。可见温度对电极过程的影响是非常明显的。

1.2.3.2　加温对电沉积过程的影响

对于那些在常温下即使是单纯金属离子也有较高的超电压的电解液，如铁、

钴、镍等的镀液，可以从简单盐的镀液中电镀。但是，对于银、金、铜、锌、镉等金属，由于超电压较低，如果在其简单盐的电解液中电镀，则很容易发生镀毛或烧焦。在实际应用中只能采用络合剂或添加剂来改变其反应的超电压，但是同时也就延缓了反应的速度。这种添加了各种络合剂、导电盐等的镀液，总体浓度也有所增加，黏度也相应较大，电导率也就比简单盐溶液要低得多。在这种场合，采用适当加温的方法，可以在不破坏络合作用的前提下，增加电导率，提高反应允许的电流密度，也就可以起到提高反应速度和改善分散能力的双重作用。这也是多数这类络合物镀液需要加温的原因。

　　加温还可以提高合金电镀中某一成分的含量。例如镀铜锡合金中的锡含量就受温度的影响很大。在温度较低时，只有少量，甚至微量的锡析出。随着温度的升高，锡含量显著增加。也有些合金电镀的成分是随着温度的升高而降低的，比如镀锌铁合金和镀钴镍合金镀液，其中锌和钴的含量就在温度升高时反而下降。这是由于组成合金的两个组分受温度影响而增加的速率不同造成的。当一个增长得更快时，另一个增长较慢的成分的相对含量就会下降了。

　　另外，温度对添加剂的影响也是十分明显的。像镀光亮镍的光亮剂必须加温到 50℃ 左右才有明显的增光作用。因为随着温度的升高，电流密度也随之升高，这对于达到增光剂的吸附电位是有利的。在室温条件下，光亮镀镍的电流密度只能开到 $1.5A/dm^2$，镀层不光亮。当加温到 40℃ 时，电流密度可以提高到 $3A/dm^2$，这时就可以获得光亮镀层。

　　相反，有的添加剂则必须在较低的温度下才有效。比如酸性光亮镀铜所使用的添加剂，一般在温度超过 40℃ 时，作用完全消失，只有在 30℃ 以内，才有理想的光亮度。光亮铅锡合金的光亮剂也必须在较低的温度下使用，通常不能超过20℃。一般认为这类添加剂在高温下会分解为无增光作用的物质，但是对于具体的电极过程的影响，尚未见报道。有的为防止镀液本身的变化，也要保持一定的低温，如防止二价锡氧化为四价锡。

　　电极过程本身也会产生一定的欧姆热。一度电完全转化为热能时可得860kcal。据此，可以根据下式计算镀槽产生的热量与温升。

$$Q = U \times I \times 0.86 \times \eta$$

式中　Q——电解热，kcal/h；

　　　　U——槽电压，V；

　　　　I——电流，A；

　　　　η——热交换率，%。

　　其中热交换率因镀液的组成、挂具导电状况不同而数值不同。对任何镀液，这种无功消耗是不受欢迎的，它对于不需要加温或要求保持低温的工作液更是有害的。因此，有些即使是在常温下能工作的电解液，在大量连续生产时，由于有焦耳热会使镀液温度上升，也要采取降温措施。

1.2.3.3　低温的影响

利用温度因素来影响电极过程，通常想到的都是加温。但是对于某些过程而言，降温也是非常重要的。运用低温技术影响电沉积过程也是一种值得尝试的探索。

镀银就是一个例子。由于银的阴极还原有较大的交换电流密度值，析出电位很低，一般从简单盐的溶液中得到的镀层将非常粗糙和结合力低下。只有采用络合剂将银离子络合起来，才能获得有用的镀层。由于氰化物是电镀中性能最好的络合物，加上银的这种特殊的电化学性质，使得至今都没有很好的工艺可以取代氰化物镀银。

但是，如果对镀液的温度加以控制，在低温条件下，不需要任何络合剂或添加剂就可以从硝酸银的溶液中得到十分细致的银镀层。不过根据推算，这时的温度必须低到$-10℃$以下，最好是$-30℃$。在这样的低温下，镀液都要结冰。为了解决这个问题。要往镀液中加入防冻剂乙二醇。在水和乙二醇各50％的混合液中加入硝酸银40g/L，然后用冷冻机将镀液的温度降至$-30℃$，以$0.1A/dm^2$的电流密度进行电沉积，可以获得与氰化物镀银相当的银镀层。这种低温下获得的镀层的抗腐蚀性能更好。镀层不易变色，并且脆性很小。由于镀液成分非常简单，管理很容易，污水处理也很方便。这种电镀的低温效应也适合于镀锌、镀镉、镀锰等。

随着低温技术的发展，材料在低温状态下的物理性能也出现了一些奇观，比如低温超导。如果将低温技术应用到电沉积过程，可能也会创造出许多令人兴奋的成果。

1.2.4　几何因素的影响

1.2.4.1　几何因素

这里所说的几何因素，是指与电沉积过程有关的各种空间要素。包括镀槽形状、阳极形状、挂具形状、阴极形状、制件在镀槽中的分布、阴阳极间的距离等。所有这些因素对电极过程都有一定影响，如果处理不当，有些因素还会给电沉积的质量造成严重的危害。

（1）电解槽

电解槽是电沉积过程进行的场所。从表象来看，电解槽的大小、形状是决定电极及制品在槽内分布的先天因素。但是，在许多场合，电解槽的大小和形状应该是根据制品的大小和形状来确定的。

目前电解槽的形状基本上以长方体为主，也就是由长宽高三个尺寸来确定一个槽体。槽体一经确定，所有参数也就是确定的了。

（2）电极

电极包括阳极和作为阴极的挂具。它们的形状和大小也可以归纳为立方体。电极的几何因素还包括阳极与阴极的相对位置，还有挂具的结构和挂具上制品的分布。阳极，特别是带阳极篮的阳极和挂具，对于一个镀种或产品相对也是确定的。

（3）制品

制品是构成阴极的一部分，对电镀和电铸来说，制品的几何形状是不确定的，是变动量最大的几何因素。对于电解冶金和电解精炼，制品也就是阴极总是与阳极一样做成平板形。当阴极和阳极成平行的平板状时，可以认为阴极上电流密度分布是接近理想状态的，也就是各部分的电流密度相等。

1.2.4.2　几何因素影响的原理

（1）一次电流分布

在金属的电沉积过程中，金属析出的量与所通的电流的大小是成比例的。同时还受电流效率的影响。根据欧姆定律，影响阴极表面电流大小的因素，在电压一定时，主要是电阻。而电解质溶液导电也符合欧姆定律。由于电沉积过程涉及金属和电解质溶液两类导体，电流在进入电解质溶液前的路径是相等的，并且与电解质溶液的电阻比起来，同一电路中的金属导线上的电阻可以忽略。这样，当电流通过电解质溶液到达阴极表面时，影响电流大小的因素就是电解质溶液的电阻。由于阴极形状和制品的位置的不同，这种电阻的大小肯定是不同的。这就决定了一有电流通过阴极，其不同部位的电流值是不一样的。我们将电流通过电解槽在阴极上形成的电流分布称为一次电流分布。并且可以用阴极上距阳极远近不同的任意两点的比，来描述这种分布。

$$K_1 = \frac{I_{近}}{I_{远}} = \frac{R_{远}}{R_{近}}$$

式中　K_1——一次电流分布状态数；

$I_{近}$，$I_{远}$——距阳极近端和远端的电流；

$R_{近}$，$R_{远}$——从阳极到阴极近端和远端的电解液的电阻。

由这个一次电流分布的公式可以得知，当阳极与阴极的所有部位完全距离相等时，$I_{近}=I_{远}$，$R_{近}=R_{远}$，$K_1=1$，这是理想状态，在实际当中是不存在这种状态的。在阳极和阴极同时是平整的平板电极时，接近这种状态。而除了电解冶金可以接近这种理想状态以外，其他电沉积过程都不可能达到这种状态，而是必须采用其他方法来改善一次电流分布。

（2）二次电流分布

由于电沉积过程最终是在阴极表面双电层内实现的，而实际上这个过程又存在电极极化的现象，这就使一次电流分布中的电阻要加上电极极化的电阻。

$$K_2 = \frac{I_{近}}{I_{远}} = \frac{R_{远} + R_{远极化}}{R_{近} + R_{近极化}}$$

式中 $R_{远极化}$、$R_{近极化}$——阴极表面远阴极端和近阴极端的极化电阻。

二次电流分布受极化的影响很大，而极化则受反应电流密度的影响。一般电流密度上升，极化增大。电流密度则与参加反应的区域的面积有关。这一点非常重要。我们可以通过加入添加剂等手段来改变近端的电极极化或缩小高电流区的有效面积，这都会使近端的电阻增加，从而平衡了与远端电阻的差距，使表面的电流分布趋向均匀。

但是，当几何因素的影响太大时，也就是远、近阴极上的电流分布差值太大时，二次电流分布的调节作用就没有多大效果了。这就是深孔、凹槽等部位难以镀上镀层或即使镀上镀层也与近端或高电流区的镀层相差很大的原因。因此，尽量减小一次电流分布的不均匀性，是获得均匀的金属沉积层的关键。

（3）阴极上金属分布与分散能力

通过对一次电流分布和二次电流分布的分析，我们可以得知阴极上的金属电沉积的厚度受电流分布的影响，或者说，在电流效率一定时，阴极上金属镀层的厚度与所通过的电流成正比。电流效率在这里也是一个重要的概念。因为电极过程发生时，不是所有的电流都用在了沉积金属上。设想一下，如果在近端或者说高电流区，我们可以让一部分电流不用来沉积金属，而是进行其他离子的还原。这样，镀层的厚度就得到了一定控制，从而与远端或低电流区的镀层厚度趋于平衡。这与二次电流分布有相似的作用。同样，这种作用也是在一定范围内才有效的，当几何因素成为决定性因素时，这些调节就有限了。但是，这种调节能力还是体现了不同电解液沉积金属均匀性特征，成为衡量镀液分散能力的指标。

分散能力（TP）与电流分布的关系可以用下式表示

$$TP = \frac{K_1 - K_2}{K_1} \times 100\%$$

由于电极过程中实测 K_1 和 K_2 需要很专业的仪器和人力资源，在实际电沉积过程中，对镀液分散能力的测量采用的是与这一公式的原理相同而测试的项目不同的远近阴极法。也就是将不易测量的电阻值，特别是极化的电阻避开，而采用测量远近阴极上金属沉积物的质量和远近阴极的距离这两组很容易测量的参数，得出了我们在 1.1.4.2 电沉积过程的基本测试方法中介绍过的分散能力公式

$$T = \frac{K - M_{近}/M_{远}}{K-1} \times 100\%$$

1.2.4.3　几何因素的影响及消除的方法

（1）槽体体积和形状的影响

电解槽槽体的形状和空间结构直接影响阳极和阴极的配置。对于既定的电解槽，由于尺寸已经是确定的，这时只能因地制宜地配置阳极和阴极。尽量避免镀槽几何因素的不利影响。如果镀槽不符合下面所介绍的尺寸配置，则在电沉积过程中会出现高电流区烧焦，低电流区镀层达不到厚度要求，甚至有镀不上的情况。

但是最好的方法是根据所要加工的产品的大小和形状来设计电解槽，这样才可以将镀槽的几何因素的影响降到最低。

为了使问题简明化，这里的讨论都是以手动单槽操作为例。多槽和自动线所要遵循的原则是一样的，可以依此类推。

首先要确定的是电解槽采用单排阴极还是双排阴极，这将决定镀槽的宽度。对于单排阴极，是将产品挂在镀槽中间的阴极杠上，两边配置阳极。如果是双排阴极，则要在槽中布置三排阳极，这就要求槽体有足够的宽度。一个基本的原则是要保证两极间的距离在250mm以上。对于槽宽来说，还要加上阳极和阴极本身的厚度和阳极槽壁要留有的50~100mm的空间。这样算下来，一个单排阴极镀槽的宽度至少在800mm左右。

再说长度，长度要依据阴极挂具的宽度和一槽内打算挂几挂来确定。无论是挂多少，镀槽两边阴极的外端点要距槽端板100~150mm，两挂之间的距离应该保持在100mm。如果一个单一挂具的宽度是500mm，每槽挂两挂，这时镀槽的长度就是1400mm。

最后是镀槽的深度。镀槽的深度应该是挂具浸入电解液内的长度加上距槽底150mm以上，和挂具上部的制件距电解液面100mm以下。这时，如果挂具的长度是600mm，则镀槽的深度要至少保持在1000mm。这就是一个可以一次挂两挂500mm×600mm的框式挂具、制品的厚度约150mm的常规镀槽。电解液的容量约1000L。很多中小规模电镀厂的单槽都是这种规格。

电解槽除了常用的1000L以外，还有2000L、2500L、3000L等几种规格。有些行业和镀种要用到更大的电解槽，如10000L甚至于100000L。

（2）电极几何形状的影响

这里所说的是阴极和阳极的几何形状的影响，而不涉及阳极的纯度和物理状态。

首先必须保证阳极的表面积是阴极的 1.5～2 倍。这是因为在电沉积过程中，阳极的溶解电流密度与阴极的电沉积电流密度是不同的。阳极的电流密度基本上是阴极电流密度的 1/2 左右，也就是当电流通过电解槽时，阳极的表面积只有比阴极大一倍，才能保证阳极处在正常的溶解状态。如果阳极的面积与阴极一样大小，则阳极会因为电流密度过高而处于钝化状态。这时阳极就会不溶解而只会产生大量氧的析出，或是虽仍然可以溶解，但是金属离子是以高价态的离子进入镀液而对电沉积过程带来危害。除了有些电沉积工艺要求阳极以高价态溶解外，通常都要保持阳极的活化状态，使其能正常溶解。

为了使阳极有相对稳定的表面积，最好要采用阳极篮，这样，在可溶阳极由于溶解而表面积减少时，不溶性的阳极篮的表面积可以缓冲阳极减少对电沉积过程的影响。

如果是采用板式阳极，则要经常检查和补充，不要等阳极面积损失较大以后才补。否则会使阳极因电流密度升高而钝化，分散能力会下降。电解液稳定性也会因金属离子的失调而下降。

阳极的悬挂要注意，应由中间向槽两端均匀分开，并且保持中间密度高于两边的原则。也就是中间挂的要多一些，两端的要少一点，这有利于电流的均匀分布。另外，阳极的下端要比挂具的下端短 100～150mm，这样可以防止挂在下端的产品因电流过大而烧焦。

电沉积过程中的阴极包括制品和挂具。由于挂具是承载制品的重要工具，并且本身也要通过电流，会在所有导电部位获得镀层，因此挂具的几何形状对电镀的分布和质量、生产效率等都会有所影响。

为了保持良好的导通状态，挂具上必须有与产品连接的可靠挂钩，并尽量采用张力挂钩，而避免重力挂钩。

所谓张力挂钩，是指产品与挂具的连接钩是采用有弹性的材料制作，并至少有两个连接点，以张开和收缩形式与产品适合装挂的部位连接。而重力挂钩则是将产品挂在刚性的单一挂钩上，靠产品的重量来保持与阴极的连接。

挂具上的产品之间最好保持 50mm 距离，挂具的下端距槽底还要有 150mm 的距离。阳极与阴极的距离，要保持在 200～250mm。

（3）制品形状的影响

需要进行电沉积加工的制品，大多数的形状不可能是简单的平板。即使是平板形，表面的一次电流分布也只是接近理想状态，实际上由于"边缘效应"，四周的电流还是比中间要大一些。更不要说那些有深孔、凹槽或起伏较大的异形产品。这些有过于复杂外形的产品，在进行电沉积加工时，突起的部位会因电流过大而烧焦，而低凹部位则又因电流小而镀得很薄或根本镀不上。对于这种有复杂形状的产品，就是用分散能力再好的镀液，也不可能镀出合格的产品。这时就要采取一些防止几何因素影响的措施。

① 辅助阳极　对于凹槽或深孔的制品，如果对这些部位的镀层厚度有比较严格的要求，而用常规电沉积法又无法达到质量要求时，就要采用辅助阳极的方法。

辅助阳极是在挂具上对应产品的凹槽、深孔部位，专门设置一个与阴极绝缘而另有导线与阳极相连接的小型不溶性阳极。用来弥补这些部位因距阳极太远而电阻过大导致的电流偏低。通过辅助阳极的这种趋近作用，使这些部位的镀层能够达到需要的厚度。

这种阳极一般安置在产品挂具上，与挂具保持绝缘。有专门的导线与阳极相连。但是也有采用独立辅助阳极的方式，这时的辅助阳极也有采用可溶性阳极的。这样可以保证这些平时难以镀上镀层或镀得的镀层的厚度达不到要求时，获得合格的镀层。

② 仿形阳极　对于形状特殊的产品，为了能获得均匀的电沉积层，需要制作仿形阳极。所谓仿形阳极，就是让阳极的形状与制品的外形形成阴模状态的造型。这样可以保证阳极各点与制品的外形距离基本是一致的，从而在电沉积过程中获得均匀的镀层。这是保证一次电流分布处在相对均匀状态的较好办法。但是不适合被电镀制件形状经常变动的场合。

仿形阳极的作用与辅助阳极是一样的，但它是更直接地通过让阳极的起伏与阴极基本对应的方法，使阴极表面的一次电流分布趋向均匀。适合于比较定形而又批量较大的产品的加工。这种仿形阳极不需要单独设置，而是在电解槽中代替常规的平板阳极，操作上比辅助阳极方便。

③ 屏蔽阴极　有些制品没有明显的凹槽部位，但有较大的突起或尖端。这时为了防止突起或尖端在电沉积过程中烧焦，要在这些突起或尖端部位设置屏障物来屏蔽过大的电流。这种用来屏蔽阴极过大电流的屏障物，就是屏蔽阴极。这种屏蔽阴极又分为两种，一种是参加电极反应的受电式屏蔽，这种方式是让高电流区的电流分流，减少高电流区不正常沉积。另一种是电中性的屏蔽，采用塑料类材料制成，增加高电流区的电阻，使突起部位的电流有所下降。

1.2.5　添加剂的影响

1.2.5.1　电镀添加剂

电镀添加剂被公认是电镀技术的核心技术。很多电镀液没有电镀添加剂根本就不能工作，完全镀不出合格的镀层，像酸性光亮镀铜、酸性光亮镀锌、光亮镀锡等。

以前认为电铸可以不采用添加剂，理由是电铸对镀层外观没有要求，另一个理由是电铸镀层希望脆性要尽量少，而添加剂特别是有机添加剂会带来脆性。但是这种认识现在已经有了改变。典型的是酸性光亮镀铜已经在很多电铸加工中得到应用。无论是从理论上还是在实践当中，很多电镀工艺都可以用作电铸加工。以至于现在讲到电铸的镀液时，除了有些需要特别指明的场合，通常将电镀和电铸的工作液统称为电镀液或镀液。

由于电镀添加剂对电镀的重要性，电镀添加剂研发、生产和销售已经成为一个很有规模的产业，并且许多是国际著名的公司。但是，以电镀光亮剂为主的电镀添加剂的发明却是一些偶然的因素。

传说在20世纪20年代，在美国有一家生产电镀设备和提供电镀技术的公司曾经因为推销员的吹牛皮而售出了一批可以镀出光亮镉镀层的设备。但是当时他们并没有这种镀光亮镉的技术。结果是售出的镀液又都被退回来，要求退换。公司的技工只好日夜加班来调整镀液，但是一直都没有什么进展。在又一个大半夜的白忙之后，大家只好先去吃夜宵，准备回来将镀液倒掉再来。吃饱喝足以后，回到工作现场，有人提议再试镀一回，结果出人意料的是镀层变得光亮细致起来。而究其原因，竟然是有一件羊毛衫不小心落入镀槽内没有被发现，羊毛的溶解物起到了光亮作用。这令公司不仅挽回了声誉，还将用碱来溶解羊毛制成镀镉光亮剂申请并获得了专利。

另一个有关镀镍光亮剂的发明，据说也是发明人不小心将自己的假牙掉进了镀槽，结果发现了胶质物质的光亮作用。还有关于糊精、砂糖等掉入镀槽等方面的故事，都在说明有机物对电镀过程有重要影响。并且可以推测，最初确实出现过偶然有东西掉进镀槽而改变了镀层质量的事件发生。但是后来有很多开发人员会重复这种往镀液里加各种原料的做法，并最终获得了结果。

现在，事实已经证明，如果将电镀配方当作电镀的核心技术的话，那实际上说的是电镀添加剂技术。因为很多电镀液的基本组成已经是公知的技术，但是电镀添加剂的配方则是技术机密。现在，电镀添加剂的研发和制造以及销售已经是一个持续发展和增长的行业，成为有机合成、精细化学和电化学等多学科支持的一个新兴的行业。其中一个很重要的分支就是电镀添加剂中间体的研制和生产部门。

1.2.5.2　电镀添加剂的作用

电镀添加剂与镀液中的其他辅助盐（如导电盐、缓冲剂、抗氧化剂、辅助络合剂等）不同的是，用量比辅助盐少得多，而作用比辅助盐大得多。电镀添加剂中最大的一族是光亮剂，其他还有走位剂、柔软剂、抗针孔剂、沙面剂等。

电镀添加剂的奇妙就在于，其用量非常少，每升镀液中只需加入几毫升，现在更有只加零点几毫升的。但是一旦加入，就有明显的作用。比如，我们用硫酸铜和硫酸配成镀铜液，如果不加入光亮添加剂，镀出的镀层根本就是不能用的粗糙无光的，甚至呈朱红色铜粉状的沉积物。但是，只要我们往这种镀液里每升加入 1~2mL 光亮剂，再镀出的镀层就呈现出光亮细致的亮紫铜色。很多镀种，比如镀镍、镀锌、镀锡、镀合金等，都有这种现象。

再比如镀镍的脆性问题，如果不加入柔软剂，镀出的镀层会因有内应力而发脆，有时会因太脆而开裂。但加入柔软剂后，就可以使内应力大大减小，甚至出现零应力状态。而其添加量则是很小的，只能是零点几至几毫升。如果加多了反而会产生另一个方向的应力。

所有这些微少量的添加剂之所以能起大的作用，主要是因为这些添加剂是在阴极区间的表面双电层内起作用的，有着类似表面活性剂的性质。只要单分子膜级别的添加剂进入双电层并干预金属离子在阴极还原的过程，就会使镀层的结晶发生改变，向着我们期待的结果变化。

曾经有许多间接的测量技术证明了电镀添加剂的表面活性作用。比如微分电容曲线、极化曲线、旋转电极曲线等。现在，更有表面直接观测的微电子技术可以更加直接地了解各种有机物对阴极过程的影响。理想的状态是要进入这样一种时代，那就是能够了解和设计基团或结构，让这种特定的结构去完成特定的表面干扰作用，以改变以往多少是盲目地摸索的研发过程。但是，在能够真正完全按我们的意志合成添加剂以前，电镀添加剂的研制就多少带有炼丹术式的神秘。

如果说早期的电镀添加剂是利用一些现成的有机化学物质甚至天然的有机物，那么经过这么多年的开发和深入的研究，已经对能够影响电镀阴极过程的某些有机物基团有了认识，并可以进行合成和改进，对它们在不同的组合中发挥的作用有了定性和定量的认识。这就是前面说到的电镀添加剂中间体的研制和生产。这些已经被确定为可以用来配制成电镀光亮剂或添加剂的中间体，成为电镀添加剂开发商的重要原料。

1.2.6 阳极过程的影响

1.2.6.1 阳极的功能

在电沉积过程中，阳极过程与阴极过程是同时发生的既统一又矛盾的过程。由于在电沉积过程中，阴极过程是获得产物的过程，因而是主要的过程；将阳极过程视为从属于阴极过程的辅助过程。

阳极的功能之一是导电，是与阴极过程密不可分的过程。没有阳极与阴极形成的电场，就不可能有阴极过程。因此，导电是阳极首要的和必要的功能。这是任何阳极都必须具备的功能。

阳极的另一个功能是提供欲镀金属的离子，但是这并不是必需的功能。也就是说阳极也可以不提供阴极过程需要的金属离子，比如不溶性阳极。

但是不管是什么样的阳极，都将影响电解液的稳定性和镀层的质量，因而不能只重视阴极过程而忽视阳极过程。

当然，对于理想的阳极过程，即金属可以成功地进行电化学溶解而进入电解液的过程，在电极过程动力学中已经有详尽的研究。正是基于这些研究，才使我们有可能在工艺实践中选择适当的阳极材料和电流密度以及某些阳极活性剂。以保证阳极在电沉积过程中的正常溶解。但是，即便在传统电镀过程中，也并不总是可以选择到理想的阳极，而不得不采用其他方法来加以弥补。例如镀铬中使用的就是不溶性阳极，完全依靠往镀液中添加铬酸盐来补充金属离子。这是因为有些阳极过程不能满足阴极过程的需要，当我们以阴极过程的正常进行为前提条件时，阳极不可能总是与阴极过程相适应的，不是电流密度达不到正常溶解的程度，就是溶解不是按需要的价态提供金属离子，或者溶解太快而大大地超过了阴极过程的需要。这样，当阳极过程影响到阴极过程的正常工作时，就必须采取措施调整阳极过程，以使整个电沉积过程得以正常进行。

1.2.6.2 阳极的分类

电沉积过程中常用阳极有如下几类。

（1）可溶性阳极

可溶性阳极是在电沉积过程中可以在工作液中正常溶解并消耗的阳极。在大多数络合剂型的工作液或阳极过程能与阴极过程协调的简单盐溶液中使用的阳极，大多数是可溶性阳极。比如所有的氰化物镀液，镀镍、镀锡等，都采用可溶性阳极。并且，对于可溶性阳极来说，是需要镀什么金属，就要采用什么金属作阳极。曾经有某电镀企业因放错了阳极而使镀液金属杂质异常上升导致镀液报废的例子。

并不是任意金属材料都可以用作阳极材料。对于可溶性阳极材料，首先要求的是纯度，一般都要求其纯度在 99.9% 以上，有些镀种还要求其纯度达到 99.99%，即行业中所说的"四个九"。其次是其加工的状态，对于高纯度的阳极，多半是经过电解精炼了的。有些镀种要求直接采用电解阳极。如氰化物镀铜的电解铜板阳极，镀镍的电解镍板阳极等。但是有时要求对阳极进行适当的加工，比如锻压、热处理等。以利于正常溶解。

现在比较专业的做法是采用阳极篮装入经过再加工的阳极块或球，也有在阳极篮中使用特制的活性阳极材料，比如高硫镍饼等。

除使用阳极篮以外，可溶性阳极一般还需要加阳极套。阳极套的材料对于不同镀液采用不同的材料，通常是耐酸或耐碱的人造纺织品。

（2）不溶性阳极

不溶性阳极主要用于不能使用可溶性阳极的镀液，比如镀铬。镀铬不能使用可溶性阳极的原因主要有两条，一是阳极的电流效率大大超过阴极，接近100％，而镀铬的阴极电流效率只有13％左右，如果采用可溶性阳极，镀液中的铬离子会很快增加到超过工艺范围，镀液会不能正常工作。二是镀铬如果采用可溶性阳极，其优先溶解的一定是低阻力的三价铬，而镀铬主要是六价铬在阴极还原的过程，过多的三价铬会无法得到合格的镀层。

还有一些镀液采用不溶性阳极，比如镀金，为了节约和安全上的考虑，一般不直接用金来作阳极，而是采用不溶性阳极。金离子的补充靠添加金盐。

再就是一些没有办法保持各组分溶解平衡的合金电镀，也要采用不溶性阳极，比如镀铜锡锌合金等。

不溶性阳极因镀种的不同而采用不同的材料，不管是什么材料，其在电解液中要既能导电又不发生电化学和化学溶解。可以用作不溶性阳极的材料有石墨、碳棒、铅或铅合金、钛合金、不锈钢等。

（3）半溶性阳极

对于半溶性阳极，不能从字面上去理解。实际上这种阳极还是可以完全溶解的阳极。所谓半溶性是指这种阳极处于一定程度的钝态，使其电极的极化更大一些，这样可以让原来以低价态溶解的阳极变成以高价态溶解的阳极，从而提供镀液所需要价态的金属离子，比如铜锡合金中的合金阳极。为了使合金中的锡以四价锡的形式溶解，就必须让阳极表面生成一种钝化膜，这可以通过采用较大的阳极电流密度来实现。实践证明，镀铜锡合金的阳极电流密度在 $4A/dm^2$ 左右，即处于半钝化状态。这时阳极表面有一层黄绿色的钝化膜。如果电流进一步加大，则阳极表面的膜会变成黑色，这时阳极就完全钝化了。不再溶解，而只有水的电解，在阳极上大量析出氧。对于靠电流密度来控制阳极半钝化状态的镀种，要随时注意阳极面积的变化，因为随着阳极面积的缩小，电流密度会上升，最终导致阳极完全钝化。

另一种保持阳极半钝化的方法是在阳极中添加合金成分，使阳极的溶解电位发生变化。比如酸性光亮镀铜用的磷铜阳极。这种磷铜阳极材料中含有 $0.1％\sim0.3％$ 的磷，使铜阳极电化学溶解的电位提高，防止阳极以一价铜的形式溶解。因为一价铜将产生歧化反应而生成铜粉，危及镀层质量。

（4）混合阳极

混合阳极是指在同一个电解槽内既有可溶性阳极，又有不溶性阳极，也有叫联合阳极的。这是以不溶性阳极作为调整阳极面积的手段，从而使可溶性阳极的溶解电流密度保持在正常溶解的范围。同时也是合金电镀中常用的手段。当合金电镀中的主盐消耗过快时，可以采用主盐金属为阳极，而合金中的其他成分则可以通过添加其金属盐的方法来补充。

实际上采用阳极篮的阳极就是一种混合阳极。由于阳极篮的面积相对比较固定，因此，在篮内的可溶性阳极面积有所变化时，由于有阳极篮承担导电任务，而使镀液能继续工作。

混合阳极还可以采用分开供电的方式，来使不同溶解电流的阳极都能在正常的状态下工作。

1.2.6.3 阳极的影响

理想的阳极是极化很小的阳极，可以保证金属离子按需要的价态和所消耗掉的离子的量来向电解液补充金属离子。但是，阳极过程恰恰是很容易发生极化的过程。阳极的极化我们特别称之为钝化。

完全钝化的阳极不再有金属离子进入镀液，这时阳极上的反应已经变得很简单，那就是水的电解

$$2H_2O \xrightarrow{\quad\quad} O_2 + 4H^+ + 4e$$

阳极过程钝化对电沉积过程是不利的。这时如果想要保持电解槽仍然通过原来的电流，就必须提高槽电压，使电的消耗增加。

为了防止阳极钝化，通常要经常洗刷阳极、搅拌电解液或添加阳极活化剂等。这些措施都是为了让阳极过程极化。

但是阳极的过分溶解也不是好事。这将使电解液的主盐离子失去平衡。结果是影响阴极过程的质量。

阳极的纯度和物理状态也对电沉积过程有重要影响。不纯阳极中的杂质在溶解过程中会成为加速其化学溶解的因素。阳极过程也可以看成是金属腐蚀的过程。有缺陷的晶格、变形的晶体、异种金属杂质的嵌入物等是发生腐蚀的引发点，从而发生晶间腐蚀等。这种不均匀的溶解，会使阳极成块地从阳极上脱落，成为阳极泥渣等进入电解液，很容易沉积到阴极上，从而使镀层起麻点和粗糙等。利用阳极溶解的这种特性，主动地往阳极中掺杂并且让其均匀分布，就可以制成溶解性好的或按需要的价态溶解的活性阳极。比如酸性光亮镀铜中的磷铜阳极，镀多层镍中含硫活性阳极等。

阳极的物理状态包括加工状态，如电解阳极、冷轧阳极、热熔阳极等，也包括尺寸形状，如块状阳极、条状阳极、球状阳极、饼状阳极等。

1.2.6.4 关于新型阳极的设想

到目前为止，人们对不溶性阳极的认识还停留在是一种不得已的选择上。理

想的阳极是导电而又可以提供金属离子的。但是如果我们以创新思维来看待不溶性阳极,就可以设想将其作为载体来实现理想阳极的功能。可以设想的功能性阳极应该具有以下几种性质。

① 兼作热交换器或物理波源用的不溶性阳极。可以利用这种不溶性阳极在导电的同时,向电解液交换热量(加温或降温)、发出超声波或其他物理波等。

② 向镀液自动添加光亮剂或添加剂的阳极。这种阳极是中空的阳极,并装有逆向截止阀,可以根据指令向电解液内释放添加剂。

③ 自动补加镀液成分的阳极。这种不溶性阳极在各自的中空室内盛有主盐或辅助盐等的浓缩液,根据传感器的指令向镀液补加所需要的成分。

1.2.7　超声波和其他物理场的影响

超声波作为促进化学清洗的手段,已经有很普遍的应用。以至于超声波清洗已经成为一个专业,有了很多专业制造超声波清洗设备的企业,说明对这种清洗手段的需求很大。但超声波不仅仅只限于电沉积领域,也不仅仅是加强清洗的效果,超声波对化学反应等很多过程都有重要影响。

1.2.7.1　关于超声波

大家知道,声音是一种振动的波。人们的耳朵之所以能听见声音,是发声的物体产生的振动波通过空气的振动传到耳朵,引起耳膜共鸣而产生听觉。凡是振荡都有一定的频率。耳朵能听见的声音频率范围为 $20 \sim 20000\,Hz$。超过 $20000\,Hz$ 以上的声音,人类就听不见了,这种超出人类听觉范围的声波简称为超声波。

超声波和声波一样,是一定物质的剧烈振荡,可以在任何弹性或刚性体内传播。由于超声波在液体内的传递速度比在空气中快得多,所以在电沉积过程中运用超声波是比较方便的。

超声波既然是一种物理场,就有其场强,一般以下式表示

$$I = \underline{E}u$$

式中　I——超声波的场强;

　　　$\underline{E}$——单位体积的平均能量;

　　　u——超声波在介质中的传播速度。

其中单位体积的平均能量可以用下式求得

$$\underline{E} = 1/2 \varepsilon V^2 L^2$$

式中　ε——介质密度;

　　　V^2——频率;

　　　L^2——振幅。

超声波场强的单位为 W/cm^2。但是也常常标出所使用的频率（Hz）。

1.2.7.2　超声波的强去极化作用

早在 20 世纪 30 年代，就有人注意到了超声波对电解过程的影响。发现在超声波作用下，电解水的电压下降。后来有人在研究氢的析出电位时，也发现超声波可以降低氢的析出电位。证明超声波有去极化作用。并且随着场强的增加，去极化作用也增加。可以达到很强的程度。电位值的变化可以从 300~1000mV，这是很可观的数值。

例如，在硫酸钠溶液中，以 $2.5A/dm^2$ 的电流密度电解时，在弱超声波作用下，在铂电极上氢的析出电位是 900mV，而在强超声波作用下，氢的析出电位只有 400mV。如果采用铝电极，在弱超声场内的析氢电位是 1300mV，而在强超声场内只有 360mV。去极化作用非常明显。

超声波在液体内传播时，会产生一种空化作用，使液体内产生一定的压差。这种压差效应会促使气体迅速由阴极表面析出，并使氢离子的还原容易进行，从而降低了氢还原的超电压。

研究表明，在超声场内进行电镀，金属的析出电位也是降低的。在 21kHz 的超声波作用下，锡酸钠镀锡的电位下降 400mV 左右；瓦特型镀镍时，电位降低 100mV。如果没有超声波的作用，在这种低电位下，通常只有氢氧化物析出，但在有超声波作用的条件下，却有金属镀层析出。

1.2.7.3　超声波对电沉积过程的其他影响

超声波对电沉积过程的影响，不仅仅是去极化作用。由于超声波是一种强力的搅拌器，使浓差极化得以消除，可以使电沉积速度大大提高。例如有人在超声波作用下镀铜，使用了高达 $140A/cm^2$ 的电流密度。在超声波作用下，电镀的速度可以提高 50~100 倍。

超声波对电流效率也有明显影响，通常都能提高阴极过程的电流效率，还可以扩大镀层的光亮区域。同时，由于对气泡的驱除作用，镀层的针孔也会大大减少。

超声波对电沉积过程的影响还远不止是强搅拌作用，对电结晶过程也有影响。增加超声波强度会使镀层的结晶变细。尤其当金属结晶过程的速度较慢时，超声波对改善镀层的结晶组织是最有效的。因此，使用超声波可以防止产生粗粒结晶或树枝状镀层。因为强烈的超声波振荡可以对粗糙结晶有粉碎作用，从而使晶粒变小。

超声波不仅使镀层细化，还可以提高镀液的分散能力和均镀能力。我们曾经在一种细铜管的内壁镀银中采用了超声波提高深度能力。这种铜管长 28mm，但是直径只有 4mm，管长超过了直径 6 倍，孔内不易镀上（只会有置换层）镀层。而产品的设计要求内壁镀上一定厚度的镀层。我们使用一台功率为 400W 的超声波发生器。在 20k～50kHz 的频率内，以 0.5A/cm^2 的电流密度作用于镀银，最终获得了满意的结果。孔内的镀层结晶细致无孔，满足了设计的要求。

超声波的另一个特别的功能是可以促进获得不易镀出的镀层。一般不易镀出的金属多半是易氧化、难还原的金属。这类金属离子的还原电位很负，在普通镀液内不易镀出来。即使有析出也很容易钝化。但是在超声波的作用下，将使这类金属的还原变得较为容易。例如在钢上镀铝。

超声波对阳极过程也有很大影响。有些镀覆工艺由于阳极很容易钝化而使工作时的电流密度急剧下降，以至于无法电镀。例如在琥珀酸中镀银。如果用超声波使阳极活化，就可以提高工作电流密度，使电镀过程可以正常进行。

1.2.7.4　其他物理场的影响

除了超声波，其他物理场对电极过程也有各种不同的影响。其中研究得比较多的是磁场。从 20 世纪 80 年代起，就有人对磁场的影响做过一些初步的研究，证实磁场对电极过程和电化学腐蚀过程都有影响。磁场可以增加镀镍过程的阴极极化，而磁场对腐蚀过程的影响则非常明显。曾经有一家机械加工企业在采用磁夹头进行铣削加工后，由于没有对被加工零件进行消磁，结果在存放过程中出现了在同样的存放条件下，有些品种的产品出现了锈蚀，起初找不到原因，最后发现是磁场的影响。

1.3　电沉积技术的应用

电沉积技术是电化学工艺学中应用最多的工业技术。所涉及的应用领域包括电镀、电铸和电冶金等三个基本上是独立的工业行业。图 1-13 表达了电沉积技术的应用领域及其之间的关系。

1.3.1　电镀技术与电冶金技术

电镀技术在现代制造中有广泛的应用，如用于材料的表面装饰、金属材料的防腐蚀、材料表面的功能化等。这一技术现在已经在高端制造中发挥着越来越重要的作用。如前节所述，作为目前唯一一种原子级别的增材制造技术，电镀技术对芯片制造有着关键作用。电镀与电铸同属电化学应用工艺技术，基础原理是完

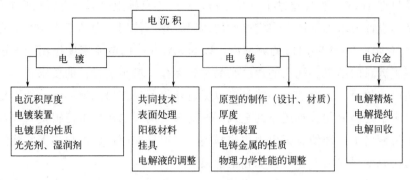

图 1-13　电沉积技术的应用领域及其之间的关系

全相同的。有关应用有许多专业著作介绍,更有大量技术论文在各类表面技术期刊发表,这里不再复述。

电冶金是一个独立的大规模产业,也被称为"湿法冶金",是一个高电能消耗产业,对电解冶金装备有专业的要求,规模庞大。因此,属于重工业领域,是有色金属材料,特别是高纯度有色金属材料提炼的重要行业。其原理也是基于电沉积技术,将有色金属离子溶液通过电极提供的电子还原出来结晶成为有色金属材料。而有色金属材料,特别是稀有金属材料对现代制造的意义是不言而喻的。特别是铝的精炼,在当代具有重要工业价值。

1.3.2　电铸技术

电铸技术是电沉积技术应用中的一个重要领域,也是本书将重点加以介绍的内容。在第2章里,将全面地介绍电铸技术,并且将在其他章节里将这一技术的要点和细节加以展开,以期使读者对电铸有一个全方位的了解。因此,本小节只对电铸技术做概念上的说明和提纲式的介绍,作为读者阅读以后内容的参考。

所谓电铸,就是以电沉积的方法在作为阴极的原型上铸造出一定的造型。这在异形模具,特别是塑压和注塑模具的制造上有广泛的应用。

电铸制模的最大优点是快速和准确。对于一个形状复杂的塑料制件,采用机械的方法用金属材料加工,不仅费时费工,还难以完全真实地复制出原设计构想。但是电铸可以先用易加工材料,比如木材、石膏、石蜡等,精确地制出原型,再在这个原型上电铸,一个与原型完全一样的模腔就这样制作了出来。

更重要的是,现在可以利用 CAD 和 CAM 技术,在电脑中对造型进行三维设计,然后再用与电脑连接的自动成型装置快速地制出原型,这种技术与电铸的结合,使新品上市的周期大大缩短。本书将专门介绍这方面的技术。

电铸还是获得一些特殊材料、构件和直接生产特殊结构产品的加工方法。也就是说,它的应用绝不仅仅是制造模具而已。

电铸技术在现代工业中占有非常重要的地位，并且这种重要性越来越明显。但是，在国内我们却很难找到集中介绍电铸技术的比较全面的资料。只能从散在各种书籍和期刊中的零星资料中获取信息。这本书就是为了弥补这一缺憾。希望读者能从以后的各章节获得对电铸的全面认识。

第2章
电铸技术总论

2.1 电铸技术概要

电铸是利用电沉积方法在作为阴极的原型上进行加厚电沉积，从而复制出与原型一样的制品的方法，是电沉积技术的重要应用技术之一。利用电铸法所获得的制品可以是模具的模腔，也可以是成型的产品，还可以是一种专业型材。广义地说，为获得较厚镀层的电沉积过程，都可以叫作电铸。

电铸最早是由俄国的雅柯比院士于1837年发明的。此后，将电铸技术用于实际生产最早也是在俄国开展的。早期的电铸主要用在浮雕工艺品、塑像的制作方面。到20世纪40年代开始在工业生产中有了应用。到20世纪五六十年代，电铸技术有了较快的发展。许多工业领域都开始采用电铸工艺。直到现在，电铸技术还在不断发展当中。

采用电铸制作注塑或压塑模具已经是当代精密模具加工的重要方法之一。一些异型的构件和难以用机械方法精确制作的原型，采用电铸成型法都能精确地复制出原型的模样。电铸不仅能制造用于生产高精度产品的型腔，而且还能生产表面为皮革纹理的大型模腔，例如长度超过10m的轻型组件。

早期的电铸还在留声机唱片的制作、印刷用版的制造等方面起过积极作用。现在，在微波导的制作、热交换器的制作、高反射镜的制作等方面都可以大显身手。一些用在飞机、雷达、航天器等高端产品上的复杂结构的零件，都要依靠电铸法来加工。至于玩具制造、塑料成型等许多方面，都要用到电铸技术。由于电铸的母型中有相当一部分采用的是非金属材料，所以电铸技术与非金属电镀技术有着紧密的联系。可以说非金属电镀技术是电铸的重要辅助技术和预备技术。

电铸与电镀的原理基本相同，工艺也相近，但是镀层的作用和要求是不同的。电镀对镀层的外观质量要求很严格，特别是装饰性电镀，外观质量是首要的质量指标。但是电铸就不一样。就模具制造的应用而言，电铸对铸层的外表面基本是不做要求的，所要求的是铸层与基体接触的内表面，必须能完全复制原型的表面状态。因为电铸的目的，就是要用所复制的模具来批量制作出和原型一样的产品。但是，也不是说电铸就完全不要求铸层的外观。对于产品制作型电铸，实际上是一种功能性电镀，比如剃须刀网罩的电铸制作等，是外观和材料性能都有严格要求的过程。

电铸也不同于电冶金。电冶金只要求获得还原态的金属结晶，沉积层有高的纯度。而电铸则对沉积的纯度没有要求，有时为了提高其硬度，还要在铸层中加入提高其力学性能的合金成分。

概括起来，电铸有如下优点。

① 可以以较低的成本和较高的效率制造形状复杂的模具。

② 应用领域宽，铸模材料的选择性大。

③ 可以精密地复制出原型的细部，尺寸误差很小，只在 $\pm 0.25 \mu m$ 左右。

④ 模具内表面的光洁度很高，可以达到镜面光洁。

当然，电铸也存在一些缺点。特别是当采用非金属材料作母型时，表面金属化技术难度较大，并且整个电铸过程中影响质量的因素比较多，包括电流的波动、电铸液的变化等。这些一方面有赖于技术和工艺的进一步发展来加以克服，另一方面要求作业人员有较多的实践经验和一定的理论知识。

电铸加工中的一个重要问题是所要加工制作的制品的原型或母型的制作。对于可以沿模具主表面垂直方向一次脱模的制品，可以采用重复使用的原型，并且这些原型可以用金属制造，当然为了脱模方便，这些金属最好是表面有一层纯天然或人工化膜的金属，比如铬、铝及其合金等。

但是，大多数形状复杂的制品，不可能沿一个方向脱模，要将模具进行分解才能脱出。而分解将损坏原型，这时就不能采用重复使用的金属原型。另外，还有相当一部分电铸模要求保留完整的电铸模腔，这时更需要将原型完全破坏，使之从电铸完成后的模腔内脱出来。在这种时候，就要使用易熔的低熔点合金，或采用易熔的非金属材料来制作母型。

2.2　电铸技术的特点与流程

2.2.1　电铸技术的特点

在前一节已经说到，电铸就是以电沉积的方法在作为阴极的原型上铸造出一定的造型。这个造型可以是某种产品模具的腔体，也可能是一个结构的零件和制件，例如微系统（MEMS）制造等。电铸也是获得一些特殊材料的加工方法，比如采用连续电铸法制作铜箔、镍箔等。电铸在很大程度上与电镀技术是相同或者相似的。但是，作为一项专门的技术，电铸还是有着自身的一些特点。这些特点概括起来，有以下几点。

（1）快速复制能力

相对其他机械加工方法，电铸可以用较快的速度制作出复杂造型制件的型腔和制品，特别是对于有复杂曲面的造型，例如人体工学的特殊造型、异形结构等。还有雕塑类模具、工艺品类模具以及市场流行制品的复制和制作等，如果是用机械的方法根本就不可能做到，用手工艺人或高级模具技术工则需要较长的加工时间，还不能完全达到原型要求的精确度。但是采用电铸的方法，不仅可以惟妙惟肖地复制出原设计的造型，而且加工速度和效率都比较高，有着其他加工方法不能取代的优势。

（2）节约资源

电铸的加工过程除了镀液的工艺损耗，几乎没有加工边料的浪费问题。它的铸层在原型表面生长，达到一个合适的厚度就可以停止加工。此外，当所用材料成本比较高时，还可以在工作面达到一定厚度后，在外表面另外采用廉价的材料电铸加厚或加固，因而是一种节约型的加工工艺。这在资源紧张的当代是很重要的优点。

（3）精确度高

电铸加工的精度非常高，能复制包括皮肤纹理等细微的表面或高抛光的表面，因此可以用于复制高要求的制品。可以忠实再现原型或芯模的原有特征，不改变模腔内表面的粗糙度，特别是在近来发展的微加工制造中，由于尺寸精度已经超出常规的范围，不能采用机械加工的方法进行制造，电铸的优势就更为明显。

（4）应用面广

电铸加工有灵活的应用能力，可以用于制作模具，也可以用于制造产品，还可以用于生产金属材料。电铸也是复制三维造型孤品、工艺品、雕塑类文物的重要工艺。从高科技产品的制造到工艺品的生产，从电子工业到汽车工业，从医疗用品到塑料制品，都在采用电铸技术。并且随着 CAD/CAM 技术引进电铸加工领域，电铸的应用还会进一步扩大。

电铸技术的最新应用是微电铸加工，这是将半导体技术和集成电路微制造技术与电铸技术结合起来，在微蚀原型上进行微电铸加工的技术，将在微型机器人制造等领域获得进一步的发展。

（5）可以制作用其他加工方法无法完成的制品

有些异形造型即使用现代的机械加工设备也是难以制作成型的。有些特殊造型或高精度要求的制品，采用机械加工方法需要很长的加工周期，从而没有工业生产的价值。而采用电铸加工工艺，则可以高效率地完成，并获得符合设计要求的精度和质量，比如微型结构件的制造等，只有电铸技术可以胜任。

2.2.2 电铸工艺的流程

电铸的流程可以分为四大部分，即原型的选定或制作、电铸前处理、电铸和电铸后处理。每一个部分又都包括完成这个部分的多个子流程或工序。

原型选定前实际上还有一个原型设计的过程，在设计确定以后，才是原型的选定，包括如下流程：原型脱模方式的确定→原型材料的确定→原型的制造→检验→安装挂具。

金属原型电铸前处理流程：除油→水洗→酸蚀→水洗→活化（预浸）→（水洗）。

非金属原型电铸前处理流程：表面整理→除油→水洗→敏化→水洗→蒸馏水洗→活化→水洗→化学镀铜（或镍）→水洗→检验。

电铸流程：（预镀）→电铸→水洗→检验。

无加镀工序的后处理流程：抛光或者钝化处理→清洗→干燥。

有加镀工序的后处理流程：除蜡（除油）→水洗→活化→镀铬（或化学镀镍）→水洗→干燥。

2.2.2.1 电铸原型的选定或制作

对于电铸过程来说，首先要确定原型。因为电铸是在原型上进行的，因此如何选定原型和如何根据设计要求制作原型是电铸的关键。

原型根据其所用材料的不同而分为金属原型和非金属原型两大类。根据功能的不同又分为一次性原型和反复使用性原型两大类。采用什么样的原型要根据所加工产品的结构、造型、产品材料和适合的加工工艺来确定。当然，在需方有明确要求的情况下，完全可以按照需方要求来进行原型的设计和制作。对于选定了的原型形式，要采用相应的方法按设计意图加工成原型，以便用于电铸。

原型的制作有很多方法，包括手工制作原型、机械加工制作原型、利用快速成型技术制作原型和从成品上翻制原型等。有关原型制作的工艺与细节，我们将在第4章里详细讨论。

2.2.2.2 电铸前处理

电铸前处理也被称为电铸原型的表面改性处理。我们知道，电铸的原型分为金属原型和非金属原型两大类。无论是金属原型还是非金属原型，在电铸前都要进行适当的前处理，使电铸层能可靠地在原型表面生长出来。

对于金属原型，其前处理包括表面整理和除油、除锈等类似于电镀前处理的流程，但是这种前处理不是为了获得良好的结合力，而是要获得均匀平整的表面，以利在其上生长电铸层，还要方便以后的脱模处理。因此电铸的前处理中有时还要加入一个最重要的工序，那是就是脱模剂或隔离层的设置。

对于非金属原型，首先要使其表面金属化，以便使后续的电铸加工可以顺利进行。而表面金属化则要经过表面整理、敏化、活化、化学镀等一系列流程。所有这些流程的工艺我们将在第5章中详细介绍。

2.2.2.3 电铸

电铸过程也就是金属的电沉积过程。在电铸工作液中，以经过前处理的原型作为阴极，以所电铸的金属为阳极，在直流电的作用下，控制一定的电流密度，经过一定时间的电沉积，就可以在原型上获得金属电铸的制品。

根据所设计的电铸制品的要求，电铸所用的金属可以是铜、镍、铁、合金、稀贵金属等。电铸制品的厚度也可以从几十微米到十几毫米。

由于电铸过程所经历的时间比较长，对电铸过程中的工艺参数可以采用自动控制的方法加以控制，比如工作液的温度、电流密度、pH值、浓度等。

电铸过程中所用的阳极通常采用可溶性阳极。这是因为电铸过程中金属离子的消耗比电镀要大得多，并且电铸过程所采用的阴极电流密度也比较高，如果金属离子得不到比较及时的补充，电铸的效率和质量都会受到影响。

（1）电铸液的类别

用于电铸的铸种基本上是单金属电铸液，比如铸铜、铸镍、铸铁、铸铬、铸银等。但是有些电铸也采用合金电铸技术，以满足某些产品的技术要求。

每个铸种又因所用铸液的组成不同而又分为若干种类。进行分类的理由是不同的铸种或同一铸种的不同铸液，所电铸出的金属的物理性质有所不同。为了使读者对电铸液的种类有一个整体的认识，本节先将常用的几种电铸液列举如下，主要的和常用的电铸工艺将在专门的章节中详细介绍。

① 铜电铸液的种类。

a. 酸性硫酸铜铸液　这是以硫酸铜和硫酸为主的电铸液，是最基本的铸液，铸层呈暗红色或红铜色。为了改善铸层的性能，有时会加入无机或有机添加剂，使铸层的结晶细化。由于电铸对外观要求不是很高，因此这种电铸铜仍在采用。特别是当电铸层的脆性比较敏感时，多采用这种没有添加剂的纯铜镀液。

b. 酸性硫酸铜光亮铸液　这是在硫酸铜和硫酸的铸液中加入光亮剂的光亮铸液，可以获得全光亮的铸层。由于这种铸层的结晶非常细致，甚至可以达到镜面光洁度，因此已经在电铸中比较普遍地采用。

c. 氟硼化物铸液　氟硼化物铸铜液的主要优点是可以在较大的电流密度下工作，但是由于氟化物属于对环境有污染的受限使用的化工原料，这种铸液的采用将受到一定限制。

d. 焦磷酸盐铸液　焦磷酸铜铸液的最大优点是分散能力好，可以对形状复杂的制件进行电铸。但其电流效率比酸性铸液略低，且络合剂的废水处理比较麻烦，成本比酸性铸铜要高一些。

e. 氨基磺酸盐铸液　这也是可以在较大电流密度下工作的高速电铸铜铸液，但是化学原材料的成本也较高，水处理也比硫酸盐铸铜要复杂一些。

② 镍电铸液的种类。

a. 瓦特型铸镍　这是最基本的铸镍液，可以获得硬度较低的铸层，但电流密度不是很高，因而沉积速度不会很高。

b. 全氯化物铸镍　全氯化物铸液可以有较高的电流密度，且阳极的溶解性能很好，从而保证了在高电流沉积下金属离子的及时补充。

c. 氟硼化物铸镍　氟硼化物铸液也是为提高电沉积物的效率而设计的铸液，但现在已经不多用，也是涉及水处理问题。

d. 氯化铵铸镍　与全氯化物类似的铸液，有更好的铸层分散性能和抗杂质性能。

e. 氨基磺酸盐铸镍　这是用得较多的高速镍电铸液，可以在较高电流密度下工作而铸层的脆性较小。

③ 铁电铸液的种类。

a. 氟硼化物铸铁　氟硼化物铁电铸液的稳定性高，铸层结晶细致，但存在氟离子污染问题，使用受到一定限制。

b. 氯化物铸铁　氯化物铸铁是比较简单的铸铁工艺，存在三价铁影响的问题，也即铸液的稳定性问题。加入各种添加剂可以改善铸层性能和提高铸液稳定性。

c. 氨基磺酸盐铸铁　这也是稳定性和电沉积效率均较高的电铸液，铸液的成本要比氯化物高。

④ 稀贵金属的电铸。

稀贵金属的电铸除了工艺品类，一般不用于大规模生产，在科研或小规模生产中才会用到。主要有以下几类电铸液。

a. 钴电铸　有些特殊产品的制件要用到钴电铸。

b. 银电铸　特殊电极的电铸，特殊产品的电铸，如工艺饰品、奖品等。

c. 金电铸　特殊制件的电铸制造，金饰品的电铸加工，如生肖工艺品、星座工艺品等。

d. 铂电铸　特殊电极的电铸制造，工艺品的电铸加工等。

⑤ 合金电铸。

合金由于具有比单一金属更为优秀的性能，不仅在电镀中有广泛应用，在电铸中也有着一定的应用，有些制品适合采用合金铸层。本书介绍的合金电铸工艺有以下几类。

a. 铜系合金　如铜锌合金、铜锡合金等。

b. 镍系合金　如镍铁合金、镍磷合金等。

c. 钴系合金　如钴镍合金、锡钴合金等。

d. 其他合金　如银锌合金、银锑合金、金钴合金和金镍合金等。

（2）电铸液的选择

在电铸加工中选用哪一种电铸液要根据各种因素综合加以考虑，一般有以下几个因素。

① 所加工的电铸制品的用途。

根据电铸制品的用途来选择电铸工艺实质上是根据电铸制品的功能来进行选择。一个产品的用途或功能，是决定采用什么材料和工艺的主要因素。尤其当电铸制品是用来生产其他产品时，制作电铸模的材料可以有多种选择，首先要考虑的是能不能满足功能上的需要。比如搪塑模的电铸就以铜为好，而不能用其他导热性能比铜差一些的材料。

② 电铸模物理化学性能的要求。

当我们选定铜电铸液后，还需要确定选用哪一种铸铜工艺，是硫酸盐铸铜还是焦磷酸盐铸铜，或是磺酸盐铸铜呢？这时就要考虑模具的物理化学性能，比如模具的强度、韧性、硬度等。因为不同的铸液获得的铸层的力学性能是不同的。

③ 电铸模造型的复杂程度和所要求的沉积速度。

对复杂造型和结构进行电铸时，还要考虑铸液的分散能力。要尽量选择分散能力好的铸液，比如焦磷酸盐铸铜的分散能力就明显要比硫酸盐的好一些。当对沉积速度有要求时，则应选择硫酸盐铸铜等简单盐的铸液。但是实际上由于完全的简单盐铸液不可能获得良好性能的铸层，往往还是要用到一些添加剂。

④ 成本因素。

任何产品的加工制作都必须考虑成本因素，在能满足功能和性能要求的前提下，首选的应该是成本低的工艺，包括环境和社会成本都必须加以考虑。

⑤ 电解液的稳定性及维护的难易程度。

要尽量选用成熟和通用的电铸工艺，这样可以稳定生产和保证产品的质量。电铸加工过程历时较长，如果出现不合格产品往往是不可修复的，有时连原型都一起报废，这既浪费资源，又降低效率，是很不经济的。

综上所述，选择合适的铸液和工艺，对于满足设计要求而又提高效率、降低成本是非常重要的工作。同时，开发更多成熟的电铸工艺以满足日益增长的对电铸加工的需求，也是一项很重要的工作。

（3）不同电铸液沉积物的力学性质

前面已经提到，不同电铸液由于金属离子的状态、pH 值、添加剂的有无和种类、温度、电流密度等因素的影响，所铸得的金属的物理性质有很大差别。表 2-1 中列出了常用电铸液在正常状态下获得的铸层的力学性质，供选用参考。

表 2-1　常用电铸液在正常状态下获得的铸层的力学性质

铸 种	电铸液类别	硬度(维氏) （HV）	延伸率(5cm 厚) /%	抗拉强度 /(kg/mm^2)
铸铜	酸性硫酸铜	40～85	15～40	23～47
	光亮酸性铜	80～180	1～20	48～63
	氟硼化物铸铜	40～75	6～20	12～28
	焦磷酸盐铸铜	160～190	约 10	约 42
铸镍	瓦特型铸镍	100～250	10～35	35～56
	光亮铸镍	300～650	12～20	—
	氯化物铸镍	230～300	10～21	63～68
	氨基磺酸盐铸镍	150～200	20～30	30～39
铸铁	硫酸盐铸铁	180～400	0.3	77～84
	氯化物铸液	120～220	10～50	33～79
铸铬	标准铸铬	300～1000	0～0.1	7～12

2.2.2.4　电铸后处理

电铸加工完成后，还要经过一些技术处理，才能得到合格的电铸制品。这些对电铸出来的制品进行的技术处理可以称为后处理。电铸的后处理与电镀的后处理有很大的不同。电镀的后处理是对表面质量的进一步保护，包括清洗、脱水、钝化、涂防护膜等。而电铸的后处理第一是脱模，就是将电铸完的电铸制品从原型或芯模上取下来，然后是对电铸制品的清理。这种清理包括去除一次性原型，特别是破坏性原型的残留物，尤其是内表面（如果是腔体类模具）的清理。

（1）脱模

由于电铸所用的原型有金属材料和非金属材料两大类，同时又分为反复使用性原型和一次性原型，因此，从原型上脱除的工艺是不同的。如果是对电铸的外表面或结构等方面的加工，最好在脱模前进行。这样可以防止电铸模的变形或损坏。对于不同的电铸原型，可以选择以下不同的脱模方法。

① 机械外力脱模法　对于反复使用性原型，多半要采用机械外力脱模法。简单的电铸模可以用锤子敲击脱模。如果是有较大接触面的电铸模，则需要采用水压机或千斤顶对原型施加静压力脱模。

② 热胀冷缩脱模法　当原型与电铸金属的热膨胀系数相差较大时，可以采用加热或冷却的方法进行脱模。加热通常可以采用烘箱、喷灯、热油等加热方法，在铸型和原型因热胀程度不同而松动后，可以比较方便地进行脱模。如果电铸原型是不适合加温的材料，则可以采用冷却法进行冷缩处理。这时可以在干冰或酒精溶液中进行冷却，同样可以利用冷缩率的差别而使铸模与原型脱离。

③ 熔化脱模法　对于一次性原型，无论是低熔点合金还是蜡制品，都可以采用加热使其熔化的方法进行脱模。对于涂有这类低熔点材料作隔离层或脱模剂的原型，也是采用这种加热的方法脱模。对于热塑性原型的脱模，在加热后可以将大部分软化后的原型材料从模腔内脱出，剩余的部分可以再用溶剂加以清洗，直至模腔内没有残留物。

④ 溶解脱模法　对于适合采用溶解法脱模的原型，也要根据不同的材料选用不同的溶解液。比如对于铝制原型，可以采用加温到80℃的氢氧化钠溶液溶解。这时氢氧化钠的浓度为200～250g/L。如果所用的是含铜的铝合金，则可以在以下的溶解液里进行溶解。

| 氢氧化钠 | 50g/L | EDTA | 0.4g/L |
| 酒石酸钾钠 | 1g/L | 葡萄糖 | 1.5g/L |

（2）脱模剂

电铸完成后，要使原型与铸模容易分离，必须借助原型与电铸层之间存在的脱模剂。当然，对于一般非金属原型来说，脱模并不困难。尤其是一次性原型，可以用破坏原型的方法将原型与电铸模分离。但是对于反复使用的原型，既要保证电铸模的完好，又要保证原型可以再次使用，此时脱模剂就十分重要了。以下介绍几种常用的脱模剂。

① 有机物脱模剂　有机物脱模剂是用得最多的一种脱模剂，例如涂料、橡胶、石墨粉等。可以用于各种金属原型。这类脱模剂成本低、操作方便。但是对于不导电的有机质，要进行导电性处理，因此最常用的还是石墨粉。

② 无机物脱模剂　这主要是指在金属原型表面生成氧化物薄膜的方法，比如生成铬酸盐、硫化物等，因此，也可以叫作化学转化膜型脱模剂。这是金属原型用得比较多的方法。

由于不同的金属的氧化或钝化性能的不同，需要根据不同的金属选用不同的氧化方法或钝化方法。像铜、镍、铬等表面可以用电解法氧化，也可以用化学法氧化。

有些金属有自钝化性能，比如铝，会生成天然氧化膜，在其上电铸，容易脱模。但是天然氧化膜往往是不致密或不完全的，这对于反复使用性原型存在脱模失败的风险。因此，正确的做法仍然是要进行人工生成隔离层。对于金属铝及其合金，这时要采用电化学氧化生成的脱模层。

③ 低熔点合金脱模剂　在金属原型表面镀覆一层铅锡合金，即低熔点合金，然后再在其上电铸，电铸完成后，再高温熔掉隔离层而便于电铸模腔脱出。这种方法的缺点是脱模层比较厚，对尺寸要求较严的制品不宜采用。

（3）加镀与最后修饰

对于有些电铸制件，特别是用来作模具用的制件，为了提高其使用寿命和脱模性能，要进行电镀铬或化学镀镍等后处理。同时，为了适用于各种使用模具的机械，还需要配置模架和加固加工。对于有些电铸制品还要有装饰、抛光、喷涂料等后处理。

2.2.3　电铸加工需要的资源

2.2.3.1　电铸所需的设备

（1）整流电源

电铸电源是电铸工艺中最主要的设备之一，是为电铸过程提供工作能量的能源设备。

在选择电铸电源时要注意以下几点。

① 电压　在电铸过程中，电源的直流输出额定电压一般应不小于电铸槽最高工作电压的 1.1 倍。如果电沉积过程中需要冲击电流时，整流电源的电压值应该能满足要求。可供选择的直流电源的电压值有以下系列：6V、9V、12V、15V、18V、24V、36V 等。用户还可以根据自己的需要来设定电源的最大电压值。

② 电流　电铸的额定直流电流应该不小于根据所加工产品尺寸计算出来的电流值，并且要加上当需要冲击电流时的过载量。现在常用的可控硅整流电源，其输出电流根据不同的规格可以有 5A、10A、50A、100A 直至 20000A 等好多种选择。

③ 电源波形　直流整流电源根据供电和整流方式的不同而有几种电源波形：单相半波、单相全波、单相桥式、三相半波、三相全波、双反星形带平衡电抗器，还有周期换向电流、脉冲间歇电流等。

对于对电流的波形有特别要求的电铸过程，可以选用脉冲电源或周期换向电源，以获得更细致的金属结晶和表面质量。对于要求纯正直流的电铸过程，可以选用开关电源等更为高级的供电方式。

在需要自动控制的场合，则可以加入电脑自动控制系统，使电铸过程获得稳定的电流供应而不出现较大的波动。

电铸过程中对电流的监控实际上是对电流密度的监控，因此选择电源功率的依据是所需要加工的电铸制品的表面积。通常以所能加工的最大表面积和最大的电流密度的积为选取电源功率的依据，并且还要加上 10%～15% 的裕度。

（2）电铸槽

电铸用的槽体因所加工的制品不同而有所不同，和电镀槽一样属于非标准设备。槽体所用的材料要能防止电铸液的腐蚀和温度等变化的影响。由于电铸所用的铸液有不少是高温型，因此，电铸用铸槽宜于用钢材衬软 PVC，也可以采用增强的硬 PVC 制作铸槽。

电铸槽的大小视所加工的电铸制件的大小而定。如果是体积较小的电铸制品，还要考虑单个电铸槽的承载量。也可以根据所需要加工的电铸制品的产量，来确定所需要的设备。需要注意的是这种根据实际生产需要计算出的铸槽的容量并不包括日后发展时对电铸设备的要求。因此，一般都要对铸槽的容量适当放大，以留有产能的裕量。因此，电铸槽的容量可以从几十升至几千升不等。同时，尽管传统的电铸槽的形状与电镀槽大同小异，但现在电铸槽的形状有很多已经与电镀用镀槽的形状有所不同。

因为对于不同的电铸加工，要根据所加工的制品的形状、大小和具体的要求专门设计铸槽和辅助装置，比如连续铸所用的带滚轮的铸槽。有些槽体也会因为铸制品的形状特殊而要采用特制的铸槽。

对于电铸液量不大而又可以另外设置循环过滤槽的电铸槽，可以采用陶瓷槽体。对于不需要加温的常温型电铸或加温不超过 60℃ 的铸液，可以采用普通 PVC 铸槽或玻璃钢铸槽。

有些产品生产型电铸，例如镍质剃须刀网罩、波导管等大批量生产的制品，可以采用电铸自动线生产。由自动或半自动控制系统按设定的流程进行操作，可以提高生产效率和适应大规模的生产。

对于近年出现的微电铸加工，则可以在更小型的铸槽内进行，并且这种电铸槽的所有工艺参数都尽可能采用自动控制系统加以控制，以保证过程的高度重现性。

（3）电铸用阳极

电铸的阳极通常都要求是可溶性阳极，并且对纯度也有一定的要求。根据电铸制品的精度和硬度等的不同，对阳极的要求也不一样。普通电铸可以采用 99.9% 的阳极，但是，对于铸层纯度有较高要求的电铸，则要采用 99.99% 的阳极，以保证铸层的柔软性和铸液的纯净。对于电铸而言，由于阴极的工作电流密度高，工作时间长，因此，要求阳极与阴极的面积比要比电镀的大一些。阳极面积至少要是阴极面积的 2 倍以上。同时，一定要配置阳极篮，这样可以保证在可溶性阳极不足时，阳极仍然可以起导电作用，缓冲由于阳极消耗过大导致的可溶性阳极面积减小而引起的电流密度和槽电压的变化过大。

采用阳极篮或阳极都要加上阳极套，以防止阳极泥落入铸液内而使沉积层表面出现刺瘤等质量问题。

对于阳极有较高要求的电铸，可以在铸槽中设置专门的阳极室，以使隔膜与阴极区隔开，以免阳极泥等影响电铸过程。

有些特殊的电铸液会用到不溶性阳极。这种不溶性阳极根据铸液性质的不同而不同。通常是不锈钢，但是有的工艺也要求使用钛合金、石墨、碳棒等。

（4）电铸的辅助设备

电铸的辅助设备包括强化传质过程的搅拌设备、净化铸液的过滤机、加热铸液的温度控制系统及调节 pH 值等工艺参数的自动控制系统。对于电铸过程来说，这些辅助设备一般都应该具有。只是当某些参数不作为工艺要求时，则与这类参数有关的辅助设备可以省去。比如在室温工作的铸液，可以不需要温控系统，强酸性铸液可以不设置 pH 值控制系统等。

① 搅拌和阴极移动　几乎所有的电铸过程都要求有搅拌或阴极移动。这是因为电铸的电流密度通常都比较大，这样可以缩短电铸时间。搅拌可以采用电动螺旋桨，或者采用泵式循环，也可以采用空气搅拌。当采用螺旋桨搅拌时，主轴的转速不可以太高，最好采用可调速电机作动力，这样可以根据实际需要来调节搅拌机的转速，一般可以在 $300\sim900r/min$ 的范围调整。在高电流密度下工作时，通常都要用到较高的搅拌速度。在铸液金属离子浓度较高的条件下，高速搅拌可以提高极限电流密度，可以使电沉积速度得到提高。

如果采用阴极移动，则移动的频率可以比电镀的高一些。电镀的移动频率一般是 $10\sim15$ 次/min，电铸则可以采用 $15\sim30$ 次/min 的频率。每次移动的距离在 $100\sim200mm$。

② 过滤机　去除电铸液中的机械杂质需要过滤机。过滤机由带电动机的过滤泵（通常是采用高耐蚀塑料等制成的离心泵）和装有滤芯的过滤筒组成。带活性炭的筒式过滤器还可以除掉电铸液中的杂质。现在流行循环过滤兼搅拌铸液，这样可以在不断净化铸液的同时，起到搅拌铸液的作用，一举两得，所以比较受欢迎。

过滤机的规格通常是以每小时的流量作为标记。其流量可以从 $1\sim20t/h$ 不等。对于小于 $1t/h$ 的流量也有用 L/min 作单位的，比如有 $10\sim15L/min$ 的小型过滤机。

因为有些微型电铸加工所用的槽液的量不大，只有几十升或不到一百升，这时要用到定制的专用循环过滤装置。

③ 加热器与温度自动控制系统　对于需要加温的电铸液，要采用加热设备，通常采用直接加热式热电管。管材根据电解液化学性能的不同可以采用不锈钢管或钛管、聚四氟乙烯管等，也有采用石英玻璃管或钢管外包覆有搪瓷的加热器的。如果采用蒸汽加热，则要在槽中安装固定的热交换管，通常是钛或铅等耐蚀性好的管材。

合理的加热系统还应该包括温度传感器和温度控制继电器，以便对工作液的温度进行自动控制。采用自动控温系统可以使铸液处于最佳温度状态，避免铸液温度过高或偏低，既保证了电铸质量和效率，又可以节约能源。

④ pH 值自动调节器　除了强酸或强碱性铸液，电铸液的 pH 值一般都是一个比较重要的工艺参数，需要经常进行管理。电铸液的工作时间较长，电流密度也较大，铸液的 pH 值变动也会较快，因此，经常监控铸液的 pH 值是电铸生产管理的一个重要内容。这种场合，采用 pH 值自动调节装置比较合理。

比如铸镍的最佳 pH 值范围是 3.5～4.5。为了稳定电铸沉积层的性质，保持 pH 值在这个范围内是很重要的。但是，由于电铸时间通常都比较长，完全依靠人工检测和调整 pH 值会有很大的不确定性，pH 值的波动性会很大。这就需要采用 pH 值自动调节器。

这种装置的原理如图 2-1 所示。

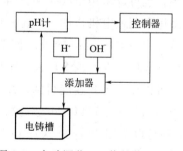

图 2-1　自动调节 pH 值的装置示意图

图中的 pH 计通过传感器收集电铸液中的酸碱度信息，然后将所得信息发送给控制器，控制器可以设定一个 pH 值范围，超出这个范围就发信号给添加器，这时添加器就会根据需要打开酸或者碱的阀门，往电解液内添加酸或碱，并启动搅拌器工作。这种装置能以 0.2 的精度调节 pH 值。

2.2.3.2　一体化电铸设备

为了适应各种专业电铸加工的需要，电铸设备开发商已经制造出一些一体化的专用电铸设备。这种一体化的电铸设备主要用于较小体积的精密电铸制造。比如贵金属饰品电铸机、快速成型母型电铸机等。这类电铸机一般都是专用型电铸设备，是根据专业电铸制造工艺而设计的，因此不具备通用性。随着电铸应用的进一步扩展，现在也发展出了通用型一体化电铸设备。

一体化电铸设备主要由以下几个部分构成。

（1）电铸电源

电铸电源是为电铸加工提供电能的主要设备，对于小功率的机型，一般采用单相可控硅整流器。最大工作电流分为50A、100A和200A等几种，对于300A和500A以及更大功率的电铸设备，则通常采用分体式的设备，不太适合于一体化机型。

（2）电铸槽

电铸加工的铸液由于多数是要加温的，有的还要加温到较高的温度，因此铸槽的材料要有一定强度并且能耐至少80℃以上的温度。商品化的铸槽有采用不锈钢制作外槽再内衬硬聚氯乙烯（PVC）的，这种铸槽的工作温度可以达到80℃。也有直接采用聚丙烯（PP）制作电铸槽的，工作温度可以达到100℃（软化点为120℃）。与电铸槽配套的有阴阳极杠、阳极板。

（3）储液槽及循环系统

储液槽一般采用与铸槽相同的材料制作，其体积一般是铸槽的1倍以上，并通过一台循环泵与工作槽（电铸槽）对铸液进行循环。采用储液槽可以有效地利用空间，且方便维护铸液。有的一体机的循环泵还备有过滤装置，在需要的时候可以对铸液进行循环过滤。

（4）辅助设备

辅助设备主要包括加温和温度控制、循环过滤、阴极移动或旋转等装置，这些都是电铸加工中不可缺少的辅助装置。还有一些必要的挂具、挂钩、工装夹具等。

（5）控制系统

控制系统是将电铸电源控制中的电流或电压控制和阴极移动、旋转控制、加温控制等主要和辅助设备的控制开关等集中到一台控制器上，便于在电铸加工过程中对整个电铸过程全面地加以控制。

提供一体化电铸机的厂商一般也提供各种电铸液和阳极材料，并提供相关的工艺文件以指导采用这种设备进行电铸加工或生产。

2.2.3.3　电铸所需的原材料

这里所说的电铸所需的原材料，主要指的是化工原料。这些化工原料可以根据电铸工艺的需要分为以下几类。

（1）主盐

主盐是配制电铸液的主要材料，需要进行什么样的金属电铸，就要用这种金属的主盐。比如铜电铸要用到铜盐，镍电铸要用到镍盐等。并且同一种金属的电铸，由于所采用的工艺不同要用到不同的主盐。比如硫酸盐铸铜要用硫酸铜作主盐，而焦磷酸铜铸铜用的是焦磷酸铜作主盐。对于合金电铸，则要有与合金成分一样的主盐。特别是对于没有合金材料作阳极时，铸层中的金属成分完全是靠主盐提供的。

电铸所用主盐的浓度一般比电镀的要高一些。当然有些电镀液也可以直接用作电铸液。另外，电铸同样对主盐的质量有要求。为了防止杂质从主盐中带入铸液，要求主盐的纯度要高一点，最好是采用化学纯级的主盐。如果是使用工业级的材料，则在铸液配好以后要加入活性炭进行过滤，有些铸种还要小电流电解。

（2）辅助盐

除了极个别的铸液是由单纯的简单盐配制成的以外，电铸液还要用到各种辅助盐，比如导电盐、络合剂、pH调节剂等。对这些盐类同样有质量的要求，以防不纯的材料将金属杂质或有机杂质带入到铸槽。如果用到工业级材料，一定要进行过滤处理。

（3）添加剂

添加剂是现代电镀技术中的重要化工原料，在电铸中同样有着重要的作用。有很多镀种没有添加剂就根本不能工作，比如酸性镀铜，没有光亮剂是不可能获得合格镀层的。

电镀或电铸中用的添加剂主要是有机物，并且现在有不少是人工合成的有预设功能的有机物中间体，最常用的是光亮剂（在电铸中则主要是用作铸层结晶的细化剂）、镀层柔软剂、走位剂（分散能力的通俗说法）等。

有些镀（铸）种仍然可以采用天然有机物或其他有机物作为添加剂，如明胶、糖精、尿素、醇类、醛类等化合物。

还有一些镀（铸）种则要用到无机添加剂，比如增加硬度或调整镀层结晶的非主盐类的金属盐。作为添加剂用的金属盐的用量通常都非常低，在 1g/L 以下。

（4）前处理剂和后处理剂

对于电铸来说，前后处理剂主要是常规酸、碱或盐。其中前处理主要用到的是去油所需的碱类，如氢氧化钠、碳酸钠、磷酸钠，还有表面活性剂。再就是去掉金属表面氧化皮的酸，如硫酸、盐酸、硝酸等。

对于电铸的后处理，要用到酸碱的场合主要是一次性金属原型从电铸完成后的型腔中脱出的场合。这时要用酸或碱将金属原型溶解，以获得电铸成品。

其他前后处理剂包括脱模剂、隔离剂等。

2.2.3.4 电铸需要的场所

由于电铸加工是化学和电化学加工工艺，生产过程中涉及各种酸、碱、盐等腐蚀或有害化学品，同时会有废水和酸雾等排出，因此，电铸加工的场所要符合环境保护和生产安全的要求。包括需要向当地主管部门提出申请并提交环评报告及各种所需技术参数和资料。

首先，电铸加工如果是独立的企业或部门，则所处的位置不要给周围的环境带来不良影响。不能在居住区、商业区和人口稠密地段或水源、水体附近设置。如果是在企业内部，则要有相对独立的区域，并设置在对四周没有太大影响的地方，最好是在常年风向的下方。

建筑物的设计要符合防腐蚀、通风排气、采暖、采光等各方面的要求。宜用层高为一层的一字形展开的平面布局，而不宜采用门字形或山字形的多排连接式厂房。跨度可为9m、12m、15m、18m等标准跨度，也可以根据需要自行确定合适的跨度。不同跨度厂房的高度见表2-2。

表 2-2　电铸厂房的标准跨度与高度

建筑用途	操作方式	跨度/m	高度/m	天　窗	排气帽
电铸加工	手工	6	4.2	—	—
电铸加工	手工、自动线	9	4.5	—	有
电铸加工	手工、自动线	12	5~6	有	有
电铸加工	手工、自动线	15	5.5~6.5	有	有
电铸加工	手工、自动线	18	6~7	有	有
电铸加工	手工、自动线	24	7~8	有	有
辅助车间	—	3、6	3.6	—	—
办公、试验	—	3、6	3.6	—	—

选用哪一种建筑模式或跨度，要由电铸制造或加工的规模来确定。而加工的规模则是根据所加工的制品的几何尺寸和产量来确定的。首先根据制件的大小和加工周期确定所需要电铸槽的大小和数量，再根据流程配齐所有前后处理槽和相关设备，包括加温设备、过滤设备、阴极移动或搅拌设备等。再加上准备工序场地、检测与试验场地、原材料存放场地、三废（废水、废气、废渣）治理用地等。由此可以计算出所需要的总面积，再根据这个总面积进行平面工艺布局的设计，并且对水量、电量做出估算。根据排水量和工艺所涉及的排出污染物的性质和量做出估算后，提供给设计人员，由专业设计人员根据厂房或车间以及三废治理设计出方案，经论证通过后，才可以施工。

2.3 电铸技术的应用

2.3.1 模具制造

采用电铸方法制作形状复杂制品的模具是电铸最重要的应用领域之一，特别是塑料制品的注塑模、压塑模等。因为这类制品形状复杂，有些还有曲面、异形结构或复杂的花纹等，所以如果采用机械加工的方法，不仅加工工期比较长，还需要多种机械设备的配合，即使这样还难以完全表达原设计的意图，达不到预期的效果。

采用电铸的方法，可以先用易加工的材料，比如塑料、石膏等按设计要求制成原型，再在原型上进行电铸，获得这件原型的模腔。再经过安装模衬等后期制作后，即可以成为所设计产品的塑压模具。从这种电铸模里可以获得与原型基本一样的制品。

除了制作塑料注塑和压塑模，其他类型的模具也可以采用电铸的方法进行加工。特别是在有了 CAD/CAM 快速成型加工技术以后，电铸在模具快速制造中的应用得到了进一步的开发和拓展。包括像汽车制件类的大型薄壁制品的冷挤模具等，也可以采用电铸的方法进行制造。

电铸法制作模具的优点是可以在成品上直接进行反求来仿制原件。采用 CAD/CAM 技术可以很快制出反求的原型参数，然后快速加工出原型，再在原型上进行电铸，获得相应的模腔。再经加工制作可以复制出与原件一样的产品模具。

电铸模具不仅应用于电子产品、仪器仪表和玩具类等小型模具的加工，在飞机、汽车等大型产品的结构中也要用到电铸模。比如高级轿车的前保险杠的聚氨酯制件的整体成型模，就是采用的电铸模。

我们将在第 11 章中对模具制造的工艺技术以举例的方式加以详细介绍，可以作为制作相关电铸模时选用工艺方案的参考。

2.3.2 特殊产品加工

电铸除了可以用来制作模具，还可以直接用来生产特殊金属制品。这些制品如果不用电铸法加工，用机械加工的方法制作将很困难，有些制品甚至除了电铸，没有其他办法可以加工出来。比如微波异形波导、泡沫型多孔电池电极片、电动剃须刀网罩等。

随着微电子产品的不断发展和进步，利用电铸技术加工特殊产品的应用将进一步扩展。有些微小异形制品如果不采用电铸方法进行制造，用其他方法很难制作出来。因为这种微型结构是用光刻的方法先在一定材料上制出阴模，再在这种模腔内电铸而获得制品的。

2.3.3 专用型材制造

采用连续电铸的方法制作特殊金属材料的箔材已经是很成熟的工艺。印制电路板用的铜箔也是采用这种方法加工制作的。波导用的异形管材和特殊电极材料的电铸也都可以看作是型材加工的过程。

作为生产铜箔的连续电铸设备与普通电铸设备的最大区别是连续电铸的阴极在工作中始终在缓慢地旋转。同时在阴极上形成初始的镀层并在达到所需要的厚度后，要从阴极上剥离出料头，由与阴极转速同步的牵引收料卷边电铸边收卷，从而实现连续电铸。

现在，手机、笔记本电脑、数码相机等已经是家喻户晓的电子产品，这些电子产品的寿命是大家非常关心的指标，而决定电子产品寿命的一个很重要的参数是电池内电极的表面积。如何增加电池电极的表面积，是电源产品开发技术人员用尽心思的事。终于，一种大表面积的产品被开发出来了，这就是泡沫镍电极。而这种泡沫镍电极的生产，采用的就是电铸技术。大家知道，仿海绵泡沫塑料的表面积是很大的，制成这种海绵泡沫很容易，而如果想制成像海绵泡沫一样的金属泡沫，则几乎是不可能的。但是，利用非金属电铸技术，以这种海绵泡沫作原型，可以在其上电铸金属镍。现在包括我国在内的世界各地的泡沫镍生产企业已经在大量生产泡沫镍，以满足世界对大量高能可充电电池的需要。泡沫镍的生产工艺是将一定厚度、较大表面积的泡沫塑料经过前处理后，经敏化、活化后进行化学镀镍，然后电铸加厚，使整个泡沫塑料都铸上了厚厚的一层镍，最后经过高温烘烤，将作为模体的泡沫塑料蒸发掉，所得就是完全由金属镍构成的泡沫镍了。

2.3.4 纳米材料的制造

电沉积技术已经成功地应用于制作非晶态材料。非晶态材料是相对结晶材料而言的新型材料，它在硬度、强度、耐腐蚀性能等方面都比传统材料要好。而利用电沉积技术生产纳米材料也显示出了明显的优越性。由于利用电沉积技术加工材料传统上划为电铸加工领域，因此，电铸加工也将进入到纳米制造领域。

目前世界上纳米晶体材料的制作技术可以分为三大类：一是外力合成法，如机械研磨；二是电沉积法，如电化学沉积、等离子体沉积；三是相变界面形成法。其中电沉积方法与其他方法相比有其自身的特点，一是很多单一金属可以被电沉积出来，二是技术难度相对较小。

2.3.5　其他领域的应用

（1）医学

电铸的其他应用首先是在医学领域的应用。很早就有人将电铸工艺应用到牙齿的复制上。一些黄金牙冠就是用电铸的方法加工出来的。现在已经有医院采用电铸模制造丙烯酸树脂材料的人造牙。因为这种模具有不规则的分型面，同时要求制件要与原型有完好的一致性。这种高要求对于敏感的口腔部位至关重要，用其他加工方法很难做到，只有采用电铸法制作是合适的，同时也是最经济和最具效率的。

电铸在医学中的另一种应用是制作骨骼的代用品。现代医学可以对包括头骨损伤在内的各种骨骼通过 CAD 反求法制出这些骨骼的原型。由于这些原型材料不能直接用于人体，需要采用人体能够接纳的材料来制作这些损伤了的骨骼。这时电铸可以用来制作类似不锈钢或钛金属的骨骼代用品，用于临床的治疗。

（2）艺术与考古学

电铸在艺术领域应用最多的是浮雕的制作或仿制。采用电铸技术可以在非金属材料的母体上电铸出金属的浮雕制品，也可以用于精确地复制雕像类出土文物等。

小型圆雕制品的加工也是电铸技术的一个重要的应用实例。特别是在贵金属饰品的电铸方面，已经成为一个新的工艺品种。这种在阴模原型上电铸制品的生产模式也被叫作中空电铸，已经成为电铸加工的一种流行模式。

（3）微加工成型

电铸最新的应用是在微电铸领域，微加工成型现在普遍叫作微系统（MEMS）制造。随着微电子产品和微型机器人的出现，以精密加工、微细加工和纳米加工等为代表的精密工程越来越引起人们的关注，成为当代高端制造领域。通常我们把被加工零件的尺寸精度和形位精度达到零点几微米、表面粗糙度低于百分之几微米的加工技术称为超精密加工技术。超精密加工技术在国防工业、信息产业和民用产品中都有着广泛的应用前景。在国防工业中，导弹陀螺仪的质量直接影响其命中率，1kg 的陀螺转子，其质心偏离对称轴 $0.0005\mu m$，就会引起 100m 的射程误差和 50m 的轨道误差。在宇航技术中，卫星的姿态轴承为真空无润滑轴承，其孔和外圆的圆度及圆柱度均为纳米级。卫星用的光学望远镜、电视摄像系统、红外传感器等，其光学系统中的高精度非球面透镜等都必须经过超精密车、磨、研、抛等超精密加工。此外，大型天体望远镜的透镜、红外线探测器反射镜，激光核聚变用的曲面镜等都是靠超精密加工才能制造的。在信息产业中，计算机芯片、磁盘和磁头，复印机的感光鼓等都要经过超精密加工才能达到要求。民用产品中的许多产品，如隐形眼镜，就是用超精密数控车床加工而成的。

但是，随着微细制品的超精细要求越来越高，靠机械方法已经无法加工出类似半导体集成器件的微型结构件。这时，在用树脂制成的异形微空间内或蚀刻出的模腔内利用电铸成型法制作微型金属结构件就成为重要的微加工方法。这种加工方法的原理类似于印制线路板的可金属化过程。是在非金属可金属化腔体的内壁生成电铸层，再去掉外表面的原型后，就可以获得与模腔造型一样的金属阳模成品。采用这种方法已经可以制作微型陀螺仪制件、光纤光导制件等微加工制品。而微控制系统和微型机器人也都是现代科技和工业各领域必不可少的高科技工具，这些高科技工具的构件，不少都要用到电铸制造技术。因此微电铸加工成型将成为一个重要的新型加工领域。

2.4　电铸技术的现状与展望

2.4.1　电铸技术现状

通过前面的介绍，我们可以知道，电铸技术已经是现代制造业中一项不可缺少的加工工艺。很多产品的加工都用到了电铸技术。从日常生活用品、儿童玩具和各种工业产品到汽车、飞机、航天器上的制品，无不要用到采用电铸技术制造的产品。但是在实际制造加工业中，对电铸的认识还很不够，从而限制了其进一步的应用和发展。

2.4.1.1　技术普及不够

电铸作为一项与电镀几乎有着同样发展历程的技术，至少在我国却没有引起与电镀一样的关注。同时，我国习惯上将电铸看作是电镀的一个特例，是电镀技术在加工制造中的应用。这从定义上看是不错的，但是，实际上，电铸作为一项制造技术在现代加工业中的地位比电镀更为重要。从现在的发展趋势看，电铸作为一种焕发出活力的技术，由于与现代制造技术，比如 CAD/CAM 技术和微系统加工技术有着良好的接轨，将发展成为引人注目的独立专业技术。但是，我国不仅没有独立的电铸学会、协会组织，而且从机械学会、协会到电子学会、协会，都没有专门的电铸学组或专业委员会，更没有专门学术杂志或期刊，有关的专著就更少。

当然，电铸技术现在也已经很好地利用了电镀技术中的所有进步成果，包括配方技术、添加剂技术、电镀设备与测试技术等。这些在本书中将都有所反映。相信随着电铸技术应用的扩展，专业学术团体也会应运而生，从而为电铸技术的普及与推广作出贡献。

2.4.1.2　产业链尚待形成

电铸制造在塑料模具制造业已经有相当多的应用。在电子产品、汽车、航空航天器等的制造中，都在大量采用。但是，专门生产电铸设备的厂商却凤毛麟角，电铸用原材料的专业供应商可以说还没有。电铸加工业呈现的是散布和零星的状态，并且主要是满足企业内部的加工需要，使电铸制造业成为一个相对封闭的行业。即使存在市场需求也缺乏供方与需方沟通的渠道。没有形成从原材料供应到生产制造、市场营销的产业链。这使得电铸制造业的发展不均衡，普及受到制约。在某些外资和引进技术的企业，有很先进的电铸制造加工在为企业服务，而相当多需要用到电铸加工的企业却连基本的电铸加工条件都不具备。

尽管电铸制造业在我国还没形成产业链，还寄生在其他工业领域内，但是市场的需求终将成为强大的推动力，促进电铸产业的发展。

现在电铸工业的三个特点：一是已经出现了电铸设备的专业制造商；二是用于电铸的金属材料有明显的扩展，已经不再限于镍、铜、铁老三样工艺；三是其应用领域正在扩展，既有模具加工，也有产品生产，还有材料制造。

但是，从现代制造业对新产品更新的需求和对加工效率的要求来看，电铸加工必然会进一步发展，从而最终形成设备制造、工艺和原材料开发和供应、更多企业开始采用电铸加工工艺用于自己的产品制造的产业链。

2.4.2　电铸技术展望

在对电铸技术的现状有了一个大概的了解以后，我们可以对电铸技术的发展作出若干可以预期的展望。

2.4.2.1　应用领域将进一步扩展

可以预期的是，电铸将成为一门独立的专业加工技术，并在更多的领域里获得应用。首先是将有更多塑料制品采用电铸法制作模具。而此前大多数塑料加工模具是机械加工和依靠高级技工人工开出来的。这种相对落后的模具加工方法导致我们的塑料制品的外观、表面光洁度等都与世界先进水平有着明显的差距。同时，机械加工方法是减法加工，从产品的下料到制造需要预留许多加工余量，还有许多切削废料产生，是一种比较浪费资源的加工方法。特别是对于采用有色金属或稀贵金属的加工，这种浪费是不可以接受的。随着电铸模具的采用，这种状况已经有了很大改善。电铸加工不仅精度较高，而且是一种加法（也称增量）加工方式，达到规定的要求即可以停止加工。用料相对要精确和节省许多。由于这种增量加工方式是以原子级别生长的增量模式，因此其精细程度是其他加工方法不可媲美的。

由于塑料是人工合成和可以改性增强的现代材料，在金属材料日趋紧缺的现代社会，塑料只会越来越多地介入人类的生产和生活，而对塑料进行加工的方法往往需要用模具，由此可以肯定的是电铸制模的用量将进一步增大，应用的领域也会进一步扩展。品种和应用会进一步扩展，原型快速成型加工的成本会进一步降低，电铸模的应用将会更为普及。

采用电铸的方法制作模具，比用传统的机械加工和人工修饰的方法更为有效。不仅大大提高了制作模具的效率，而且制作的成本也更低，并且电铸制品更符合原设计的造型和结构要求。

2.4.2.2 阴模电铸的应用

从微加工成型引申出来的阴模电铸工艺同样值得关注。现在绝大多数电铸的原型都是阳模。电铸制品多半是腔体类，也就是从阳模原型上获得阴模形式的制品。这对于制作型腔模具当然是最好的方法。但是也有一些制品需要从阴模上成长出阳模形式的制品，这时的原型就是阴模。比如泡沫镍电极材料的制作，就是让电沉积物占据泡沫塑料中的空隙，然后去掉作为阴模的泡沫，就制成了从阴模上生长出来的连续金属泡沫镍。从阴模原型上进行电铸存在一定技术难度，要想让金属电沉积物完全填充阴模原型很困难。只有当阴模是开放形式时，才可能完全填充。

目前在微电铸上已经可以做到阴模原型电铸。微电铸成型加工本身还有很大的发展空间。如微型机器人的制造将大量采用微电铸技术。微电子器件所需要的微型金属结构也要用到微电铸加工技术。而这些微电铸加工所采用的是不同于传统电铸的工艺。而所谓阴模电铸法则是让电铸层从原型的内表面或者说从阴模的内表面生长起来，最终基本充满阴模，在脱去外面的阴模后，所获得的电铸制品是呈阳模形态的金属制品。这对于作为加工型技术的电铸，是一项重要的技术改进。这里所说的阴模法当然也不是新的发明，阴模法在高浮雕制品的电铸中也都有实际用例。这里所说的是在圆雕的阴模内，尤其是基本封闭的腔体内壁生长铸层的方法。如果只生长出一层装饰铸层，那也不是什么很困难的事。但是，如果要形成电铸产品，则要求铸层要有相当的厚度，有时要占据整个空间。比如微电铸中的电铸制品就必须填满整个微孔。阴模完全填充要求在传质过程、生成气体的排出、金属结晶形态的控制等方面都要有新的突破。而这些技术已经有一些进展。

2.4.2.3　无模电铸

一个更为令人神往的预测是对无模电铸的期待。这也许会被电化学专家认为是科学幻想。但是，这种幻想有可能真的会催生出一项杰出的科技成果。

无模电铸之所以有实现的可能，是因为已经出现了一些可以让这种技术成为现实的前沿技术，包括激光技术、CAD/CAM技术、化学镀技术等。将这些技术进行组合，就有可能出现无模电铸技术。而实现这种技术的理论基础也是存在的。我们知道，电结晶过程的理论是建立在一定的电极上的。也就是说电结晶只能在一定的载体上发生。因此要想在电铸液中进行电结晶过程，就必须有电极。但是，化学镀技术为我们提供了另一种金属离子获得电子的途径，并且同样可以获得金属的结晶。而化学镀虽然也是在一定的载体上实施才有意义，但是化学镀也存在自催化的情况。当出现某种条件时，化学镀液在没有任何载体的情况下，会自行发生剧烈的还原反应，直至镀液完全分解。这与过饱和溶液中会出现结晶是类似的。对于化学镀来说，当温度过高时，当还原剂过量时，或者当镀液中出现了某种不为人眼所见的催化物质时，就相当于出现了过饱和状态。这些催化化学镀的因素有时是杂质，有时是光照。

当然，化学镀液的问题是一旦发生自催化过程，这种过程就在全镀液内发生，成为不可控的过程，直到反应终止。这是我们不希望出现的非正常过程。但是这个过程对于无模电铸是一个提示，那就是可以设计出一种镀液，这种镀液是以电结晶为主要工作模式的镀液，但是它又是可以在特定条件下局部被催化而发生化学还原的镀液。也就是说，在整体镀液中，某个部分被催化，这个部分就发生金属离子的还原。由于这种自还原镀只能在很特殊的条件下才能实现，就可以防止一旦某个区域发生了自催化，整个镀液就会被催化的结果。当然要点是不能让这种自催化持续地发生，否则最终会导致整个镀液的自催化而失败。这就要求这个特定区域的化学镀一旦发生，就要接通光导的电化学反应系统，使电化学结晶在先期还原出来的金属结晶上进行，最终形成电铸层。这种特定的区域可以由CAD/CAM技术加以界定，也就是我们可以按需要在镀液内特定的情形内实现由化学镀到电镀的转变，从而实现无模电铸。

第3章
CAD/CAM 与快速成型技术

3.1 CAD/CAM 技术概要

3.1.1 CAD/CAM 的发展历史

CAD/CAM 技术是计算机辅助设计（computer aided design，CAD）和计算机辅助制造（computer aided manufacturing，CAM）的简称。这是最近几十年来综合性电子计算机应用系统迅速发展的成果，是利用电子计算机将设计与制造一体化的最新技术，一诞生就受到设计和工业界的重视和欢迎，已经成为新产品开发和制造的重要工具和手段。

CAD/CAM 技术最初是由美国麻省理工学院开发的 APT（automatically programmed tools）程序系统演变而来的。APT 系统通过对刀具运行的轨迹进行控制而实现自动数控编程。由此，当将刀具的轨迹转变为被加工零件的轮廓时，就产生了计算机辅助设计的概念。1963 年，麻省理工学院的 Jan Sutherland 在美国计算机联合大会上宣读了题为"人机对话图形通信系统"的论文，由此开创了 CAD 的历史。

3.1.2 常用 CAD/CAM 软件的功能

3.1.2.1 常用的 CAD/CAM 软件

目前在我国流行的 CAD/CAM 软件很多，根据产品性能及应用可以分为 CAD、CAM 和 CAD/CAM 三大类。

（1）CAD 类

CAD 类主要用于二维设计，也就是平面设计，主要用于工程制图。其基本的功能是提供制图工具、零件库、符号库、尺寸与公差标注等。主要的软件是AutoCAD 等，还有基于这类软件二次开发的 CAD 工具软件，主要用于各种设计、制图场合，已经是通用的低端设计软件。新一代的 CAD 则兼具了三维设计的功能。

（2）CAM 类

CAM 类软件主要用于三维建模，以提供完整的加工功能。典型的如 MAS-TERCAM、SURFCAM 等，大量应用于各种企业的自动化制造部门，完成特定形状产品的电脑自动控制的程序化生产，例如用于各种加工中心式机床。

（3）CAD/CAM 类

CAD/CAM 是大型集成化系统，不仅兼有 CAD、CAM 两者的长处，还有分析、工艺、产品资料等的管理功能，可以完成复杂的设计和加工任务。这种系统的资源配置要求很高，成本也比前面的系统高许多，并且往往不是一个人就可以控制完成整个工作任务的，需要团队合作来完成。

3.1.2.2　CAD/CAM 软件的功能

CAD/CAM 软件由于版本很多，各有千秋，但是其基本功能大同小异。由于界面友好，所以操作起来并不是很困难。综合各种软件的特点，一般都有如下功能。

（1）建立制品模型

几乎所有的 CAD/CAM 软件都有线框造型、曲面造型、实体造型等方法中的一种或几种，以供使用者选用。只要经过一定时间的熟悉和练习，就能掌握这些工具的用法，从而将设计在电脑上实施，建立起制品的数字化图形或模型。

（2）模型的空间转换

在建立制品模型后，通常会有一些操作来提高设计的效率或进行效果转换。这些功能主要有复制、搬移、平移、旋转、投影、镜像、缩放以及将三维图转化为二维图等。

（3）编辑修改功能

建模设计过程中肯定要涉及修改和编辑，比如修剪、倒角、延伸、切断、截面等。其中修剪、倒角对于曲面造型设计显得尤其重要，这两个功能的执行程度反映该软件的建模能力。

（4）平面制图功能

平面制图功能主要是指尺寸的标注、图面的编辑修改以及绘制平面几何体、剖面线、标注文字、标题等。

（5）显示控制、观测与效果强化功能

这类功能包括帮助设计者从三维空间仔细清楚地观测其制品的几何特征。这些功能包括荧屏显示比例、图层开关、观测视窗、动态旋转等。尤其是图层的功能对于曲面建模是极为重要的。

效果强化可以通过设置光源、选择视点、材质、纹理、色彩等来对制品的各种效果进行渲染，以供设计者进行评估。

（6）资料验证与分析功能

这一功能是协助设计者在设计过程中随时确认其设计是否符合要求。可以对诸如尺寸、面积、质量特性等进行分析，甚至是进行运动学分析、动力学分析、有限元分析、温度场效应分析、塑性流动分析、可制造性分析等。

（7）零件装配及相关性检查

这一功能提供了对零件进行随意组合、分解或相关性检查的功能，以便设计者掌握有关信息，可以方便地做出调整和处理。

（8）数据交换与资料管理

大多数软件提供 IGES、DXF、VDA 等格式文件的读写，以便不同系统间可以进行资料共享，可以进行各种不同类型文档的管理，建立完整的产品资料、材料清单，进行质量特性分析、编制编程清单等。

（9）系统的开放功能

容许对系统进行必要的修改、扩充与连接等二次开发，以适应不同产品和工艺的需要。可以经过调整后用于解决特殊的设计或加工问题。

（10）数控加工功能

多数软件具有在三、四、五坐标机床加工所设定产品的功能，并能在图形显示终端上识别、校核刀具轨迹和刀具干涉以及对加工过程进行模拟仿真。

3.2 快速原型成型技术概要

快速成型技术（rapid prototyping）是 20 世纪 90 年代发展起来的一种高新制造技术，简称 RP 技术。这项技术集电子计算机辅助设计（CAD/CAM）、激光技术、计算机控制、网络技术以及新材料、新工艺等多专业技术于一体，突破了传统制造工艺的概念，只要将所设计的三维产品模型输入到电脑，不需要预制模具，也不需要复杂的工艺流程，就能从与电脑连接的自动成型设备中准确地制造出所设计的原型。这给验证产品的设计、性能测试、新产品开发、概念产品模型的制作等带来了极高的效率。对于有效地缩短产品开发周期和降低开发成本和风险，及时响应市场需求，都有重要意义，可以说是制造业的一场不动声色的革命。快速成型技术自诞生以来，已经在机械、电子、家用电器、航空航天、汽车、通信、医疗、玩具、工艺品等众多领域获得了广泛的应用，创造了良好的社会效益和经济效益。目前这一技术应用中以 3D 打印技术最为普及，从工业应用到教学、家庭应用都引人注目。

3.2.1 快速成型技术的历史与发展

快速成型技术也被称为快速制造技术，是一项与传统加工技术完全不同的新加工技术，是电子计算机技术和新材料技术高速发展的产物，是后工业化时代工业加工技术的一个典型例子。这项技术综合了多学科和专业的最新成果，因此起点很高，发展也很快。

20 世纪 80 年代，美国 3M 公司、美国 UVP 公司及日本名古屋工业研究所分别提出了应用光固化光敏树脂，通过分层扫描堆积三维实体的快速制造新概念。1988 年，第一台商用的光固化快速成型设备问世，很快就获得高端市场认可，促使新的机型和设备迅猛发展，多种快速成型系统相继出品，如美国 3D 公司的激光光固化快速成型系统（SLA）、Helisys 公司的激光选择性烧结快速成型系统（LOM）、Stratasys 公司的熔丝堆积快速成型系统（FDM）、德国 EOS 公司的激光选择性烧结快速成型系统等。

自 20 世纪 90 年代开始，美国和欧洲每年都要举行一次专门的快速成型技术学术研讨会。近几年来，这项技术已经成为许多现代加工业国际学术会议的专题之一，并在进入 21 世纪后获得快速发展。

从发展趋势来看，对快速成型系统的要求在进一步提高，这主要表现在以下几个方面：

① 设备的分辨率更高，可制作传统工艺无法制作的复杂、精密产品，如照相机、磁头等，可制作的最小尺寸小于 0.5mm；

② 产品的制造精度更高，更接近实际产品；

③ 制造的速度更快；

④ 设备自动化程度更高，不仅可以自动生产，而且可以自动监控生产状况，优化生产过程，自动诊断故障，使设备的可靠性更高，维护更方便；

⑤ 进一步降低生产成本，节约能源；

⑥ 减少或消除生产用原材料对环境的污染；

⑦ 开发出更好、更适用的材料，使其强度及韧性进一步提高。

3.2.2 快速成型技术的原理

快速成型技术的基本工作原理是分层堆积成型。现代电子计算机强大的数据处理能力，使我们不仅可以直接建立产品三维的立体模型，还可以将已经确认的三维 CAD 模型数据按固定的层厚（一般为 0.10～0.15mm）分割为一系列平面数据。这些平面数据经计算机网络传送给快速成型设备后，该设备的控制设备实时读取数据，并将这些数据传达给加工系统，让加工系统根据这些数据一层一层地进行制造，并且让这些层面组合起来还原成为一个与原设计一样的成品原型。而快速成型设备所获得的指令则来自于三维 CAD 的建模技术和三维数据信息的处理技术。

简要地说，快速成型技术是建立在三维 CAD 技术和快速成型技术这两项高新技术基础之上的综合技术。

三维设计软件所建立的产品实体数据模型可以输入快速成型系统的数据处理器进行分层处理，从而将分层指令传送给加工设备实现分层加工，而后堆积成型。目前所有的快速成型系统都唯一地接受三维设计软件所建立的产品实体数据。这种数据一般以 .stl 的格式输出。可以说，三维设计软件是快速成型技术能够获得成功发展的关键和必要条件。

三维 CAD 设计软件分为高端和中端两大类。目前市场上占有率较高的高端软件有 UG、PRO/E、I-DEAS、EUCLID 等，中端软件有 SOLID EDGE、SOLID WORK 等。

三维 CAD 设计技术有以下特点。

① 三维 CAD 设计软件以特征建模为核心，采用参数化或变量化技术，通过简单的三维建模指令，如拉伸、旋转、切割、打孔、倒圆角等，实现立体化设计；并可以通过软件提供的渲染工具，使设计者直接在电脑屏幕上看到真实效果的产品模型；设计者可以根据这个模型对设计进行任意修改，直到满意为止。大大地加快了设计和产品模型制作的速度。

② 三维 CAD 设计软件实现了二维和三维设计功能的充分集成，利用二维特征草图功能及三维建模指令，可以快速地将二维设计图样自动生成三维数据模型，为产品的快速造型及后续生产奠定了基础。

③ 三维 CAD 设计软件的装配模块为设计者提供了强大的实时模拟装配环境，真正实现了在装配环境下的零部件设计；装配干涉分析及零部件物理属性分

析，可使设计者将设计失误最大限度地局限在设计阶段，大大降低了产品开发风险。

④ CAD 设计软件具有并行设计功能。可使若干个工程师在同一个设计项目中同时进行不同零件的设计，从而有效地提高了整体的工作效率。这一独特性能特别适合于大型复杂产品的设计。

⑤ 三维 CAD 设计软件的图样自动生成功能，可以使设计者通过三维模型方便地生成多个二维视图，从而不必重新绘制加工用的二维平面图纸。

⑥ 三维 CAD 设计软件的图档管理功能可以有效地利用和管理设计数据，使二维视图之间及二维视图与三维视图之间的数据全部相关。更改三维模型时，所有的二维数据全部自动地做出更改，极大地减少了制图中的失误。

3.2.3　快速成型系统的分类

目前国内外已经在生产和科研中应用的快速成型技术及其系统，根据其加工方法及所使用的材质的不同而分为 6 类，下面分类加以介绍。

3.2.3.1　光固化工艺

光固化（stereo lithography，SL）工艺是由 Charles Hull 于 1984 年获得的美国专利，并于 1988 年由美国的 3D 公司以光固化快速成型系统（stereo lithography apparatus，SLA）推出系列产品。

光固化快速成型工艺是在电子图形技术和光固化树脂这两项技术成果的基础上结合和发展而成的一项现代新型快速成型技术，是目前研究和应用得最多的方法，也是技术上最为成熟的工艺。

（1）光固化成型的原理

光固化成型的关键是采用了光固化树脂。光固化树脂是一种液态的人工合成新材料。这种液态材料在一定波长（325nm 或者 355nm）和一定强度（10～400MW）紫外光的照射下，能迅速发生聚合反应，经光照射的树脂的分子量急剧增大，其物理状态由液态变成固态。这种树脂的妙处在于，即使在很小的距离内，经光扫描过的部分和没有经光扫描的部分会出现明显的固液界面，当我们采用激光聚焦的技术让光束按一定三维图形扫描时，被扫到的树脂就固化，没有扫描到的其他部分仍然是液体状态。这样，我们就可以从液态的树脂中生成固态的三维模型，从而得到所需要的实体。

将这种技术变成工作系统，实际上是将电子计算机、激光器、树脂成型机构有机地组合起来。其中的关键设备则是树脂成型机构。

图 3-1 是这种机构的工作原理。

光固化成型的操作是先向树脂槽中注入光敏树脂，然后将升降台升到树脂液面的位置。将所需制品的三维解析图形数据输入与激光扫描机连接的电脑，调整好紫外光的焦点，使其聚焦到液面上。开始工作后，激光点按照图形的分层解析平面图形在液面上扫描，被扫到的部位就形成与图形一致的固化物，平台下降一个高度，这个高度等于已经固化的树脂的厚度。激光再进行第二层的扫描，再固化，再下降，再扫描……这种重复

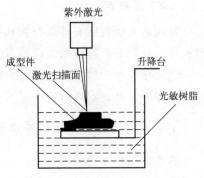

图 3-1　激光固化快速成型工作原理

的工作是连续和快速的。这样，在完成所有解析图的扫描后，一个按照所需要的图形固化成型的制件就制成了。

（2）光固化工艺的优点

光固化成型属于快速成型的高端产品，价格较高。但是，由于其具有明显的优点，还是获得了广泛的应用。光固化所具有的优点如下。

① 高精度　激光固化成型的精度在快速成型工艺中是较高的。其产品的尺寸精度可控制在 $\pm0.05\sim0.1$ mm 之内。光斑最小直径可达 0.075mm，成型层的最小层厚在 20μ m 以下。这样可以保证复制图形的精度和表面质量。

② 成型快　在快速成型过程中，要保证制件的精度，就要分层更细微，但分层越细小，速度就会越慢。为了解决这一问题，就要提高激光扫描的速度和精确度。目前多采用振镜系统来控制激光水束在聚焦面上的平面扫描。$325\sim355$ nm 的紫外光热效应很小，无需镜面冷却系统。使振镜系统轻巧且可以获得高的扫描速度，配以大功率的半导体激光器（$800\sim1000$ mW），使目前商品化的光固化成型机的最高扫描速度可以达到 10m/s 以上。这样可以使一个面的图形在很短的时间内就可以完成，从而大大提高了光固化成型的速度。

③ 质量好　由于配置有高精度的焦距补偿系统，可以实时地根据平面扫描光程差来调整焦距，可以保证在较大的扫描平面（600mm×600mm）内，任何一点的光斑直径都限制在要求的范围内。从而保证了扫描的质量，使制品与原设计有更好的符合性。

④ 技术可靠　光固化快速成型系统（SLA）已经是很成熟的工业化系列产品。已经投入市场使用的有 SLA-250 系列、SLA-500、SLA-3500、SLA-5000 等。通过控制激光光斑的尺寸，可以获得较高的分辨率。特别是高精度高速度的刮平系统，使得制品的精度进一步得到了保证。使光固化快速成型技术成为可靠性很高的工艺技术。

（3）原材料

常用的光敏树脂有环氧树脂和丙烯酸树脂等。适合于制作各类电子产品的塑料配件、外壳等，特点为表面质量高，成型速度快，表面易于处理。

光固化成型的成本较高，需要特制光源，对操作环境要求也高。原材料不易储存，有微毒性，对环境有一定污染。

3.2.3.2 熔丝堆积快速成型工艺

熔丝堆积快速成型（fused deposition modeling，FDM）是指采用丝状材料逐层熔覆成型工艺。由美国 Stratasys 公司于 1988 年研制成功。FDM 工艺所用的材料一般是热塑性材料，比如石蜡、ABS 塑料、PC 塑料、尼龙等。

（1）熔丝成型的原理

熔丝堆积成型的原理：将热塑性材料制成丝状，并可以源源不断地供给一个喷头；丝料在喷头内加热熔化，可以从极小的喷嘴内喷出；这个喷头在计算机的控制下，按平面图形的轨迹进行运动，并不停地将已经熔化的丝料在图形上喷出、固化，形成与图形一样的实物。图 3-2 是 FDM 的工作原理。

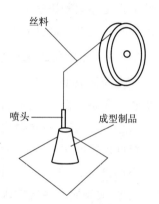

图 3-2　FDM 的工作原理

FDM 工艺的优点是不需要激光，使用和维护都比较简单，成本也较低。当用石蜡作原料时，可以直接用于电铸成型或失蜡铸造。用 ABS 塑料成型也很容易做成适合电铸用的非金属原型。因为 ABS 塑料有良好的电镀性能，这对用作电铸原型是非常有利的。

（2）FDM 成型工艺的特点

综合起来，FDM 成型工艺具有以下特点。

① 成型材料来源广泛　由于 FDM 工艺的喷嘴直径在 0.1～1mm 的范围，所以一般热塑性材料都可以用作成型材料。比如蜡、尼龙、ABS 塑料、PP 塑料、PPSF 塑料、橡胶等在经过适当改性后，都可以用于熔融挤压快速成型工艺。并且由于这类材料有良好的染色性能，因此同一种材料还可以制成不同彩色的制品，从而为制造彩色模型提供了方便。FDM 工艺还可以用于堆积成型的复合材料，比如以蜡或树脂为载体，加入金属粉、陶瓷粉、玻璃纤维等，可制成复合材料的成型制品。这一快速成型工艺一经诞生就受到欢迎，就是因为它能满足用户对材料多样性的要求。

② 成型设备简单　由于不需要激光设备和相关系统，没有激光器和电源装置，使熔融堆积成型技术的设备简单，这也是 FDM 工艺成本较低的原因。同时

设备的使用和维护都比较简便，受到设计和工业界的欢迎。

③ 成型过程环保　FDM 工艺在工作过程中不产生环境污染问题，设备工作的噪声也很小，所用的原料也可以选用无毒无味的材料，因而对操作者和环境都不会带来污染的问题，可以说是环保型工艺。

④ 发展空间广泛　由于 FDM 工艺所需要的设备比较简单，根据其工作原理，既可以制成大型生产加工设备，也可以设计成桌面工作系统。加上所采用的原材料的选择面宽，从而使 FDM 工艺有着广泛的发展空间。

特别是桌面工作系统，成为产品结构设计和工艺人员的优秀帮手，对于新产品的开发和结构工艺的研试，都有着重要的作用。这种可以完成三维打印的工作系统必将成为现代高科技办公系统的重要组成元素。

FDM 既适合办公系统，也适合于大型加工制造系统，还可以用于制作薄壁制件，比如家电的壳体等。

（3）设备情况

国外生产的系列产品有 FDM-1600、FDM-1650、FDM-2000、FDM-3000、FDM-8000 等。通过控制喷嘴直径尺寸，可获得较高分辨率，但分辨率比 SLA 系统低。产品精度也可控制在 ±0.2mm 之内。常用的材料为 ABS 塑料等热塑性塑料或者蜡。适用于制作各类家电产品、电子产品的塑料制件。其中以 FDM-2000 加工速度最快，功能最完善。用普通热源，生产成本较低，成型精度高，材质适应性好，成品机械强度好，可达到 ABS 的 70%~80%，设备维护简单，表面容易打磨。

FDM 工艺的不足之处是，成型速度较慢，设备对环境要求高，支撑较多，原材料卷更换费时等。

3.2.3.3　激光选择性烧结工艺

激光选择性烧结（selective laser sintering，SLS）快速成型采用激光逐层选择性烧结粉末材料的成型工艺。

（1）SLS 工艺的原理

SLS 工艺特点是采用粉末材料成型。其三维成型的原理与其他工艺基本相同，在某种意义上是光固化成型与熔丝成型两项技术的综合。这是因为这一工艺也需要激光作为成型的热源，只不过激光加热的对象是粉体而已。同时，它是通过粉体的热熔后按图形烧结成型的，类似于熔融堆积成型。

其具体的工作原理是，让粉末材料铺在成型制品的图形上，刮平后，采用 CO_2 激光器根据电脑的指令，按照图形的轨迹在粉末表面进行扫描，使被扫描到的部分烧结成型。完成一个平面的扫描后，再铺上一层粉，进行新一层的扫描和烧结。这样一直往复下去，直至完成三维制品的成型制作（图3-3）。

（2）材料与设备

SLS工艺利用CO_2激光作为生产光源，可用的材料有尼龙粉、聚碳酸酯粉、丙烯酸类聚合物、聚氯乙烯粉、陶瓷粉、金属粉等。材料广泛是SLS工艺的最大优点。同时，由于没有烧结的粉末可以起到支撑作用，加工过程中不需要建立支撑，适用于结构复杂、无法建立支撑的产品结构样件以及金属样件等。

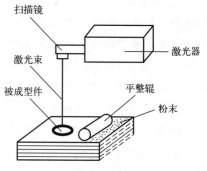

图3-3　SLS快速成型工作原理图

3.2.3.4　三维印刷工艺

三维印刷（three dimensional printing，3DP）工艺是由美国麻省理工学院研制的，研制者E. M. Sachs于1989年申请了3DP专利。

3DP工艺也是采用粉末材料成型的技术，采用的材料有陶瓷粉、金属粉等。不同的是这些粉末不是用激光来进行烧结固化的，而是通过喷头根据电脑中存入的图形分层指令喷射黏结剂（比如硅胶）于粉末平面上形成黏结图形，一层一层地粘下去，最终形成三维立体造型。工作平台在每一层扫描喷射完成后，下降一个分层高度，然后铺粉，喷胶。没有被黏结的粉作为成型体的支撑，并能回收。还可以在黏胶中添加颜料，使成型品具有各种色彩。

3DP工艺的成型速度快，材料价格低，并且适合作桌面型系统，因而受到用户欢迎。但是这种工艺的缺点是制件的强度不够，不能用于功能性制件，只适合作概念模型。

3.2.3.5　激光分层快速成型系统

激光分层快速成型（laminated object manufacturing，LOM）系统采用激光逐层选择性切割成型工艺，主要由美国Helisys公司研制，1986年推出。

LOM工艺采用薄片材料成型技术。所用的材料有纸张、塑料薄膜等，在材料表面事先涂上一层胶。加工过程中，热压辊给片材加热，使之压接在原先一层的平面上，再用CO_2激光在片材上按图形进行切割，激光切割完成后，工作平台带动已经成型的部分下降一个片材高度，再粘一张片材，再进行图形切割，如此往复，直到制品按图形成型。

采用LOM工艺的快速成型设备，系列化产品有LOM-1015、LOM-2030等。成品精度可以控制在±0.3mm之内。采用CO_2激光作为生产光源，常用材料为一面涂有热熔胶的纸。该设备成型速度较快，加工成本低，适用于制作大型产品结构样件，如摩托车罩盖、简单结构的壳形产品，取代木制品用于制作卫浴设备等。

但是，这种较早出现的快速成型工艺，由于存在一些明显的不足而正在退出快速成型加工市场。主要是材料性能差，由于只能采用纸张、塑料等片材，并需要粘接，其强度不能与 SLS、FDM、SL 等工艺相比。同时还有精度不够和设备系统比较复杂等问题，加上加工成本也较高，无法与新出现的快速成型技术竞争。

为了克服以上缺点，也有一些改进型的产品问世，如将激光切割改成刀具切割，这样比激光安全而又没有污染，成本也低一些，可以用于桌面系统。在三维打印加工中占有一定市场份额。

3.2.3.6 无模铸型制造工艺

无模铸型制造技术（patternless casting manufacturing，PCM）是由清华大学激光快速成型中心开发研制的快速成型技术，首次将快速成型技术应用到传统的树脂砂铸造工艺中。

PCM 工艺的基本原理仍然是基于快速成型中的微分和积分方法。但是它不是直接对原设计的造型进行快速制造，而是制造用来加工原型的型腔，也就是模具。

利用 CAD 技术可以先设计出所创意的原型，再在这个原型上求出它的外形型腔，也就是模腔，然后利用类似于 3DP 的技术进行快速成型制造，这样就直接制出了可以用来铸造的砂型模具。这一技术的特点是制造时间短，加工成本低，不再需要木模，也不需要拔模锥度，可以方便地加工有自由曲面的造型。

3.2.4 快速成型技术的应用

快速成型技术问世时间不长，已经给制造业带来革命性影响。其应用的增长和普及速度也体现了快速的特点。

（1）应用领域

快速成型技术应用主要是在新产品开发领域，其需求主要表现在以下几个方面。

① 家电、通信产品、仪器仪表等行业新产品的快速开发，包括产品外观、结构以及样件。

② 精度、高难度模具开发（电铸母型）、电子接插件的快速开发、玩具

开发。

③ 医疗器械及仪器等新产品开发、人体骨骼结构和人造骨的仿制等。

④ 无内结构的壳型产品的开发生产等。

应用领域的分布见表 3-1。

表 3-1　快速成型机的应用领域分布

应 用 领 域	所占比例/%	应 用 领 域	所占比例/%
汽车	25	航空航天	9
消费品	20	学术研究	9
商用机械	13	军事	6
医疗	10	其他	8

由表 3-1 可以看出，支撑现代工业的主要领域都要用到快速成型技术，特别是汽车工业，占了 1/4 的比例。其中概念车的设计和模型的成型，大部分是依靠快速成型技术完成的。这与汽车业激烈的竞争和市场快速的反应要求是分不开的。

随着快速成型技术自身的进步和成本的降低，越来越多的行业将会用到快速成型技术，其中电铸成型作为这一技术的后续工艺技术，也将获得进一步的进步和发展。

（2）在电铸技术中的应用

电铸技术的特点是在原型或芯模上进行金属电沉积。因此，原型的设计与制造一直是电铸技术的关键步骤。在有了快速成型技术以后，采用快速成型技术制作电铸原型成为一种新的技术动向，特别是在汽车制造业，很快就进入了实用阶段。

汽车制造中往往要用到较大的型腔模具，并且结构也比较复杂。以往这类型腔的模具采用砂型铸造法，不仅费时费料，而且加工环境恶劣。将快速成型技术用来制作铸造模具，使模具的精度、质量、效率都有了极大改进。体现了快速成型技术与电铸技术结合的极大优势。比如现在很流行的轿车前保险杠聚氨酯整体成型模具，如果采用机械加工的方法制造，不仅费时费工，而且有一定的技术难度，表面光洁度很难达到高光洁的要求。但是采用电铸法制作模具，将需要加工的模腔的内表面转化为原型的外表面，可以很方便地进行各种表面抛光处理。经过电铸加工，将原型的外表面转化成模具的内表面，经过这种模具加工出来的保险杠可以完全再现原型的表面效果。

除了应用于汽车、航空器等大型构件塑料制品模具的制造，电铸快速成型还在常规电铸领域大有市场，特别是在手机、电脑、玩具、工艺品制作等领域，由于新产品开发的速度要求快，对市场反馈的反应要求敏捷，只有采用快速成型技术，才能及时跟进市场，做出快速反应。

采用电铸法快速制造铸造用模具的具体步骤如下。

① 进行模具的三维设计　应用 CAD 软件建立电铸模具原型的三维模型图，然后转换成快速成型机可以识别的 .stl 文件。

② 快速制造原型　采用 LOM 法在快速成型机上根据输入的图形文件指令快速制出纸基原型芯模。

③ 原型的表面金属化　对于成型后的纸型，进行表面金属化处理后，才可以进行电铸加工。这是这种新工艺的技术关键之一。由于纸型的耐酸碱性能差，在进行金属化处理前先要对纸型进行塑料化处理，比如用改性环氧树脂涂覆表面。经塑料化处理后即可按环氧树脂表面金属化的工艺进行表面金属化处理，比如进行化学镀镍。

④ 电铸　完成化学镀的原型经检验合格后，即可以进入电铸流程。

⑤ 脱模　电铸加工完成后，去掉原型即可得模具型腔。由于快速制造的纸质原型是一次性原型，因此可以采用破坏的方法将其去掉，但要不损伤到电铸制品。对于本例中的原型可以采用 20% 的硫酸溶解去掉原型。

⑥ 安装模衬　由于大型型腔铸模的壁厚只有 3～5mm，如果直接投入使用存在强度问题。因此要对电铸成型的型腔进行加固处理，通常是在模具背部加装衬料，通常是用低熔点合金或锌基合金、增强树脂等填充。

3.3　快速成型与加工技术

3.3.1　如何用三维 CAD 设计建立快速加工产品的数据模型

在电脑中建立三维数据模型是快速成型的首要和重要步骤。没有数字化的三维模型数据，快速成型是不可能实现的。而建立这种三维数据，可以有多种方法。用大家熟悉的语言表达，进行三维数据设计和快速成型，实际上是对三维图形进行微分然后再积分的过程。

3.3.1.1　利用三维 CAD 设计软件建立数据

用三维设计软件建立产品的数据模型或用光扫描方式获得产品的三维数据模型，是进行产品快速加工的前提条件。所有快速加工设备只认识三维设计数据，其格式为 .stl。用三维设计软件建立产品数据模型的表达方法有如下几种。

（1）构造实体几何法

构造实体几何法（constructive solid geometry，CSG）运用布尔运算法则

（并、交、减），将一些较简单的体素（立方体、圆柱、圆锥体等）进行组合，构成较复杂的三维实体模型。

（2）边界表达法

边界表达法（boundary representation，B-rep）是根据所设计的产品是由顶点、边界和平面构成的表面组合来精确地描述三维实体模型，能快速地绘制立体或线框模型。

（3）参量表达法

参量表达法（parametric representation）用于描述难以用传统体素表达的自由曲面，常用非均匀有理 B 条法（NURBS）。它能表达复杂的自由曲面，允许局部修改曲率，能准确地描述体素。

现代 CAD 系统通常是将上述三个方法综合起来加以运用，以集三者所长，达到最好的表达效果。

3.3.1.2 根据实物建立数据

对于已经制成的实物如果要进行三维设计输入，则可以进行数据反求操作。首先通过立体光扫描（激光扫描、光学扫描、断层扫描、CT 扫描等）获得产品实物的测量数据点阵（也有资料称为点云，以表达数据量的大）。再通过反求软件对点阵进行处理，从而得到实测产品的三维数据模型。步骤如下：

① 读入定义几何形体的产品测量数据；
② 利用反求软件根据产品表面形状建立曲线，并进行拟合、修改；
③ 将密集的数据分解成合用的群，以便快速形成曲面；
④ 在给定的允差范围内拟合自由曲面；
⑤ 添加倒角、圆角、细节，修正数据模型。

3.3.2 三维模型数据的处理及输出

用三维设计软件完成产品设计以后，需要将设计数据用合适的数据格式输出，以便快速成型设备的分层处理软件能够接收和处理。常用的数据格式是 .stl。从这一格式的图形可看到，这种数据处理方式是用一系列小三角平面逼近自由曲面。常用的三维设计软件都有这种格式输出功能。通过三角形的数目可以控制输出数据的精度。应注意的一点是，不可以盲目地提高输出数据的精度，以免造成数据过大，使分层处理的时间过长。一般以分层处理软件读入的图形轮廓基本光顺为宜。

3.3.2.1 影响产品品质和成型速度的主要因素

设计完成的产品三维实体数据需要经过快速成型设备的分层处理软件进行分层处理，将立体数据分割为具有一定厚度的平面数据，并建立一定的支撑，才能用于快速成型加工。由于机器本身的制造精度存在 X、Y、Z 三个方向上的差异，以及对于不同的图形轮廓，形成的支撑不同，因此产品的成型方向将直接影响产品品质和成型速度，必须在分层处理时加以充分注意。

（1）将轮廓精度要求较高的平面放置在 X-Y 平面上

由于 X 轴与 Y 轴的同步精度较易控制，而 Z 轴方向受分层厚度加工累积误差的影响，精度不易控制，因此，一般快速成型设备的 X-Y 平面的成型精度往往高于 Z 方向。为了保证被加工面的形状准确，应该将轮廓精度要求高的平面放置在 X-Y 平面上。

（2）应尽量使支撑为最少

在目前常用的快速成型设备中，除了 SLS（激光选择性烧结）设备外，其他设备尽管工艺不同，但是都需要建立支撑，以保证产品堆积成型过程能够顺利完成。由于支撑只是辅助物，在产品加工完成后要予以剥离，因此在进行数据处理时应尽量少用支撑，使支撑为最少。以达到材料消耗最少、辅助时间最短的目的。

（3）必要时可以将产品分块成型，以获得最优效果

对于某些结构复杂的产品，为使加工质量最佳，而又支撑最少，可采用将产品分成几个部分成型的办法，再进行组合粘接使其成为成品。对产品进行分块成型处理时，要注意留有止口或连接卡位，以保证黏合后的产品的尺寸精度。

3.3.2.2 分层处理

快速成型是对产品进行分层处理后再逐层堆积成型的。因此，在加工之前必须使用快速成型设备的数据处理软件，将设计好的产品三维实体数据沿成型高度的方向进行分层处理，并建立支撑，同时生成堆积轨迹。分层的厚度为 $0.05 \sim 0.5 \text{mm}$。分层厚度的选择取决于待加工产品的精度要求。精度越高，厚度越小。

下面以 FDM 设备为例，简要介绍三维设计模型的分层处理过程。

（1）读入设计数据

直接用数据处理软件的"打开文件"命令，在弹出的二级菜单中选择".stl"文件格式，在文件列表中根据所要读取的文件的存储路径找到要调入的文件，打开即可。在读入数据时要注意以下几个方面。

① 在读入设计数据后，应检查输入图形的精度。如果精度过低，会造成零件形状误差过大。一般应使组成圆的折线大于 8 段。但是精度也不要过高，否则将会使数据处理的时间过长。如果发现输入的图形精度不合适，可以在调整 .stl 文件的输出精度后重新读入。

② 必须特别注意被加工零件的尺寸不得大于设备的可加工范围。如果出现这种情况，应该在设计数据输出之前，将零件分成几个部分，每一部分的尺寸都不超出限定的范围，待加工完成后再用黏结剂将零件粘接还原。分割时应该注意保证便于粘接和粘接后的尺寸精度。

③ 正确选定产品放置位置和方向。一般推荐零件的放置位置在工作台的中央。此外，设计数据读入后，还应根据零件形状选择最佳放置方向，以保证形状精度。并使加工时间最少，支撑最少。

（2）数据分层处理

① 分层厚度的确定　影响分层厚度的因素主要为零件的形状及成型精度。FDM 设备的软件默认的厚度值为 0.254mm。此外，还有两个厚度值可供选择：0.1778mm 和 0.3356mm。选取的原则是，对于薄壁件（厚度小于 1mm）或精密小零件，采用 0.1778mm；对于厚壁件（厚度大于 2mm）或外形轮廓沿 Z 轴变化小时（例如直上直下），宜采用 0.3356mm。其他情况可采用 0.254mm。

② 设定分层参数　在确定了分层厚度后，再设定分层参数。在设定分层参数时，主要考虑如下几项：

a. 分层后的轮廓曲线精度；

b. 每层轮廓线的起点；

c. 分层厚度。

③ 数据分层处理　在数据处理软件中设定好上述参数后，软件将自动对设计数据进行分层处理。分层处理完成后，将自动生成分层数据文件 .stl，以备后续使用。

（3）建立支撑

① 支撑的作用及类型　支撑是用于承托零件实体的一组结构，以保证分层堆积的正常进行。当整个零件堆积完成后，再将支撑剥离。特制的支撑材料将保证支撑能够方便地从零件上剥离下来。根据零件的几何特性不同可以有多种支撑结构供选择。FDM 设备常用的有直接、包容两种类型。直接型支撑只在需要支撑的零件上部生成。包容型支撑则形成一个薄壳包住整个零件，此种支撑用于细长形零件。

② 自动建立支撑　设定支撑类型及参数后，软件将自动建立支撑。

（4）堆积轨迹的生成

堆积轨迹决定零件被加工的方式，是快速成型最重要的数据形式。其数据格式为". stl"。FDM设备中有三种轨迹可供选择：周边型、环线型和栅格型。零件轮廓内材料的填充方式有等高线填充、栅格填充、等高线/栅格复合填充和无填充四种类型。

FDM设备在出厂时已经由厂设定了缺省参数，当我们对设计数据进行分层处理时，轨迹参数将由预设值自动赋予。但是软件允许用户重设或修改轨迹参数。我们只需要根据加工要求设定轨迹类型和轨迹宽度等参数，软件将自动生成对应的堆积轨迹。

（5）数据输出

完成数据处理之后，需要将后缀名为". stl"的数据传输至FDM设备进行零件的加工。当使用的计算机操作系统不同时，传输方式略有不同。". stl"文件是数据处理的最终文件形式，包含了驱动FDM设备工作的所有信息。

快速成型与加工技术可以用图3-4加以小结。

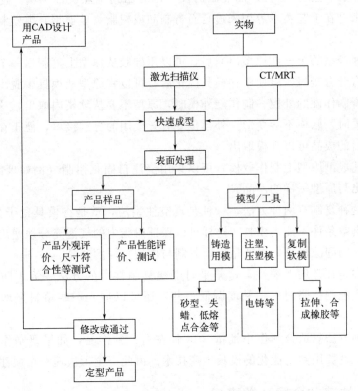

图 3-4　快速成型与加工技术

3.4 快速成型与快速模具技术

近年来，随着快速成型技术在全球的迅速发展，快速模具技术也有了长足的进步。这项技术融合了高分子复合材料应用、快速成型技术、快速翻制技术以及CNC加工、电铸加工等新技术、新工艺。可以快速、低成本地制造非金属模具或电铸金属模具。特别是非金属模具，具有成本低、速度快的特点，适用于10～1000件以内的样品成型或小批量快速制造，增强企业对市场的反应能力。

3.4.1 真空注型及低压灌注

真空注型及低压灌注同属于快速复制技术。由于快速成型成本较高，为满足快速、低成本、小批量（100件以下）生产的市场需求，这种应用双组分材料（硅胶、聚氨酯）快速进行产品复制的技术也应用到工业设计领域。这种快速复制技术原来是在工艺美术界用来进行石膏制品或树脂（玻璃钢）雕塑制品的批量制作。

在快速成型的第一件原型出来后，可以用硅胶从原型上复制出一个软模，这个软模要有开合接口，以便于在模具固化后，可以将原型从模具中脱出；再在软模外用石膏制作硬的外模。制作硬外模时，原型不要从软模内取出，这样才能保证在制外模时，软模不会变形。外模也要有开模用的分割接口，便于在生产过程中，固化后的成品可以开模取出。

从快速成型原型上制作软模，可以采用浇注自固化树脂（例如聚酯），小批量地复制出与原型一样的产品。

进行这种复制有两种方法，一种是真空注型法，就是将模具置于真空室内，让树脂在真空条件下注入模具，这样可以保证树脂中的气泡充分地逸出，也使树脂与模腔间的间隙极小，以便精确地复制与原型一样的产品。

另一种是在常压下灌注，这是平时雕塑复制常用的方法。为了防止气泡产生，可以在配制树脂时，将黏度调低一些，还可以加入一些填料来增加制品的强度。

这两种方法只适合制作小批量（10件左右）的样品，如果要制作更大批量的试制品，就要用到工业化的模具生产技术。由此产生了快速非金属注塑模具。

3.4.2 快速非金属注塑模具

快速非金属注塑模具是指用高分子材料加入金属粉等填料，从快速成型的原型上复制出用于注塑机的注塑模，可以用普通的注塑机进行批量的生产。这种模具与金属模具比起来，不仅可以快速成模，而且成本只有金属模的 $1/3 \sim 1/5$。特别适合于批量在 1000 件左右的试制品、订制纪念礼品、试销产品、促销产品等。

3.4.3 电铸模

更为理想的快速成型原型的模具制造法是电铸。由于快速成型原型多半是非金属材料，特别是 FDM 快速成型技术，所用的材料中很多可以用作电铸的非金属原型，而又适合于表面金属化处理。这些非金属材料包括最适合电镀的 ABS 树脂和其他可以表面金属化的材料，比如石蜡、PP 塑料、PPSF 塑料等。因此，采用电铸法从快速成型的原型上制作电铸金属模，特别适合于设计定型并要大批量生产的产品，包括电铸复制注塑模、压塑模、铸造模等。可以说快速原型技术提高了电铸成型的反应速度，使电铸成型加工的效率得到了进一步的提高。

第4章
电铸原型

4.1 电铸原型的作用与分类

4.1.1 电铸原型及材料选择

电铸是从原型表面生长成型的。因此，电铸用的原型是实现电铸过程的重要工具。

所谓原型，就是原始的造型，也被称作模板、芯模或样件。电铸的目的就是从原型上进行复制。对于以复制为目的的加工来说，电铸技术就是各种成型物外形最好的克隆技术。因此，电铸原型的设计和制作是电铸加工最重要的前期技术。

如果是以电铸的方法制造模具的型腔，这时的原型相当于一个阳模，而电铸成型制品就是用来复制这个原型的阴模。由于电铸过程是以电沉积金属对原型进行包覆式镀覆，所以通常将原型称为芯模。

电铸原型对电铸的成败起着关键的作用。因此，在电铸之前，要在电铸的原型上多用功夫，才能收到事半功倍的效果。如果对电铸原型缺乏全面的认识，要想做好电铸加工是有困难的。

但是，电铸不仅仅用来制造模具，也用来直接或间接生产产品。这时，电铸过程的产物就是一件产品，而不是用作再加工的模具。

电铸的另一个应用是生产特殊材料，比如金属箔或网，或者制造异形管、曲面等。对于这些不同用途的电铸，要选用不同的原型。

有时原型就是一件成品，是一件准备拿来仿制的样件。这种样件有时还是不能被破坏的，但是却又要一模一样地复制出来，这就要用到各种原型的复制技术，再在复制出的原型上进行电铸。

总之，电铸用的原型非常重要而又五花八门。人们经过一百多年的实践，对电铸原型的认识也在进一步深化。随着材料技术和电沉积技术的进步，以前不可能作为原型的材料和制品，现在也可以用作电铸的原型。可以说在不同的生产力水平下，使用着不同的原型材料和制作方法。

原型材料的选择要考虑材料科学的当代水平以及材料技术和经济上的合理性。同时，还要考虑材料的物理、化学和力学性能。

（1）材料的表面导电性

制作原型的材料表面应该是导电的，因此很多原型采用金属材料制作。如果是非金属材料制作的原型，则要进行表面金属化处理，使其表面具有导电性，才能进行电铸加工。

（2）材料的热物理性能

由于涉及原型的制作、脱出和电铸精度等问题，制作电铸原型的材料的热物理性能对电铸制品的质量有着直接的影响，包括材料的体积和线膨胀系数、熔点、热导率、热容量、热稳定性、耐冷性等。在对原型进行化学和物理加工而涉及温度变化时，所用材料应不受影响和损坏。在尺寸方面要考虑易于与母型分离。

（3）材料的物理性能

用于制作电铸原型的材料的密度、抗拉强度、屈服强度、延伸率、弹性模量、冲击韧性、硬度等，要根据不同电铸制品的不同要求而有所考虑。所采用的材料应能允许进行机械加工和承受一定的载荷。

（4）材料的化学性能

材料的抗蚀性、耐浸蚀能力、形成氧化膜的速度、导电层与非金属基体的附着力、氢脆性、溶胀性、金属钝化性、腐蚀疲劳极限等都是要加以考虑的因素。要使原型能经受溶液的侵蚀作用还要与电铸材料不产生相互作用。

（5）材料的特殊性能

所谓特殊性能，是指光学、磁性、表面粗糙度、抗表面渗氢能力、熔点、导电性、绝缘性等，有时某些性能可能是决定性的，例如对于易熔性原型的熔点。

根据以上电铸原型选用材料的原则，可以将电铸原型分成两大类：金属原型类和非金属原型类。

如果从模具原型的使用情况来看，电铸原型又可以分为一次使用原型和反复使用性原型。以下分别介绍这些电铸用原型。

4.1.2　金属原型

金属原型是电铸加工中常用的原型。由于金属具有良好的导电性能，在其表面获得电沉积金属层很方便。此外，金属又具有良好的加工性能，可以获得很高的光洁度，可以抛光至镜面，也可以加工成各种特殊的形状。因此，在选用电铸原型材料时，金属原型是首选。

以前对可以用作电铸原型的金属有一些限定，也就是说并不是所有金属都可以用作电铸原型。而现代的材料和表面处理技术可以使任何金属用作电铸原型。至少在理论上是这样的。

虽然金属有着许多共性，但是，毕竟金属本身也有自己的分类和不同的特性，有时这些性质的差别还非常大。因此，即使用金属来作电铸原型，也会因材而异，不可一概而论。细分起来，有如下几种。

（1）低熔点金属或合金

低熔点金属或合金适合作一次性电铸原型，但是材料本身则可以通过回收而反复使用。比如铅、锡和它们的合金。这是与非金属一次性原型最大的不同，也是低熔点金属或合金原型材料的优点之一。

锌和镉以及它们的合金也可以用作制造一次性或反复使用性原型。

低熔点金属制作原型的优点是成型方便，也可以利用模具包括胶膜进行成型。但是其缺点是不易获得高光亮度的表面，并且表面硬度不高，容易划伤。

（2）易溶金属或合金

易溶金属是指能在化学溶液里被溶解的金属，最为典型的是铝及其合金。由于铝的加工成型性能比低熔点金属或合金要好得多，力学性能也要好许多，且表面可以获得有方便脱模作用的氧化膜，因此既可以作为反复使用性原型，也可以用作一次使用原型。当用作一次使用原型时，不是靠高温熔化来脱出芯模，而是以化学溶解的方法让铝在碱性腐蚀剂中溶解掉。镁及其合金也和铝一样可以用作这类电铸原型。

（3）易加工高强度金属

铜及其合金等属于这类原型材料。因为铜合金有良好的加工性能和力学性能，可以制作出精密的原型制品，并且可以通过表面镀镍和铬而使之具有良好的脱出性能。

耐蚀钢和普通钢也可以制作原型，比如 45 号钢。耐蚀钢在工业中被用来制作电铸波导管。有些原型是在钢上电镀光亮铜后用于电铸。比如唱片制造中的镍模就是以这种材料为原型在氨基磺酸盐镀镍中制取的。用于纺织品染色的带孔滚筒，是在铜质圆柱状原型上电铸获得的。

采用不锈钢或钛制成的空心圆柱体原型是用来连续电铸金属箔或网的工具。这时将圆柱的两端用塑料等进行屏蔽，随着原型的缓慢旋转，就可以从其表面揭下电铸出来的箔或网，因为不锈钢和钛表面的天然钝化膜对电铸层与原型的分离有较好的效果。

有些金属原型仅仅对表面做简单的处理就可以进行电铸，比如铝合金制原型。但是有些金属原型要经过比较复杂的前处理才能够进入电铸程序。

4.1.3　非金属原型

非金属原型由于加工成型性能好，容易较快和较方便地表达形状复杂的造型，因此是制造电铸原型的主流材料。

常用的非金属原型材料有各种树脂、塑料、石膏、石蜡、木材等。但是，非金属原型在电铸前必须对表面进行金属化处理，否则是不能进行电铸的，比如塑料、石蜡等。因此，从方便电铸的角度，尽量采用金属原型为好。但是，金属原型只适合于形状简单和加工周期短的制品，对于复杂的制品，如果采用金属制作原型，所费的工夫不亚于人工开金属模，不如就直接制造金属模，不必再用电铸。因此，从成本、加工周期、精细程度等各个方面来看，采用非金属制作原型都比金属原型方便。

在快速成型技术产生以后，快速成型机所用的材料也多为非金属材料，比如光固化树脂、激光烧结陶瓷、硅溶胶粘接陶瓷、热压胶纸等。

4.1.4　一次性原型

一次性原型也可以说是破坏性原型，电铸完成以后就失去了作用。原型被从模腔内以破坏的方式取出。因此不可能再使用（但是原料可以回收）。这种原型适合于形状复杂的制品，同时能够很好地保护模腔不受脱模时的伤害。

一次性原型所用的材料要具备两个特点，一是价格低廉，二是破坏容易，最好是易于熔化或溶解。符合这两条的材料较多，但是考虑到电铸方便，经常用到的有如下几种。

（1）低熔点合金

这是最经济的电铸原型。因为这种低熔点合金在完成电铸，从电铸模腔内加热熔化出来后，还可以再重新造型成原型，实际上是可以反复使用的材料。同时，低熔点合金加工成原型也较为简便，可以利用泥料做出母型，再用石膏制模，将低熔点合金注入石膏模内，冷却后取出，就成了用于电铸的原型。

常用的低熔点合金的组成见表 4-1。

表 4-1　常用的低熔点合金的组成

熔点/℃	组成/%			
	铋	铅	锡	镉
70	50.0	26.7	13.3	10.0
70～88	42.5	37.7	11.3	8.5
124	55.5	44.5		
138	58.0		42.0	
138～170	40.0		60.0	

（2）易溶解的金属

易溶解的金属主要是指铝及其合金。因为铝及其合金比较容易在加温的碱性液中化学溶解而电铸模不会受到损害。但铝材料在造型时没有易熔金属那么方便，需要用机械加工手段和钳工制作，不适合过于复杂的制品。

（3）塑料

各种塑料都可以用来制作一次性电铸原型，特别是前面已经介绍过的易电镀的塑料，如 ABS 塑料、可镀环氧树脂等。塑料的成型相对金属要容易得多。同时，市面上任意塑料制品如果需要仿制的话，都可以拿来作电铸模原型。因为这时不需要结合力，只要能镀上就行了。只是可镀型塑料的表面金属化更容易一些。

（4）石蜡

石蜡的成本很低而又易于造型，脱模也极方便，是电铸制作玩具用模的最好材料。在完成电铸后，用热水就可以完成脱模。但是，表面金属化的难度比较大。

（5）石膏或木材

石膏也是成型方便的材料，并且成本也很低，所以也可以作为电铸的母型材料。当然要选用高强度和粒度细小的精密石膏。

木材只适合对精度要求不高的和小批量试制的产品。可以采用涂导电胶等方法表面金属化，也可以用化学法。在采用化学法时，同样要对表面进行封闭，以防止材料的多孔性影响表面金属化。

（6）快速成型用树脂或复合材料

随着快速成型技术的引入，由 CAD/CAM 技术制作成型的电铸原型的材料与传统材料有所不同。这些材料可能是光固化树脂，也可能是树脂与其他材料的复合物。这类材料将在第 5 章中详细加以介绍。

4.1.5　反复使用性原型

反复使用性原型是在电铸完成后，很小心地将原型从模腔内退出来，既不伤到模腔，也不损坏原型。这样可以重复使用原型，既节省材料和时间，又可以保证每次所制作模具的完全一致性。但是，这种重复使用性原型只适合于能够顺利脱模的制品，对于稍微复杂一点或有任何一个死扣的制品，就不适用了。

反复使用性原型多数采用金属材料制作。这些材料要有较好的自钝化性能，以使电铸层较方便地从上面脱出。有些非金属材料也可以用来制作反复使用性原型。常用的反复使用性原型的材料如下。

（1）不锈钢

不锈钢不仅有良好的抗腐蚀性能，而且有良好的力学性能，很容易加工出镜面而且不易损坏。而利用其表面钝化的性能，又易于使铸在其上的电铸模脱下。因此，不锈钢是用来进行高精度镍管、镍薄膜、波导管、高光泽度标准片等制品电铸加工的良好原型材料。

（2）铜和铜合金

铜特别是黄铜，有良好的机械加工性能，适合于表现浮雕花纹等细部的造型。用于条状、片状装饰浮雕模的电铸，也可以用作平板印制模版的电铸。黄铜也有较好的抛光性能，可以获得高光亮的抛光表面。

（3）镍

镍是电铸用金属，但也可以用来制作原型。因为镍和不锈钢类似，有很好的抛光性能。同时镍又是易钝化金属，容易生成方便脱模的钝化膜层。适合于平板状原型的制作。比如开关盖板、高光洁度的试片等。

（4）铝及铝合金

铝也是易加工金属，所以适合于制作各种原型。由于铝表面容易生成氧化膜而有利于脱模，也可以用来制作反复使用性原型。铝也有较好的抛光性能，其合金有一定的机械强度。

（5）塑料

有些塑料也可以反复使用，比如环氧树脂和乙烯树脂，可以用来制作印制用电路板，也可以用作浮雕装饰板或条模具的原型。其他如聚酯树脂、ABS 塑料、有机玻璃等，只要原型的结构是易脱出的、没有死扣，都可以用来制作反复使用性原型。

（6）玻璃、陶瓷和搪瓷制品

对于有些形状简单的制件，比如平板类制品。也可以用玻璃等硬质材料作为反复使用性电铸原型。

4.2 原型材料选用原则与设计要求

4.2.1 原型材料选用原则

由于许多材料都可以用来制造电铸原型，因此选用哪些材料才是合适的成为电铸原型制作前需要确定的问题。

在选用和确定原型的材料时，需要考虑的因素有如下几点。

（1）脱模的难易程度

脱模的难易程度是选用原型材料首要的依据。对于易于脱模的制件，应该尽量选用金属原型，而脱模困难的制件，比如有死扣和复杂接触面的制件，就要选用非金属等易于分拆或分解脱出的原型材料。当然，即使有难脱模的问题，如果对表面光洁度有较高要求时，也可以选用金属制作原型，但是这时要选用易于化学溶解的金属，比如铝。

（2）模具精度和表面要求

模具的精度和对制件表面的要求也是选用原型材料的一个重要依据。从成本和制作方便上考虑，当然要选用非金属材料。但是，如果对加工精度或制品表面状态有较高的要求，比如要求镜面光洁度，就需要选用金属原型材料。

（3）所需电铸模的数量

对于所要加工的电铸模，要考虑其产量的问题。如果是需要反复加工的制品，而又易于脱模，就要采用有利于反复使用的原型材料，比如不锈钢。当然，如果是脱模困难甚至是无法一次性脱模的原型，则只能采用易分解的金属材料。

（4）成本

电铸制造与其他加工业一样，必须考虑加工成本的问题。原型材料的选用，当然要考虑成本因素和资源的节约。从这个原则来选用原型材料，应该考虑采用反复使用性原型，同时最好又是非金属原型。当然，反复使用性原型多数是金属原型，由于可以反复使用，只要达到一定的量，比采用一次性低价的非金属原型还是要经济一些。

另外从节约资源的角度，则要尽量使用非天然而又易于制取的材料，最好是能回用的材料，同时还要考虑环境保护的问题。比如铅锡合金是较好的低熔点合金，但是铅已经是明令在工业中尽量少用或不用的材料，只能放弃选用铅锡合金。

常用的制作电铸原型的材料见表 4-2。还有一类原型是一种产品或一个原件，这类直接采用成品作为原型的情况，所涉及的材料有时会超出常用材料的范围。

表 4-2　电铸原型的常用材料

种　　类	原型材料	性　　能
金属	黄铜	机械加工性能很好,可抛光。对机械应力敏感
	不锈钢	耐腐蚀,对机械应力不敏感,可抛光,加工性差
	工具钢	用于铸模壁较厚、相对较小而复杂的电铸模
	镍	用于要求较高的小型反复性加工原型
	铝	加工性较好,可抛光,易溶解于碱或酸
	低熔点合金	加工性好,可以在较低温度下熔化脱出,可回用
非金属	环氧树脂	是制作非金属原型用量最大的材料,有很好的成型性和加工性能,良好的机械强度和尺寸稳定性。也较容易表面金属化
	聚酯树脂	与环氧树脂类似,但收缩率要稍大一些
	ABS 塑料	表面金属化性能很好,也是塑料制品的原料,可以将成型的制品作为原型,用于电铸制模
	石蜡	成型性好,易熔,但表面精度不高
	石膏	成型性好,易分解,有一定机械强度,但是精度不高

4.2.2　原型设计要求

4.2.2.1　对机械制品类（几何体）原型设计的要求

对于电铸来说，特别是形状复杂的制品，获得厚度均匀一致的铸层是很重要的，这关系到成型后模具的机械强度和使用寿命。这就要求在模具的设计时考虑到有利于铸层均匀分布的因素。同时还要求电铸完成后，原型能够很容易地从模腔内取出来。这对设计提出了较高的要求。因此，要想使电铸达到良好的效果，在原型的设计上就要用心。这样可以收到事半功倍的效果。

由于适合采用电铸法制作模具的工业领域较多，这里只能将其大致分为机械用途（几何体）和工艺用途（雕塑体）两大类。几何体可能是简单的几何构造，比如长方形、方形、圆形，也可能是各种几何体的组合、交叉、贯穿等。

对几何体原型设计的具体要求如下。

① 原型要避免纵深方向过长。不仅要考虑到在电铸完成后取模方便，还要考虑模具的使用方便，因为产品的脱模方便与生产效率和模具寿命密切相关。对于多次使用性原型，为了脱模方便，要在纵向有 $1°\sim3°$ 的锥度，或者选用比电铸金属有更大热膨胀系数的材料制作型模，从而便于用加热/冷却的方法脱模。

② 凸出和凹入的转角尽量采用圆角，不要用直角，更不要用锐角。在模具设计中存在"角脆弱"现象，实质是角部位的应力比较集中，当电铸层达到一定厚度，沿着角平分线会出现极细的裂纹，如果不采取措施加以避免，在使用过程

中，即使很低的载荷，也可能引起这个部位的断裂。而采用圆角设计，就可以消除这种危害。

当采用圆角设计时，内圆角的半径至少要等于电铸层的壁厚。如果有内角，则内角的角度应该大于 150°。

③ 反复使用性原型不能有扣死部位，并且沿退出的轴线方向要有适当放量，以方便脱出。因为反复使用性原型的要点是能重复使用，如果脱模发生困难，很容易让原型受到伤害，这就失去了反复使用的意义。如何方便地无损地从电铸模腔中脱出是反复使用原型设计至关重要的前提。对于复杂的原型，最好是采用分模脱模的方法。将原型分解成若干组合，分别电铸后组装成完整的模具。这种可以开合的模具在生产制品时能够大大提高生产效率。

④ 在原型上要有防止产生气室现象的设计。可熔性原型要设置电铸成型后可以使用的原料流出和注入的料口、出气口。原型的端头要留有 3mm 以上的余量，必要时可以更长一些，这样可以留有电铸成型后对铸型进行加工的余地。

并不是所有进行原型设计的人都能注意到这个问题，结果导致电铸完成后原型脱出困难。特别是复杂的造型，必须预先对料口和气口的位置做好分析定位，可以在制作原型时一次性完成这些辅助部位的制作，也可以在原型制作完成后，再在相应的位置进行料口或气口的制作或安放。

⑤ 对于要用到脱模剂的原型，特别是反复使用性原型，要了解所用脱模剂的性能和涂层的厚度，以便在制作过程中预留出涂层厚度的余量，这对于有尺寸精度要求的制品是很重要的。

4.2.2.2　对工艺品类（雕塑体）原型设计的要求

这里采用工艺品和雕塑来界定这类原型，是因为这是电铸加工的一个重要领域。同时，所有几何的变形体、异形体都可以归到这一类。

工艺品类的原型对于电铸加工方来说通常是既定的，比如玩具类的人物、动物的造型，往往是用塑料或石蜡制成的成品，对造型本身一般不允许有变动。在这上面进行电铸，主要就是设计原型材料和产品原料和气体的进出口。具体的要求如下。

① 所有原料、气体的进出口都不能设置在影响造型外观的部位。可供选择的部位是背面、底部、侧面等。

② 在不影响进出料效率的前提下，料口和气口的直径尽量小一些。料口和气口如果太大，则会影响到原型的完整性，增加电铸模成品的后加工流程。

③ 只有在必须延长进出料口时，才在原型上加装料口通道。并且加装的料口通道要设置在非主要表面。

④ 在不影响整体外观的前提下，可以对既定原型进行某些改动，以方便

脱模。

⑤ 对于过于复杂而又不能一次成型的制品，则要采用分型的方法进行电铸制模。

4.3 原型的制造

4.3.1 人工加工原型

4.3.1.1 手工制作原型

即使已经有了 CAD/CAM 成型技术，手工制作原型仍然是表达人类创意的最好方法之一。特别是某些独创的艺术雕塑，只能是手工制品。

适合手工制作雕塑艺术品的材料是雕塑泥。对于泥稿，最好是再翻制成石膏或蜡原型，这样容易进行电铸加工。采用泥稿作原型必须等泥稿充分干燥，还要对其表面进行防水处理，这是比较困难的工作。并且当采用比较可靠的防水封闭措施后，原稿的模样多少会有些改变。因为这种封闭材料会占据一定空间，使原稿变胖和细部被改变。因此还是经过再翻制成易于电铸的原型材料为好。

木材也是手工制作原型的合适材料。木材的表面金属化相对容易一些。但仍然不是很适合的电铸原型材料。

石膏、石蜡、树脂等都可以通过一些加工制成用于手工制作的原型材料。当然这时要用到一些手工工具，比如各种雕刀、手锯、刻刀等，还有黏胶。特别是石膏，可以通过泥稿翻制成原型，也可以作为模具材料翻制出树脂原型。其中以石膏从泥稿上复制模型后再翻制树脂原型比较常用。

（1）制作泥稿

采用雕塑泥或橡皮泥完全用手工制作出的立体造型，称为泥稿。是创作雕塑制品最常用的方法。在动手制作泥稿前，创作者可能会有素描创意图，也可能只有构想在自己的头脑中。对于比较复杂的造型，先要用铁丝和木材制作一个支架，再有序地将雕塑泥往支架上添加，然后开始进行造型工作。直到达到预期的效果，才可以确定为原作的定稿，进入翻制模型的程序。

（2）翻制石膏模

对定型后的泥稿采用石膏进行翻模，如果确定用活模翻制（需要用一模翻制多件原型时），先要在泥稿表面划定便于脱模的分型线，并用金属片（0.5mm 黄铜片）沿分型线插入泥稿形成分型界面，再调制石膏浆。在泥稿表面浇灌石膏浆，要将整个表面完全覆盖后，再用添加了加强料（如麻丝、棕丝等）的石膏浆加厚，保证石膏厚度在 1cm 以上。

对于分型后模片较多而又合模困难的模型，还要在已经成型的石膏模外面再制一个外套模，以方便合模时固定模具。

（3）开模和合模

在石膏完全固化后，用铲刀沿分型线清理出分型线部位，将有粘连的部位切开，用手钳一片一片地拔出金属片，然后分片小心地取下石膏模。清理模腔内附着的雕塑泥，确认清理干净后，在模腔内表面涂上脱模剂，再按其造型合成完整的模型腔，成为可以用于翻制树脂原型的模具。

（4）翻制树脂原型

在模腔合好后，调配聚酯树脂等原型树脂。常用的有不饱和聚酯、环氧树脂等。并在其中加入碳酸镁等填料。将调配了的树脂浇到石膏模腔内，让其均匀地分布在内表面。对于强度有要求的产品还可以添加增强玻璃纤维。通常浇树脂的流程要重复三次以上，以确保原型的完整和强度。

（5）脱模取原型

在模子内的树脂完全固化后，小心地沿分型线取下每片模片，一个与原造型一样的树脂原型就完成了。石膏模经修复，涂脱模剂还可以再次使用。原型则经过表面金属化处理后，可以进行电铸加工而制作出可以大批量生产原造型制品的电铸模。

4.3.1.2　人工修复和装配原型

除完全是人工创意的原型外，还有一些原型的制作也对手工加工有相当程度的依赖。比如对经过初步加工的原型坯件的精加工，对损坏了的原型的修复，对机加工后需要装配的原型散件的装配等。这种工作与传统的模具钳工的工作是一样的，也是原型制造中必不可少的工种。

4.3.1.3　特殊方法制作的原型

有时要采用一些特殊的方法来制作原型。比如在需要制作理想抛物面时，将汞（水银）放入可旋转的圆形器皿中，在一定转速下汞会形成所需要的抛物面。这时将易固化的环氧树脂浇到旋转的汞表面，待树脂固化后，就制成了可用来电铸抛物面的原型。这种特殊加工方法由于有人工操作浇注树脂的工序，有很重要的技能因素，因此也是人工制作原型的特例。

4.3.2 由成品复制原型

由成品复制原型是电铸中经常会遇到的情况。这种成品有时是用户的委托；有时是对老化了的模具的更新，将原模制作的成品拿来作原型电铸制模；有时则是对市场上流行的公知的产品的仿制。

如果成品是易溶或易熔金属制成的，可以直接拿来电铸。如果是不易损坏或不能损坏的材料，则要用到硅胶、石膏等仿制材料，从产品上取下胶模等后，再用可作原型的材料，从这种胶模或石膏模中翻制出与成品一样的原型，然后对翻制出来的原型进行电铸。

如果成品是塑料等易破坏材料，也可以在进行表面金属化以后，直接进行电铸。当然，如果是不能损坏的产品，就要用到以上讲到的再翻制的方法。

这种方法还能应用于修复损坏的零配件、仿制孤品、备份成品的模具等。当然，从在市场上取得的成品上进行翻制时，由于涉及知识产权的问题，读者在进行类似的仿制时要充分注意到相关法律的约束。只能对公知的和已经超过时效的专利制品进行复制，对受到专利保护的成品和有明确标识不能复制的成品、产品、样品、设计等，除非取得了所有权人的同意，否则是不能随便复制的。

对选定的目标物进行翻制要用到各种翻制工艺和原材料。用得较多的是硅胶和石膏等，下面分别加以介绍。

4.3.2.1 硅胶工艺

硅橡胶是目前最好的翻制材料。因为它有很好的柔软性和弹性，又有很好的复制性能和脱模性能，能将复杂的曲面和立体造型的细部复制下来，且具有一定的硬度，固化也较快。使得其在翻制加工中成为设计者和制造商的首选。

硅胶模的主要优点是成本低，工艺简单，尺寸精度高，复模速度快，可以制作任意形状的模具。现代精细电子产品如手机外壳、MP3外壳、数码相机造型、小型机器人造型等的小批量制作，都可以用到硅胶模。

（1）翻制硅胶模的工艺流程

翻制硅胶模的工艺流程如下：原型→涂脱模剂→安放原型→涂覆硅橡胶→真空抽气→固化→起模（制成硅胶软模）→往模中注入自固化型树脂（如环氧树脂或聚酯树脂）→固化→起模→获得复制出的与原型一样的成品。

对于不用分型脱模的原型，在表面涂了脱模剂（一般是凡士林或者液态蜡）后即可以将其安放在一个框架内，在其上浇上加入了固化剂的硅橡胶后，放入真空室内抽真空除气5～10min，以除掉浇注时混入硅胶中的气体。再经10多个小时的固化后，取出原型，即可以获得硅胶制成的阴模。

采用抽真空的除气是因为硅胶的黏度比较大，流动性差，经与催化剂混合后，在搅拌中会产生大量气泡，如果不排除，会在固化过程中滞留在硅胶模中，在模具中形成气孔，影响模具或产品的质量，所以必须采用真空搅拌和除气。

（2）硅胶制模工艺要点

采用硅胶制模有几个要点，在实际制模过程中要加以注意。一般一个硅胶模的使用期为翻制 10～200 件制品，要想延长模具的使用寿命，就要有合理的分型技巧，尽量减少模具变形和强行剥离脱模。因此在对原型进行制模前，要仔细观察和研究原型，找到可以将其均匀分成两个半面的分型线，然后沿这个分型线分成两片进行制模，并在分型的对接面上预留定位的扣件部位。

在采用硅胶制模的过程中，可以在涂胶的同时分层夹入医用绷带，作为加强筋来增强模具强度。同时在翻制原型前在模腔内涂一层隔离剂或脱模剂。在采取这些措施以后，硅胶模的使用寿命提高了近一倍。一模可以翻制树脂类产品 300 个左右。

对于复杂的原型，则要进行分模处理，这时要将原型按分型线分成至少两个部分，用雕塑泥对分型面进行分隔后，先对原型的一半进行硅胶浇注，固化后，再对另一半进行浇注。这样可以制成一个组合的硅胶模，用于制作脱模困难的产品。

另一个要点是在硅胶模固化后，不可以急于从原型上剥离硅胶模，而是要用石膏或环氧树脂在硅胶模的外层制作衬模。并且衬模也要有合理的分型面，但尽量不要与硅胶模的分型面重合。制作衬模的目的是在往模腔内注入成型用的树脂等原型材料时，增加硅胶模的刚性，使制品不易变形。同时也可以提高硅胶模的寿命。

硅胶通常采用室温固化的硅胶。因为室温固化的硅胶稳定性好，可以耐较高的工作温度。同时有较好的抗老化性能和低吸湿性，且不与其他材料黏合。用作模具制造的硅胶最好有较短的固化时间、较高的强度和一定的硬度，同时又要有抗撕裂性能，线收缩率越小越好。当然对于形状复杂、脱模困难的制品，则要求硅胶有较低的硬度和较好的弹性。

现在已经有了专门用于硅胶模制造的真空注塑机。这种注塑机具有抽真空、混料、搅拌、浇注等功能。

（3）从硅胶模翻制原型

翻制原型是将准备用作原型的流体材料填充到硅胶模腔内，经固化后取出，就获得了用于电铸的原型。当然这种翻制方法也可以直接用来加工树脂类成品。

在用硅胶模翻制前，先要检查硅胶模的腔体内是否干净，不能有灰尘、异物等残留在模腔内。通常采用压缩空气吹一下内表面，以清除灰尘等。然后在硅胶模内涂一层薄薄的脱模剂，再将模具合拢，套上衬模后，就可以进行翻制了。

用于翻制的材料可以是环氧树脂或聚酯树脂。如果是制作实心原型，只要将原型材料注入模腔内就行了，当然为了防止气泡，最好在注入完成后置于真空室内抽真空。

比较麻烦的是制作空心的原型，这时要采用滚塑的方法，让树脂在模腔的内表面内充分地涂匀，并在第一层干燥后，再涂上第二层、第三层等，直至达到需要的厚度。如果是树脂类原型，同样也可以采用纤维增强的方法，在内表面用手糊出树脂增强材料，以提高制品的强度。

4.3.2.2　石膏快速翻制原型

在电铸原型中，有一类是低熔点合金制作的原型。制作这种低熔点合金原型的方法，多半采用的是石膏模来翻制的。石膏模型以石膏混合浆料灌注成型，浆体流动性好，如果在真空下充填，可以有优良的成型性，一次注浆就能成型，制造周期短，工艺简单。浆料在固化过程中有轻微膨胀，复模性能优良，铸型精确。

（1）翻制石膏模的工艺流程

翻制石膏模的工艺流程如下：原型→取分型线→按分型线制作模架→石膏浇灌→硬化→退模架→分型面涂隔离剂→另一片浇灌→硬化→起模→合模→浇低熔点合金。

（2）石膏制模工艺要点

石膏制模首先必须保证分型的每个半片模型能从原型上顺利地脱出。因为石膏不同于硅胶，完全不能有任何死扣位，否则就不能将原型脱出，会导致制模失败。除非所有的是蜡制原型，可以将制模原型用失蜡法去除。这种失蜡制成的石膏模，只能使用一次，也就是在浇灌低熔点金属成型后，将石膏模破碎后取出制品。因此，对原型进行分型要有充分的技能。否则，一不小心，制成的石膏模就不能从原型上脱除。

（3）从石膏模翻制原型

在翻制时要按比例称取适量的石膏粉、填料和添加剂，制成石膏混合料。在真空条件下将水与石膏混合料混合并搅拌均匀，然后浇灌于经分型和涂了脱模剂的原型分型面上。如果采用的是可以失去的蜡型，则可以不分型或分型可以随意一些，在浇灌石膏成型后，加温焙烧去蜡原型，再往模腔内浇灌低熔点合金，破坏掉石膏模后，即可得到熔点合金制成的原型。

4.3.2.3 其他复制原型的方法

（1）陶瓷模制作精密金属原型

采用陶瓷模制造金属精密原型是快速精密制模的有效方法之一。陶瓷模的制造以耐火性好、线膨胀系数小的耐火材料为主，加入硅酸乙酯水解液作为黏结剂，配制成陶瓷泥浆，在催化剂作用下，经过浇灌、结胶、硬化、起模、焙烧等制成陶瓷模具，再在其中浇入熔融金属液，经冷却固化后，即可获得金属原型（也可以是产品）。

陶瓷模的优点是有极好的复制性能；型腔精度高，表面光洁度好；型模的耐高温性好，可以用于各种金属、合金的浇灌，包括碳钢等铸件；并且工艺简单，易于操作，成本低廉。这种原型特别适合制作开放式开口的搪塑模具。

陶瓷模制造的工艺流程如下：被复制品或原型→覆盖等厚的薄膜→在覆膜后的原型上制作砂型→取出原型和薄膜→放回去掉了薄膜的原型→往原型与砂型之间的间隙里浇灌陶瓷浆→干燥→起模→焙烧模腔→合箱浇灌金属液→成型品。

陶瓷制模存在的问题是经高温烧结后的模具有时会产生裂痕、变形等影响制品精度的问题。同时对于大型的构件还存在陶瓷的强度问题。作为改进，现在已经在发展无火焙烧陶瓷模技术。

（2）电弧喷涂成型

电弧喷涂成型是将两根丝状金属作为电极，经两对互相绝缘的送丝轮送入喷枪，在喷嘴电极产生的电弧作用下，金属丝被熔化为液体，再经压缩空气雾化成金属微粒冲向模腔，形成金属喷涂层。这种制模方法也适合于开口式模具，并且主要适合于低熔点合金原型的制作。由于其表面硬度不高，不适合高温高强度金属。这对制作低熔点合金原型是比较适合的方法。因为这一制模技术与传统加工工艺相比，具有工艺简单、制作周期短、费用低、仿形效果好、复制性强等显著特点。其表面粗糙度波动量一般可达 $1.6 \sim 3.3 \mu m$，这对于一些机械加工难以实现的复杂模具，更具有明显的实用价值和显著的经济效益。在汽车、轻工、电子、仪表、工艺美术等行业中，和品种多、更新快的中小批量产品的模具制造中都有着广泛的应用。

（3）冰型制模

冰型铸造是一种全新的快速成型技术，其最大特点是采用水作为原型，再在成型后的冰制原型上用硅胶翻制出阴模，最后用其他材料从硅胶阴模上复制出适合电铸加工的原型。

在低温条件下可以用水制成各种冰型，只要有适合的低温制造条件，采用水为原料制作原型或进行消失模铸造是材料最为便宜的原型技术。但是低温技术的成本较高抵消了水的低成本优势。只要将低温技术的成本进一步降低，冰模的应用一定会进一步扩大。

4.3.3　机械加工制作原型

除了手工艺品、艺术品和一些较为复杂的原型外，大部分工业制品的原型是通过机械加工的方法制取的。因为机械加工是现代加工的基础，可以对绝大多数金属材料和其他材料进行加工成型，并且速度快，效率高，适合于大规模的生产。

4.3.3.1　通用机械加工方法

采用通用的机械设备就可以加工大多数机械制品原型。通用的机械也可以说是常规机械，主要是指车、铣、刨、磨等机床。还包括其他常用的机械加工方式，包括压、挤、冲等。

根据成型几何形状的不同，成型表面可以采用车、铣、仿形铣等加工方法。难于机加工的制件或部位，可以采用电火花加工。只有所有的机加工方法都做不到时，才用手工的方法加以辅助。

在加工不规则表面原型时，最实用的方法是仿形铣。这要求有一套与成型品外表面几何形状相似的样模。模具的线要与样模完全吻合。在机械加工中，探头跟踪样模，而铣刀则按照样模的形状对材料进行铣削，以制成与样模一样的制件。

铣刀采用优质高速工具钢即可，在大多数情况下工具钢的刀具强度已足够。切削速度应控制在 $300\sim1500\mathrm{m/min}$；进刀量应控制在每个铣刀齿 $0.05\sim0.06\mathrm{mm}$ 范围。对精加工，这些数据还要相应减少。

车床加工主要用于圆柱类轴对称制件，也是采用工具钢刀具即可。如果加工硬度较低的锌合金类原型，切削速度一般为 $150\sim650\mathrm{m/min}$，走刀量为 $0.13\sim1.6\mathrm{mm/r}$，车刀的后角为 $6°\sim8°$，前角为 $5°\sim10°$，楔角为 $72°\sim79°$。如果是硬质合金工具钢，则切削速度可以提高到 $250\sim850\mathrm{m/min}$。

其他机加工方法在金属原型制作中也有所应用，但其采用的频率不是很高。

4.3.3.2　电火花加工（EDM）

电火花是 20 世纪 50 年代开发出的加工技术，在某种意义上，电火花加工是与电铸相反的过程。如果说电铸过程是采用金属材料做加法，那么电火花加工则是对金属材料做减法。这项技术一经成熟，很快就成为模具制造的重要加工技术。

（1）电火花加工的特性

电火花加工是在电场作用下用成型的电极刀去除金属来获得阴模的过程。这种过程的原理早在 17 世纪就已经被物理学家发现，但首次用于实际机械加工过程，已经是 1954 年。在电火花加工过程中，被加工的制件也是一个电极（阳极），两个电极在加工过程中保持一个极小的间隙。在高压作用下，电极之间发生电火花放电并在阳极产生金属的溶解。这种溶解下来的金属离子不是在阴极还原，而是被迅速从间隙中排除，这样，随着作为阴极的电极刀的移动，可以对被加工金属按一定三维图形进行电火花切削加工。

在金属加工过程中采用电火花加工方法有如下优点。

① 可以在任意方向以最小的间隙，加工或复制任何用普通方法难以加工的造型，如几何结构的沟槽等。

② 有较高的加工精度，可以实现自动控制加工。

③ 既适合样模的单个制造，也可以批量地进行加工。

④ 加工工艺流程简单，生产效率高。

⑤ 对刀具要求简单，纯铜和石墨等都可以用作电极。

（2）电火花加工的应用

电火花加工技术在计算机技术、微电子技术、控制技术飞速发展的推动下，已经可以对工艺过程实施更加精确的控制，因而促进了加工工艺水平的飞速提高，使其应用也得到了较快的普及和发展。许多新的电火花加工方法与控制方法不断涌现，诸如镜面电火花加工技术、微细电火花加工技术、电火花放电沉积表面改性技术、分层式电火花铣削加工技术、非导电材料的电火花加工技术、气体中放电电火花加工技术、电火花加工过程模糊控制技术等。这些新技术的诞生与发展，极大地丰富了电火花加工技术的内涵，并突破了以往人们对于这一工艺方法在认识上的局限。这些新技术的应用进一步推动了模具制造业的发展，使之可以为现代制造提供更为复杂和精确的模具。

特别值得一提的是，电火花成型也是模具型腔加工的主要方式之一。其加工质量关键之一是电极的制造。而电火花电极制造的最好方法是采用电铸制造。电火花加工过程中，由于粗、中、精加工时的放电间隙不同，电极尺寸也应不同，因此需制作多个电极才能最终满足加工精度的要求。特别是型腔加工面积较大时，有时还必须使用分割电极加工法，依次完成型腔各个部分的加工。这些电极还要根据所加工的型腔的造型制作成仿形电极。这无疑增加了电极加工的难度和成本。采用电铸加工电极可以高效地制作各种形状的电极，从而拓宽了电火花加工的应用。

4.3.3.3　数控加工技术

数字控制的机加工机械现在已经是现代制造业的主力。所谓数控加工，曾经被称为机电一体化技术，实际上是传统机械加工技术的数字化和智能化。

数控加工机床和加工中心是实现数控加工的主流设备，在现代制造中占有的比例越来越大。随着这一技术的普及，使现代制造业呈现出与传统机械加工完全不同的效率和产量。

数控加工的特点是由编程人员将要实施的加工过程进行数字化处理，输入到数控机床中，让机床自动地按照设定的程序对制件进行相应的机械加工，从进料、切削、加工到完成需要的形状、精度，自动取下，再进料，重复同一个流程以实现批量生产。当然也可以进行单一制件的复杂多流程的制造。

加工中心的特点是在一台机床上可以实现多台数控机床的功能，可以完成更为复杂的自动机械加工过程。在加工中心中设置有机械手，可以实现刀具的自动更换等更为复杂的加工过程，从而使机械加工过程完全自动化，是一种智能型自动加工模式。

显然，采用这种方式进行模具原型的加工，其效率和精度都可以得到保证。现在，这种加工方式已经从用于高精度、快速度的模具、样件的加工进入到大规模工业加工制造领域。

4.3.3.4　快速成型技术

快速成型技术（rapid prototyping，RP）是由 CAD 模型设计程序直接驱动的快速制造各种复杂形状三维实体技术的总称。是 20 世纪 90 年代才迅速发展起来的最新模型制造技术。由于这一加工技术在模型制造中的重要作用，本书将在第 5 章加以介绍。这里只将快速成型所具有的重要特点先做一个简要的介绍。

（1）数字制造

快速成型加工技术与传统的模拟加工方式的区别在于快速成型是数字制造技术。它采用数字化的（离散）材料来构造最终实体。而传统加工成型的材料是模拟（连续）的。

（2）高度的适应性

快速成型加工技术由于采用了分层制造工艺，将复杂的三维模型离散成一系列二维平面（层片）进行加工，从而大大简化了加工过程。不存在传统加工过程中的工具和刀具加工的刀痕影响，可以制造任意形状复杂的零件。

（3）直接 CAD 模型驱动

由于采用了电脑进行 CAD 设计，同一设计方案同步用于驱动快速成型机进行成型，使效率大大提高的同时，还有着所见即所得的高符合性。

（4）快速性

快速成型技术也被叫作"即时制造"技术。它的名称很好地说明了它的特点，那就是快速。快速成型是建立在高技术集成基础之上的技术。从 CAD 设计到原型加工完成，只需要几个小时。特别适合于对市场需要做出快速反应的产品，也适合于新产品的开发。

（5）材料来源丰富

快速成型所用的材料丰富多样。包括各种树脂、石蜡、纸张、陶瓷、型砂、金属粉末等。由于快速成型加工是堆积成型的，因此有可能在成型过程中改变材料的组分，从而加工出具有材料性能梯度的制品。这也是其他传统加工方法无法做到的。

第5章
电铸原型的表面处理

5.1 金属原型的表面处理

在电铸用的原型中，反复使用性原型多数采用金属原型，有些一次性原型也采用易溶或易熔金属材料。适合于制作电铸原型的金属材料有钢铁、不锈钢、镍、铜及铜合金，铝及铝合金，镁及镁合金，锌及锌合金，锡及锡合金等。

采用金属材料制作电铸原型，由于不存在导电困难的问题，一般也不需要考虑电铸层与原型基材的结合力问题，因此，其前处理工艺相对电镀的要求要简单一些。并且，从结合力的角度来看，电铸与电镀刚好相反，不是要求镀层与基体有良好的结合强度，以免镀层起泡或脱落，而是要考虑在电铸完成后，如何将电铸成品从原型上脱离下来。因此，金属原型的前处理比较简单，并且重点是要方便电铸完成后的脱模。

5.1.1 前处理流程

金属原型多数是采用各种机械加工设备加工制造出来的。这些经过了不同金属加工工艺流程的原型表面最终都会受到各种油污等的污染，有些采用热加工方法的原型虽然没有受到油污的污染，但往往会有各种形式的氧化膜存在。如果不进行适当的前处理就进行电铸，电铸的质量难以保证。因此，金属电铸原型在进行电铸以前，一定要经过一些必要的前处理加工。从某种意义上说，前处理工艺的好坏，决定了电铸加工的成败。

金属原型通用的前处理流程如下：常规化学除油→清洗→弱浸蚀→清洗→脱

模剂处理→水洗→电铸。

对于不同的金属，在这个通用流程的基础上会有所增减，但除油和浸蚀基本上是不可少的工序。

5.1.2 除油

5.1.2.1 有机除油

有机除油是采用有机溶剂对金属表面进行快速除油的方法。这种方法的优点是除油速度快，操作方便，不腐蚀金属，特别适合于有色金属。最大的缺点是溶剂多半是易燃而有毒的，并且除油并不彻底，并且成本也较高。同时还需要进一步进行后续的除油处理。因此多数作为对油污严重的金属制品，特别是有色金属制品的预除油处理。

进行有机除油应该在有安全措施的场所，有良好的排气和防燃设备。常用的有机除油溶剂性能见表 5-1。

表 5-1　常用有机除油溶剂的性能

有机溶剂	分子式	分子量	沸点/℃	密度/(g/cm³)	闪点/℃	自燃点/℃	蒸气密度与空气比
苯	C_6H_6	78.11	78~80	0.88	−14	580	2.695
二甲苯	$C_6H_4(CH_3)_2$	106.2	136~144	—	25	553	3.66
三氯乙烯	C_2HCl_3	131.4	85.7~87.7	1.465	—	410	4.54
四氯化碳	CCl_4	153.8	76.7	1.585	—		5.3
四氯乙烯	C_2Cl_4	165.9	121.2	1.62~1.63	—		—
丙酮	C_3H_6O	58.08	56	0.79	−10	570	1.93
氟里昂113	$C_2Cl_3F_3$	187.4	47.6	1.572			

在有机溶剂中，汽油的成本较低，毒性小，因此是常用的有机除油溶剂。但是其最大的缺点是易燃，使用过程中要有严格防火措施。

最有效的是三氯乙烯和四氯化碳，它们不会燃烧，可以在较高的温度下除油。但需要有专门的设备和防护措施才能发挥出除油的最好效果。

易燃性溶剂除油只能采用浸渍、擦拭、刷洗等常温处理方法，工具简单，操作也简便，适合于各种形状的制件。

不燃性有机溶剂除油，应用较多的是三氯乙烯和四氯化碳。这类有机氯化烃类有机除油剂除油效果好，但必须使用通风和密封良好的设备。三氯乙烯是一种快速有效的除油方法。对油脂的溶解能力很强，常温下比汽油大 4 倍，50℃时大 7 倍。

采用有机溶剂除油必须注意安全与操作环境的保护，特别是使用三氯乙烯作除油剂时，应该注意如下几点：

① 有良好的通风设备；

② 防止受热和紫外光照射；

③ 避免与任何 pH 值大于 12 的碱性物接触；

④ 严禁在工作场所吸烟，防止吸入有害气体。

5.1.2.2　碱性化学除油

所有的金属原型在制作成型的过程中都会不同程度地受到各种油污的污染，包括机械加工过程中的润滑油或冷却液等。即使是非机械加工方法制作的原型，也要人工进行修饰或整理，这就有可能沾上手上的油脂。这些油污的存在会影响金属电沉积过程。因为油污的分子都比较大，污染表面后即使是以单分子膜的状态存在，也使金属离子在阴极的还原受到一定阻碍，从而与基体的金属结晶难以有完全的结合。这就是导致镀层起泡或结合力不好的原因。对于电铸过程，结合力虽然不是最主要的指标，甚至并不希望电沉积物与基体有太好的结合力，以免妨碍原型的脱出。但是，完全不除油也会带来铸层起泡等结合力不良的后果，会使电铸成型腔的内壁产生油污性花斑或痕迹。

电铸的除油通常采用常规的化学除油工艺，而常规除油用得最多的是碱性化学除油。不过对于不同的金属，化学除油的配方和操作工艺还是有区别的，特别是有色金属，要选择合适的工艺配方，以防止对原型产生过腐蚀而影响电铸制品的精确度或表面效果。

化学除油的原理是基于碱对油污的皂化和乳化作用。金属表面的油污一般有动植物油、矿物油等。不同类型的油污需要用不同的除油方案，由于表面油污往往是混合性油污，因此，化学除油液也应该具备综合除油的能力。

动植物油与碱有如下反应，也就是所谓的皂化反应：

$$(C_{17}H_{35}COO)_3C_3H_5 + 3NaOH \Longrightarrow 3C_{17}H_{35}COONa + C_3H_5(OH)_3$$

由于生成的肥皂和甘油都是溶于水的物质，就能将油污从金属表面清洗掉。

矿物油与碱不发生皂化反应，但是在一定条件下会与碱液进行乳化反应，使不溶于水的油处于可以溶于水的乳化状态，从而从金属表面除去。由于肥皂就是一种较好的乳化剂，因此，采用综合除油工艺，可以同时除去动植物油和矿物油。

有些除油工艺中加入乳化剂是为了进一步加强除油的效果，但是有些乳化剂有极强的表面吸附能力，不容易在水洗中清洗干净，所以用量不宜太大，应控制在 1~3g/L 的范围内。

还需要注意的是，对于有色金属材料制作的原型，不能采用含氢氧化钠过多的化学除油配方。对于溶于碱的金属，如铝、锌、铅、锡及其合金，则不能采用含有氢氧化钠的除油配方。氢氧化钠对铜，特别是铜合金也存在使其变色或锌、锡成分溶出的风险。同时碱的水洗性也很差。

表 5-2 列举了不同原型金属材料的常规除油工艺。

表 5-2　不同原型金属材料的常规除油工艺　　　单位：g/L

除油液组成	钢铁、不锈钢、镍等	铜及铜合金	铝及铝合金	镁及镁合金	锌及锌合金	锡及锡合金
氢氧化钠	20～40					25～30
碳酸钠	20～30	10～20	15～20	10～20	20～25	25～30
磷酸三钠	5～10	10～20		15～30		
硅酸钠	5～15	10～20	10～20	10～20	20～25	
焦磷酸钠			10～15			
OP 乳化剂	1～3			1～3		1～3
表面活性剂			1～3		1～2	
洗洁剂		1～2				
温度/℃	80～90	70	60～80	50～80	40～70	70～80
pH 值					10	
时间/min	10～30	5～15	5～10			

除油过后清洗的第一道水必须是热水。因为所有的除油剂几乎都采用了加温的工艺。加温可以促进油污被充分地皂化和乳化。这些被皂化和乳化后的物质中难免还有反应不完全的油脂，一遇冷水，就会重新凝固在金属表面。包括肥皂和乳化物在冷水中也会固化而附着在金属表面，增加清洗的困难。如果不在热水中将残留在金属表面的碱液洗干净，在以后的流程中就更难洗而影响以后流程的效果，最终会影响镀层的结合力。有些企业对这一点没有加以注意，所有洗水都采用冷水，削弱了碱性除油的作用。

5.1.2.3　酸性化学除油

酸性除油适合于油污不是很严重的金属，并且是一种将除油和酸蚀融于一体的一步法。用于酸性除油的无机酸多半是硫酸，有时也用盐酸，再加上乳化剂，不过这时的乳化剂用量都比较大。

① 黑色金属的酸性除油工艺

硫酸	30～50mL/L	乌洛托品	3～5g/L
盐酸	900～950mL/L	温度	60～80℃
OP 乳化剂	1～2g/L		

② 铜及铜合金的酸性除油工艺

硫酸	100mL/L	温度	室温
OP 乳化剂	25g/L		

需要注意的是，当采用加温的工艺时，同样要采用热水作为第一道水洗流程，再进行流水清洗，否则也会使效果不良。

5.1.2.4　电化学除油

电化学除油也叫电解除油，此时将制件作为电解槽中的一个电极，在特定的电解除油溶液中，通电进行电解的过程。电化学除油所依据的原理是在电解进行的过程中，在电极表面会生成大量气体而对金属（电极）表面进行冲刷，从而将油污从金属表面剥离，再在碱性电解液中被皂化和乳化。这个过程的实质是水的电解。

$$2H_2O \Longrightarrow 2H_2 + O_2$$

（1）阴极电解除油

用被除油金属原型制品作为阴极时，其表面发生的是还原反应，析出的是氢，我们称这个除油过程为阴极电解除油过程。

$$4H_2O + 4e \Longrightarrow 2H_2\uparrow + 4OH^-$$

阴极电解除油的特点是除油速度快，一般不会对零件表面造成腐蚀。但是容易引起金属的渗氢，对于钢铁制件是很不利的，特别是对于电镀，这是很重要的一个缺点。此外，当除油电解液中有金属杂质时，会有金属析出而影响结合力或表面质量。不过这些对电铸的影响没有对电镀那样大。

（2）阳极电解除油

当被除油的金属原型是阳极时，其表面进行的是氧化过程，析出的是氧，这时的除油过程被称为阳极电解除油过程。

$$4OH^- - 4e \Longrightarrow O_2\uparrow + 2H_2O$$

阳极电解除油的特点是基体不会发生氢脆的危险，并且能除去金属表面的浸蚀残渣和金属薄膜。但是除油速度没有阴极除油高，同时对于一些有色金属，如铝、锌、锡、铜及其合金等，在温度低或电流密度高时会发生基体金属的腐蚀过程，特别是在电解液中含有氯离子时，更是如此。因此有色金属不宜采用阳极除油。而弹性和受力钢制件不宜采用阴极除油，最好的办法是采用联合除油法，既可以先阳极除油再转为阴极除油，也可以先阴极除油再转为阳极除油。

5.1.2.5　其他除油方法

可用于金属制件除油的方法还有乳化液除油、低温多功能除油、超声波除油等，都是为了提高除油效果或节约资源。由于电铸对铸层结合力的要求与电镀有所不同，因此只要采用常规的除油工艺就能满足加工要求。应该选用合适的而不是最好的工艺，尤其要将成本因素和环境保护因素加以考虑。

（1）擦拭除油

擦拭除油特别适合于个别制件或小批量异形制件的表面除油。这种除油方法实际上就是用固体或液体除油粉或液以人工手拭的方式对制件表面进行除油处理。特别是个别较大或形状复杂的原型，用浸泡除油的方法效果不是很好，这时就可以用擦拭的方法进行除油。用于擦拭的除油粉有洗衣粉、氧化镁、去污粉、碳酸钠、草木灰等。有些在碱液中容易变暗的制件也常用擦拭的方法除油。

（2）乳化除油

由于表面活性剂技术的发展，采用以表面活性剂为主要添加材料的乳化除油工艺也已经成为除油的常用工艺之一。乳化除油是在煤油或普通汽油中加入表面活性剂和水，形成乳化液。这种乳化液除油速度快，效果好，能除去大量油脂，特别是机油、黄油、防锈油、抛光膏等。乳化除油液性能的好坏主要取决于表面活性剂。常用的多数是 OP 乳化剂或日用洗涤剂。乳化除油液的组成见表 5-3。

表 5-3　乳化除油液组成（质量百分数）

成　　分	煤　油　型	汽　油　型
煤油	89.0	—
汽油	—	82.0
三乙醇胺	3.2	4.3
表面活性剂	10.0	14.0
水	100.0	100.0

（3）超声波除油

超声波除油是采用超声波发生器作用于除油液，以大于 16kHz 的超声波频率对制品进行强化除油。利用超声波在液体中的空化作用使除油液对制品产生高频的表面冲击，强化了除油作用，特别是对有微孔隙的制品有良好的除油效果。

超声波除油有成套专用设备，也有可以安放在普通除油槽中的超声波振子。由于声波是直线传送的，因此，振子的设置要考虑到方向性。否则，超声波的作用难以充分发挥。

5.1.3　弱浸蚀

经过除油和水洗后的金属原型，需要进行弱浸蚀。弱浸蚀是采用弱酸对金属表面进行微腐蚀，使金属表面呈现活化状态。有利于电结晶从基体金属的结晶面上正常地生长。

电铸虽然不要求有和电镀一样的与基体的强结合力，但也不允许在电铸过程中出现起泡或剥离。进行弱浸蚀，就是为了保证电铸层与原型有基本的结合力。既不影响电铸层的表面质量，又方便电铸成型品可以方便地从原型上脱模。

不同金属的弱浸蚀液是有区别的，黑色金属、不锈钢、镍或镍合金的弱浸蚀的酸的浓度要适当高一些。不同金属原型的弱浸蚀工艺见表5-4。

表5-4　不同金属原型的弱浸蚀工艺　　　　　　　　　　单位：g/L

项　目	不　锈　钢	镍或镍合金	铝　合　金	无铅易熔合金	含铅易熔合金
硫酸	184~276	184~276	18~184	—	—
过硫酸铵	—	—	—	10~100	—
硼酸	—	—	—	—	10~100
温度/℃	室温	室温	室温	室温	室温
时间/s	120~300	120~300	60~180	2~5s	2~5s

5.1.4　脱模剂处理

脱模剂处理是为了保证在电铸完成后，电铸制品可以顺利地从金属原型上取下来，以便金属原型可以重复使用。即使是一次使用的原型，也以简单易行的脱模方式为好。表5-5列举若干典型的脱模剂工艺。表5-5中所列金属与表5-4中所列的金属是一致的，以方便读者对应地进行比较和选取。

表5-5　不同金属的脱模剂处理工艺

脱模剂	不　锈　钢	镍或镍合金	铝合金	无铅易熔合金	含铅易熔合金
钝化膜	重铬酸钠 15~20g/L 室温 时间 0.5~1min 硝酸 180~220mL/L 室温 时间 30min	重铬酸钠 4g/L 室温 时间 0.5~1min			
氧化膜			硫酸 30g/L 室温 1A/dm² 时间 20s		阳极氧化处理 硫酸 30g/L 室温 1A/dm² 时间 20s
隔离层	硫酸 50% 硫酸铜 2~3g/L 锡酸钠 1~2g/L 室温 时间 10~60s				硫酸 50% 硫酸铜 2~3g/L 锡酸钠 1~2g/L 室温 时间 10~60s

由表5-5可以看出，这些脱模剂实际上是在金属原型表面生成一层氧化物隔离层或者是镀上一层极薄的中间镀层隔离层，以方便电铸后的脱模。并且在这种时候，经过前处理的原型是要获得与这些隔离层的合适的结合力，以保证电铸能正常地在这些隔离层上再生长出合格的铸层。

5.2 非金属原型的表面处理

5.2.1 非金属原型的表面金属化

电铸的原型中有相当一部分采用的是非金属原型，这类原型多属于一次性原型。所用的材料从 ABS 塑料、环氧树脂、聚酯树脂等塑料原型到石膏、石蜡都有。当采用快速成型技术制作原型时，还会有光固化树脂制品或其他快速成型的非金属材料。

显然，当电铸所使用的原型是非金属材料时，由于其表面是不导电的，首先必须使其表面金属化，使电流能够在整个表面导通，然后才能进行电铸。

对于石膏、木材等非导体，由于耐水性差，在表面金属化之前，要用石蜡封闭。方法是将经充分干燥的原型浸入熔化的石蜡中，经数小时后使所有的微孔都浸润封闭。

表面金属化方法可分为物理方法和化学方法两大类。我们将分类加以介绍。

5.2.2 物理方法

物理方法是使用刷涂、喷涂、真空物理镀等手段直接使非金属材料表面具有导电膜层，比如涂石墨粉、涂金属粉（例如银粉、铜粉、铝粉等）。涂布法的优点是快速简便。

5.2.2.1 金属涂料法

金属涂料法是最简单的非金属表面金属化方法。理论上它可以用于任何一种非金属材料。因为涂料可以有很好的覆盖性，并且与基体也有一定的结合力。其最大的优点是操作简单，因此在对表面金属效果要求不是很高的场合，也被用于表面金属化装饰。但更多的时候是功能性的用途，也就是用作导电膜。

最常用的金属涂料是金粉漆（黄铜粉涂料）和银粉漆（铝粉涂料），也有用到红铜漆（紫铜粉涂料）的。用于工程方面的金属漆如导电用金属漆，直接就是出于工业目的。也有间接用于表面金属化的工艺，比如作为电铸的底导电层或修补非金属电镀的导电层等。

采用金属涂料加工本身，无论是喷涂还是刷涂，虽然是物理过程，但是涂料却是一种可能的污染材料，特别是使用有机溶剂时。所以，金属涂料法不是纯粹的物理表面处理方法。现在的趋势是发展水性涂料，这在其他用途涂料上已经有很大进展，但在金属涂料方面的应用还不多见，从技术上来看，主要的难度是金属粉末在水溶液中的化学稳定性问题（因氧化而变色）。还有其密度较大，分散性能下降。

对于有些特殊材料的非金属原型，可以直接将金属粉在其表面涂布，在这种情况下还可以使用石墨粉，比如蜡制原型、硅胶原型、橡胶原型等。

可以从供应商那里采购到金属涂料或导电涂料。但是有时也可以自己配制。以下一些配方可供参考。

（1）树脂类金属涂料

618 环氧树脂	100 份	邻苯二甲酸二丁酯	13 份
四乙烯五胺	15 份	金属粉（比如银粉）	300 份

固化条件：常温 10h 以上，或者常温/0.5h＋130℃/6h

（2）清漆类金属涂料

树脂类的固化时间比较长，因此实际生产中较多的是使用清漆类的金属涂料，并且由于银价较高，比较适合做成金属导电成分，紫铜粉、黄铜粉也可以，但导电性能会差一些。所有导电用涂料的金属粉末都以片状结构为好。

参考配方如下。

硝化纤维素	25％～55％	乙醇	10％～15％
聚乙烯醇	2％～5％	紫铜粉	20％～25％
丙二醇	15％～25％		

另有一种简便的导电铜浆的组成如下。

硝化纤维素	30mL	稀释剂	210mL
铜粉	60g		

因为铜有使漆自凝的性质，所以要在使用前配制。这个配方可以用于喷涂方法。因为是自干型，为了防止流痕，要让喷枪距被涂物品一定距离。使喷到表面的铜涂料到达表面后就基本干燥。被涂的表面如果光亮，说明涂料将铜粉覆盖过多，这时的导电性会变差。

为了确保其导电性，可以在化学浸银液中再处理一下，这时可以在所有铜导电性的表面生成置换银层。如果某处没有银色，这里就是导电涂料喷涂不成功的地方，可以设法补救。同时，浸银后的表面导电性增加。

浸银液为硝酸银 7.5g/L，另加入氨水至沉淀消失。

配制时要用蒸馏水，氨水只能滴加，以便于观察溶液的变化。经浸银处理的制品要尽快进入电铸流程，因为这种极薄的置换银层的抗氧化性能很差，在空气中停留过长时间会因为发生氧化而影响导电性能。

5.2.2.2 其他物理方法

（1）真空蒸发镀

真空蒸发镀是电铸原型表面金属化常用的方法之一，所谓真空蒸发镀，就是在真空环境中使金属或者金属化合物蒸发而沉积在被镀物表面的加工方法。只要选择适当的蒸发源和蒸发条件，各种金属都是可以蒸发沉积的。

在真空中蒸发的原因之一是在真空条件下，很多材料的沸点下降，使得蒸发容易实现，另外一个重要原因是只有在真空中，金属的蒸气才不至于被迅速氧化掉。

当然，要想做到绝对真空是不可能的。真空度与分子平均自由行程有关。在一个大气压下，9℃时 1L 氧气的分子约有 2.3×10^{23} 个。它们都在不停地做不规则的运动。在这种条件下，蒸发物分子要想做直线运动而不发生与氧分子的碰撞是不可能的。统计表明，在这种条件下，分子可以做直线运动的距离为 8.5×10^{-3} cm，这一距离就叫作分子的平均自由行程。

当气压降到 1mmHg（1mmHg＝133.322Pa）时，分子的平均自由行程为 0.0065cm。当气压降到 10^{-4} mmHg 时，分子平均自由行程为 65cm。也就是说，真空度越高，分子的平均自由行程就越大。因此，可以根据真空度来确定蒸发源与镀膜物体的大概距离。

在对塑料进行真空蒸发镀膜时，一般对真空度的要求是 $10^{-4} \sim 10^{-7}$ mmHg，则被蒸镀物和蒸发源的距离可以在 65～650cm 的范围内。

真空镀膜相对其他物理气相镀方法，有设备简单、价格便宜、工艺可靠的优点，特别适合于对塑料制品进行表面金属化处理。

（2）离子镀

离子镀是将欲镀物质比如金属进行离子化蒸发，并与气体离子碰撞而在基板（被镀零件）上沉积出膜层的过程。离子镀把辉光放电、等离子镀和真空蒸发镀膜等技术结合在一起，明显提高了镀层的各种性能，大大地扩充了镀膜技术的应用范围。离子镀除了兼有真空溅射的优点外，还有膜层附着力强、绕射能力（相当于电镀中所说的分散能力）好、可以镀覆的材料广泛等优点。

利用离子镀技术可以在金属、塑料、陶瓷、玻璃、纸张等非金属材料上涂覆具有不同性能的单一镀层、化合物镀层、合金镀层及各种复合镀层。

离子镀的基本原理是借助于一种惰性气体的辉光放电，使金属或合金蒸气离子化，再经电场加速而沉积在带负电荷的基体上。惰性气体一般采用氩气。压力为 $133 \times 10^{-2} \sim 133 \times 10^{-3}$ Pa，两极间的电压在 500～5000V 之间。离子镀设备由直流高压电源、蒸发电源、抽气系统等组成。

供给高压的电源应该可以在 $500 \sim 5000\text{V}$ 范围调整电压。所需要的电流根据所镀面积，包括支架面积的大小确定，一般可以根据经验将电流大小值（mA）定为所镀面积（cm^2）的值的二分之一。

蒸发电源采用通用的工业电源。蒸发源的结构有三种：一种是电阻加热式，一种是高真空电子束式，还有一种是空心阴极（HCD）式。

前两种是在高真空度下使用的方法；后者是在充有稀有气体的氛围中工作，不需要高真空度。抽真空系统采用高真空度排气系统。

（3）溅射镀

溅射镀是在惰性气体（主要是氩气）氛围中保持 $10^{-3} \sim 10^{-1}\text{mmHg}$ 气压，在电极间施加数千伏高压而引起辉光放电，使惰性离子高速冲击靶物质，使之飞溅到被镀物表面而成。溅射镀膜根据产生溅射离子的方法分为直流溅射镀膜、高频溅射镀膜、磁控溅射镀膜和等离子溅射镀膜等。

这种加工方法与真空镀膜相比，有如下特点。

① 在较低的温度（100℃以下），就可以获得膜层。显然也适合在塑料等材料上镀膜。

② 可以实现大面积的沉积，并且可以连续生产。

③ 由于没有坩埚、灯丝等蒸发源的杂质干扰，所获得的膜层纯度较高。

④ 几乎所有的金属、化合物、介质都可以作为溅射用靶材料，获得相应的镀膜。并且靶材料的使用周期较长，可以在较长时间内连续使用。

常见的溅射有直流二极溅射和高频磁控溅射。

直流二极溅射是阴极溅射的基本装置。虽然存在放电电流随电压和真空度的变化容易发生改变的缺点，但是对于许多材料在较大面积上获得均匀膜层还是可取的方法。

这种方法是由阴极提供成膜物质，阳极则是被加工的基板，在两个电极之间加上 $1.5 \sim 7\text{kV}$ 的直流电压，引起辉光放电。阴极的电流密度为 $0.15 \sim 1.5\text{mA}/\text{cm}^2$，气压为 $(1 \sim 10) \times 10^{-2}\text{mmHg}$。

两极间的距离一般在 $3 \sim 10\text{cm}$，应该是阴极非发光部分厚度的 2 倍以上。

真空度通过油扩散泵获得，应该能够达到 $10^{-6} \sim 10^{-7}\text{mmHg}$。在溅射室达到一定真空度后，可以关闭主阀而放入一定量溅射气体，使真空度升到 10^{-2}mmHg。真空度的调节，依靠排出和放入的惰性气体调节。

为了保证溅射膜层的纯度和均匀性，要充分注意溅射室、阴极、基板等吸附气体的排出。为此，在进行溅射之前，要做好准备工作。首先是对阳极、基板等进行预热，排除残留气体，要保证真空室的气密性，充分注意导入气体的纯度等。

实际生产过程中，从溅射室取出和放入产品都会使大气重新进入室内，而不能连续生产。为了改变这种状态。已经有连续溅射镀膜装置出现。

这种可以连续溅射生产的装置是由几个预备真空室与主真空室连接。阳极基板通过导轨可以在几个室之间穿过。室与室之间有可以自动调节的隔膜。产品先进入预备室，而已经加工过的产品也从预备室内取出，这样主控室内的真空度可以得到保持，从而能够连续进行生产。

二极溅射法虽然简单，但是放电很不稳定，且沉积速度较慢。因此，其他溅射法也就应运而生。现在已经开发出多种磁控溅射装置，也就是说可以将磁控靶的技术应用到二极溅射、高频溅射等装置中去，从而形成一些新的加工方法，比如高频磁控溅射镀膜。

对于绝缘物体，即使对其施加直流电压，也不会产生溅射，这是因为用正离子冲击靶面时，在靶表面（绝缘体）聚集了正电荷，使之与等离子体之间的电位差几乎为零。要想在绝缘体上产生溅射，必须使靶极与等离子体之间产生电位差。其办法之一，就是使用适当频率的交流电加在绝缘靶极的金属基板上，常用的频率是 13.56MHz。

这种装置的操作程序是：先将真空室排气到 10^{-7} mmHg，然后导入氩气，使气压约为 10^{-2} mmHg。然后加上 2kV 高频电压进行溅射。

如果以 100 高斯以上的磁场与电场平行的方向影响溅射时，在 $(1\sim2)\times 10^{-3}$ mmHg 的低气压下，也可以获得膜层，并且溅射的速度也有所提高。

磁控溅射镀膜的特点是在靶的表面上外加一个平行的磁场，使靶子放出的高速电子在磁场作用下产生偏转，从而减少了电子冲击基板而带来的不利影响，同时可以有效地利用气体的离子化。磁控溅射的最大优点是效率高，被镀物温度低，适合于在塑料表面加工成膜。

采用物理设备进行非金属表面金属化处理已经是现代表面处理中常用方法，但是这些方法主要适用于大生产和批量生产，并且设备较复杂，投入费用较高。因此并不适合小批量或单一模具类的表面金属化制作。

因此，对于电铸用的非金属原型来说，目前较多使用的仍然是采用化学方法来获得表面金属镀层。

5.3　表面金属化的化学方法

表面金属化的化学方法是利用氧化还原反应的原理，在非金属材料表面获得金属镀层的方法。对于电铸用的非金属原型，只有在表面金属化以后，才能在其上进行电铸加工。

在成熟的非金属表面金属化技术开发成功以前，有过在非导体表面涂覆导电银浆或导电胶以后进行电镀的方法。但是，那不适合于大量生产或复制比较精细的产品，而且电沉积层的质量也不是很好。理想的方法是使非金属表面金属化，从而能像金属电镀那样进行电化学加工。因此，如何使非金属表面金属化是在非金属原型上电铸的技术关键。

5.3.1　表面金属化流程

简单地讲，非金属原型表面金属化的过程，是通过一系列化学反应，在非金属表面获得金属化学沉积层的过程。

以下是典型的非金属表面金属化的工艺流程：表面预处理→清洗→除油→清洗→中和→清洗→敏化→清洗→蒸馏水洗→活化→清洗→化学镀→清洗→电铸→电铸后处理。后边的所有涉及非金属材料表面金属化的工艺，基本上都以这个流程为基础。

对于不同的非金属材料，这个流程会有所增减或调整，包括清洗要求都会有些不同。这在以后的小节中会详细介绍。但是，从原理的角度，这个流程基本上是一个完整的流程。

5.3.2　预处理和除油

对于将要进行电铸的非金属原型，在进行表面金属化处理前，对表面进行预处理是非常重要的。这一过程包括对表面外观的检查，对于有明显表面缺陷并会影响电铸质量的部位，要予以修正。在确认表面质量符合设计要求以后，才能进入下道工序，进行除油处理。

大家知道，许多非金属材料表面都是疏水的，特别是塑料、石蜡、玻璃等。对于木材和石膏，虽然是易亲水的材料，但是要对其进行电铸，在进行金属化处理前要用石蜡等进行表面封闭处理，同样也不亲水。这使得这些材料在主要以水溶液为载体进行的化学处理过程中，表面的化学反应不易进行完全。当然，也不排除有些非金属原型表面在加工过程中有油污染，至少还有人工接触的痕迹。因此，要使其后的各项流程得以顺利实施，去掉这些表面油污是非常重要的。

非金属表面的除油一般也可以沿用金属表面处理的除油工艺。但是要充分考虑被处理材料的物理、化学性质，不能造成表面的严重损害。

对塑料表面的油污可以用碱性除油工艺，比如采用合成洗涤剂在 60℃ 以下进行处理，也可以用下述碱性除油液进行处理。

Na_2CO_3	20～30g/L	Na_3PO_4	10～30g/L

NaOH	10～20g/L		温度	60～70℃
表面活性剂	2～5mL/L		时间	10～30min

表面活性剂要选用低泡和具有可逆的吸附特性的物质，如烷基苯酚聚氧乙烯醚（OP乳化剂）。

对于表面有蜂蜡、硅油及其他有机油污的制件，也可以先采用有机除油的方法。但所用有机溶剂应不会对塑料发生溶解、溶胀或产生龟裂。常用的有丙酮、酒精、二甲苯、三氯乙烯等。

对于玻璃类原型，也可以采用酸性除油液，即采用通常用作洗涤玻璃器皿的"洗液"来作为表面的除油剂。

$K_2Cr_2O_7$	15g		温度	室温
H_2SO_4	300mL		时间	1～2min
H_2O	20mL			

这种除油的效果比较好，它依据的不是对油污的皂化作用、溶剂的溶解作用，而是以强氧化作用来破坏有机物。但是，要防止时间过长对表面造成伤害。同时，这种方法也不适合于大生产。在实验室做试验时或只用来做小批量样品时，用这种方法比较可靠。

检查除油是否达到效果的方法很简单，就是看经过除油处理的制品表面是否亲水。如果完全不亲水或不完全亲水，都要重新处理，至少要基本亲水。

5.3.3 敏化

敏化的原文是sensitize，按其字面来看，是使之变得敏感，或者具有感光性的意思。但是，在我们对非金属进行金属化处理的过程中，是在经过粗化的表面上吸附一层具有还原作用的化学还原剂，为下一道活化工序做准备。

5.3.3.1 敏化的原理

要在非金属表面镀出金属，先要在非金属表面以化学的方法镀出一层金属来，这被称为化学镀。而要实现化学镀，非金属表面必须要有一些具备还原能力的催化中心，通常叫作活化或活性中心。实际上是要以化学方法在非金属表面形成生长金属结晶的晶核。形成这种活性中心的过程是一个微观的金属还原过程，并且通常是分步实现的。这就是先在非金属表面形成一层具还原作用的还原液体膜，然后再在含有活化金属离子的处理液中还原出金属晶核。这种具有还原性作用的处理液就是敏化剂。

许多在溶液中可以提供电子的化学物质都具有还原能力，并且在不同的条件下，不同的氧化还原配体既可表现为氧化剂，也可以表现为还原剂。因此作为敏化剂，可以有很多选择，比如二价锗、二价铁、三价钛、卤化硅、铅盐以及某些染料或还原剂等，都可以用作敏化液。但是，敏化过程所依据的原理是让具还原作用的离子在一定条件下能较长时间地保持其还原能力，还要能控制其反应速度。要点是，敏化所要还原出来的不是连续镀层，而只是活化点，即晶核。由于大多数还原剂会过快地消耗并会还原出连续的镀层，所以并不适合用作敏化剂。目前最适合的敏化剂只有氯化亚锡。

氯化亚锡是二价锡盐，很容易失去两个电子而被氧化为四价锡。

$$Sn^{2+} - 2e \longrightarrow Sn^{4+}$$

这两个电子可以使所有氧化还原电位比它正的金属离子还原，比如铜、银、金、钯、铂等。

$$Sn^{2+} + Cu^{2+} =\!=\!= Sn^{4+} + Cu$$

$$Sn^{2+} + 2Ag^{+} =\!=\!= Sn^{4+} + 2Ag$$

$$6Sn^{2+} + 4Au^{3+} =\!=\!= 6Sn^{4+} + 4Au$$

$$Sn^{2+} + Pd^{2+} =\!=\!= Sn^{4+} + Pd$$

氯化亚锡的特点是在很宽的浓度范围内，它都可以在非金属材料表面形成一个较恒定的吸附值，比如 $1 \sim 200 g/L$，都可以获得敏化效果。

为了合理地选择敏化液的成分，首先一定要弄清敏化过程的机理。很多研究都已经证实，二价锡在表面的吸附过程并不是发生在敏化溶液中，而是在下一道用水清洗时由于发生水解而产生微溶性产物。

$$SnCl_4^{2-} + H_2O \longrightarrow Sn(OH)Cl + H^{+} + 3Cl^{-}$$

这种 $Sn(OH)_{1-5}Cl_{0-5}$ 是二价锡水解后的微溶性产物，正是这些产物在凝聚作用下沉积在非金属表面，形成一层厚度由十几至几千埃（$1\text{Å} = 10^{-10}\,m$）的膜。因此，如果敏化液中的二价锡不水解，则无论在其中浸多长时间，都不会增加二价锡的吸附量。但是后面的清洗条件和酸及二价锡的浓度则与二价锡的吸附量有重要关系。实验表明，提高敏化液的酸度和降低二价锡的含量都将导致表面水解产物的减少。

另外，表面的粗糙度、表面的组织结构以及清洗水的流体力学特性都与二价锡水解产物在表面的沉积数量有直接关系。酸性或强碱性溶液易于将表面上的二价锡薄层膜洗掉而导致敏化效果消失。

沉积在非金属表面上的二价锡的数量对化学镀的成败起着决定性作用。二价锡的数量越多，在下一道催化处理时所形成的催化中心密度越高，化学镀时的诱导期就越短，且获得的镀层也均匀一致。但是，过量的二价锡的吸附，会导致催化金属过多地沉积，致使镀层结合力下降。所以应根据不同的活化液和化学镀液来确定敏化液中二价锡的浓度。

不论由于氧化剂的影响将二价锡氧化成四价锡，还是光照或空气中长时间暴露的氧化过程都会使敏化效果失效。因此保持敏化液的稳定性也是很重要的，当镀液中的四价锡的含量超过二价锡的含量时，化学镀铜的层呈暗色且不均匀。

尚没有找到完全抑制氧化的办法。通常的做法是，在敏化液配制成后，在敏化液内放入一些金属锡的锡条或锡粒，这也是为了减少四价锡的危害。

$$Sn^{4+}+Sn =\!\!=\!\!= 2Sn^{2+}$$

5.3.3.2 敏化的工艺

一个典型的敏化工艺如下：

SnCl	10g/L		温度	10～30℃
HCl	40mL/L		时间	3～5min

在配制时，要先将盐酸溶于水中，再将氯化亚锡溶入盐酸水溶液中，这为的是防止发生水解。

$$SnCl_2+H_2O =\!\!=\!\!= Sn(OH)Cl+HCl$$

由反应式可知，在盐酸存在条件下，有利于氯化亚锡的稳定。

根据敏化的机理，在敏化过程中，Sn^{2+}在非金属表面的吸附层是在清洗过程中形成的，所以敏化时间的长短并不重要。实际清洗确实很重要，这是因为二价锡外面多少都会有四价锡的胶体存在，特别是对于使用过一段时间后的敏化液更是如此，如果清洗不好，会影响敏化效果。但过度清洗会使二价锡也脱附，导致敏化效果下降。

实际生产过程中，敏化可以有多种工艺，分述如下。

（1）酸性敏化液

上面介绍的典型敏化工艺即属于这种类型。酸与锡的当量比可以在4～50之间，最常用的是每升含氯化亚锡10～100g和盐酸10～50mL的敏化液。随着酸浓度的升高，二价锡氧化的速度也会加快。也有用其他酸作为介质酸的工艺。比如采用硫酸亚锡或硼氟酸亚锡时，所用的酸就应该是同离子的硫酸或硼氟酸，比如对玻璃、陶瓷、氟塑料进行敏化时，可以用以下配方：

硼氟化亚锡（$SnBF_6$）	15g/L		氯化钠（NaCl）	100g/L
硼氟酸（H_2BF_6）	250mL/L			

当敏化表面难以被水湿润时，可以在敏化液中加入表面活性剂，加入的含量在0.001～2g/L，常用的有十二烷基硫酸钠。

（2）酒精敏化液

这同样是为对付表面难以亲水化的某些非金属制品。在酒精溶液中加入20～25g/L的二价锡盐即可，也可以用酒精与水的混合液或加入适当的酸或碱。

（3）碱性敏化液

提到加入碱，是因为有些非金属材料不适合在酸性介质内处理，这时就要用到碱性的敏化液：

氯化亚锡	100g/L	酒石酸钾钠	175g/L
氢氧化钠	150g/L		

实际生产中很少用到碱性敏化液，这主要是针对特殊制品所用的方法。

经过敏化处理的表面，如果后边的活化工序所用的是银盐，还要经过蒸馏水清洗后才能进入下道工序。这为的是防止将敏化离子带入活化液而引起活化的无功反应，消耗活化资源。

5.3.4 活化

活化液主要由贵金属离子如金、银、钯等金属的盐配制。在分步活化法中，用得最多的是银，这是因为相对来说，银的成本是最低的。但是银也有其局限性：一个是其稳定性不是很好，见光以后会自己还原而析出银来，使金属离子浓度下降；另一个原因是银只能催化化学镀铜，对化学镀镍没有催化作用。因此，很多时候要用到其他的贵金属，用得最多的是钯，当然现在也有了新的活化工艺或直接镀工艺，但最大量采用的还是银和钯的活化工艺。

5.3.4.1 活化的原理

活化的原理简单地说就是当表面吸附有敏化液的非金属材料进入含有活化金属盐的活化液时，这些活化金属离子与吸附在表面的还原剂锡离子发生电子交换，二价锡离子将两个电子供给两个银离子或者一个钯离子，从而还原成金属银或钯。这些金属分布在非金属表面，成为非金属表面的活化中心。当这种具有活化中心的非金属材料进入化学镀液时，就会在表面催化化学镀而形成镀层。

$$Sn^{2+} - 2e = Sn^{4+}$$

$$2Ag^+ + 2e = 2Ag$$

或者 $$Pd^{2+} + 2e = Pd$$

在化学镀的开始阶段，先是个别催化中心开始由晶核成长为晶格，然后逐步增大形成连续的金属膜。从结晶开始成长到肉眼看得见的金属膜的这段时间，称为化学镀的诱导期。其诱导期的长短与敏化与活化的作用和效果有密切关系。

当 $0 \leqslant t \leqslant 1/c\sqrt{\delta\pi}$ $\quad d = 2\pi\delta ct(r_0^2 + r_0 ct + 1/3 c^2 t^2)$

当 $t \geqslant 1/c\sqrt{\delta\pi}$ $\quad d = 2r_0(i + r_0\sqrt{\delta\pi} - 1/3\sqrt{\delta\pi} + ct)$

式中 d——膜层厚度（按单位面积上的体积单位计）；

       c——化学镀瞬时速度；

       δ——单位面积上催化剂中心的数量；

       r_0——催化中心的直径；

t——化学镀持续的时间。

第一个公式表示诱导期阶段个别半圆颗粒的成长情况；第二个公式则是表示连续膜生长的情况。当 $r_0 = 0.5nm$ 时，实验数据与公式完全吻合。

当以银盐为活化剂时，催化中心颗粒的直径约为 $3.0 \sim 10.0nm$，而以钯为催化中心时，其颗粒的标准直径约为 $5.0nm$；在 $1\mu m^2$ 上的数量为 $10 \sim 15$ 个。

催化中心的密度和催化中心的大小与沉积在表面上敏化剂的数量和种类及活化条件（催化剂种类、活化离子浓度、酸度和温度等）乃至持续时间有关。

敏化后的清洗和所持续的时间对颗粒的大小影响较大。经彻底清洗后，所形成的钯颗粒的直径小于 $2.0nm$，在这种数量的颗粒下所获得的化学铜镀层平滑且结合力良好。

当用强酸性或强碱性溶液进行活化时，一部分敏化剂如锡的化合物将被溶解，并使钯离子还原而形成混浊液，这时最好采用银氨活化液，因为二价锡盐的水解产物在银氨溶液中不会被溶解。

经过活化处理过后的制件最好进行干燥，干燥后再进入化学镀的制件结合力有所提高。

5.3.4.2　活化的工艺`

以银离子作活化剂的工艺如下：

$AgNO_3$	$3 \sim 5g/L$（蒸馏水）	温度	室温
NH_4OH	滴加至溶液透明	时间	$5 \sim 10min$

加盖避光存放，每次使用后都要加盖

以钯离子作活化剂的工艺如下：

$PdCl_2$	$0.5 \sim 1g/L$	温度	室温
HCl	$30 \sim 40mL/L$	时间	$5 \sim 10min$

分步活化法不适合于自动生产线的生产，因为敏化液如果不清洗干净，稍有残留都会带进活化液而导致活化液提前失效。特别是当采用银离子作活化剂时，要经常更换蒸馏水，以保证活化液的稳定，这也是分步活化法的一个主要的缺点。作为改进，人们开发了一步活化法。

5.3.4.3　敏化活化一步法

一步活化法是将还原剂与催化剂置于一液内，在反应生成活化中心后，在浸入的非金属表面吸附而生成活性中心的方法。因此也叫敏化活化一步法。由于通常采用的是胶体钯溶液，所以也称为胶体钯活化法。

这种方法是将氯化钯和氯化亚锡在同一份溶液内反应生成金属钯和四价锡，利用四价锡的胶体性质形成以金属钯为核心的胶体团，这种胶体团可以在非金属表面吸附，通过解胶流程，将四价锡去掉后，露出的金属钯就成为活性中心。

胶体的配制方法如下：

PdCl$_2$	1g	SnCl$_2$·H$_2$O	37.5g
HCl	300mL	H$_2$O	600mL

配制：取 300mL 盐酸溶于 600mL 水中，然后加入 1g 氯化钯，使其溶解。再将 37.5g 氯化亚锡边搅拌边加入其中，这时溶液的颜色由棕色变绿，最终变成黑色。如果绿色没有即时变成黑色，就要在 65℃ 保温数小时，直至颜色变成黑色以后，才能使用。

严格按上述配制方法进行配制是非常重要的，如果配制不当，会使活化液的活性降低，甚至没有了活性。

活化液配制过程中出现的颜色变化是不同配位数胶体的反应显示。当配位数为 2 时，显示为棕色；而当配位数为 4 时，显示为绿色；进一步增加锡的含量，当配位数达到 6 时，溶液的颜色就成为黑色。这时胶团的分子式可能是 $[\mathrm{PdSn_6Cl}_x]^{y-}$。

由于一步活化法中金属离子是以胶体状存在于活化液中的，因此，非金属制品浸过活化液后，还必须经过一道解胶工序。比如用 HCl 100mL/L，经过 5min 或更长时间处理，就可以进行化学镀了。

5.3.5 化学镀和化学镀铜

化学镀是非金属电镀的主要工艺。经过活化处理后，非金属表面已经分布有催化作用的活性中心。这些活性中心作为化学镀层成长的晶核，使化学镀层从这里生长成连续的镀层。当最初的镀层形成后，化学镀层具有的自催化作用使化学镀得以持续进行。

化学镀所依据的原理仍然是氧化还原反应。由参加反应的离子提供和交换电子，从而完成化学镀过程。因此化学镀液需要有能提供电子的还原剂，而被镀金属离子就当然是氧化剂了。为了使镀覆的速度得到控制，还需要有让金属离子稳定的络合剂以及提供最佳还原效果酸碱度的调节剂（pH 值缓冲剂）等。

在非金属电镀中应用得最多的是化学镀铜和化学镀镍，我们将重点加以介绍。对其他化学镀工艺也将加以介绍。

5.3.5.1 化学镀铜原理

我们先看一个典型的化学镀铜液的配方。

硫酸铜	5g/L	甲醛	10mL/L
酒石酸钾钠	25g/L	稳定剂	0.1mg/L
氢氧化钠	7g/L		

这个配方中硫酸铜是主盐，是提供我们需要镀出来的金属的主要原料。酒石

酸钾钠称为络合剂，是保持铜离子稳定和使反应速度受到控制的重要成分。氢氧化钠能维持镀液的 pH 值并使甲醛能充分发挥还原作用，而甲醛则是使二价铜离子还原为金属铜的还原剂，是化学镀铜的重要成分。稳定剂则是为了防止当镀液被催化而发生铜的还原后，能对还原的速度进行适当控制，防止镀液自己剧烈分解而导致镀液失效。

化学镀铜当以甲醛为还原剂时，是在碱性条件下进行的。铜离子则需要有络合剂与之形成络离子，以增加其稳定性。常用的络合剂有酒石酸盐，EDTA 以及多元醇、胺类化合物，乳酸，柠檬酸盐等。我们可以用如下通式表示铜络离子：$Cu^{2+} \cdot Complex$，则化学镀铜还原反应的表达式如下：

$$Cu^{2+} \cdot Complex + 2HCHO + 4OH^- \longrightarrow Cu + 2HCOO^- + 2H_2 + 2H_2O + Complex$$

这个反应需要催化剂催化才能发生，因此正适合于经活化处理非金属表面。但是，在反应开始后，当有金属铜在表面开始沉积出来，铜层就作为进一步反应的催化剂而起催化作用，使化学镀铜得以继续进行。这与化学镀镍的自催化原理是一样的。当化学镀铜反应开始以后，还有一些副反应也会发生，如

$$2HCHO + OH^- \longrightarrow CH_3OH + HCOO^-$$

这个反应也叫"坎尼扎罗反应"，这个反应也是在碱性条件下进行的，它将消耗掉一些甲醛。

$$2Cu^{2+} + HCHO + 5OH^- \longrightarrow Cu_2O + HCOO^- + 3H_2O$$

这个是不完全还原反应，所产生的氧化亚铜会进一步反应

$$Cu_2O + 2HCHO + 2OH^- \longrightarrow 2Cu + H_2 + H_2O + 2HCOO^-$$

$$Cu_2O + H_2O \longrightarrow 2Cu^+ + 2OH^-$$

也就是说，一部分还原成金属铜，还有一部分还原成为一价铜离子。一价铜离子的产生对化学镀铜是不利的，因为它会进一步发生歧化反应，还原为金属铜和二价铜离子。

$$2Cu^+ \longrightarrow Cu + Cu^{2+}$$

这种由一价铜还原的金属铜是以铜粉的形式出现在镀液中的，这些铜粉成为进一步催化化学镀的非有效中心，当分布在非金属表面时，会使镀层变得粗糙，而当分散在镀液中时，会使镀液很快分解而失效。因此，化学镀铜的质量和镀液的稳定性一直是一个很重要的问题。影响化学镀铜质量和稳定性的因素有以下几点。

（1）镀液各组分的影响

二价铜离子（主盐）的浓度变化对化学镀铜沉积速度有较大影响。而甲醛浓度在达到一定的量后，影响不是很大，并且与镀液的 pH 值有密切关系。当甲醛

浓度高时（2mol/L），pH 值为 11～11.5，而当甲醛浓度低时（0.1～0.5mol/L），镀液的 pH 值要求在 12～12.5。

如果溶液中的 pH 值和溶液的其他组分的浓度恒定，无论是提高甲醛，还是二价铜离子的含量（在工艺允许的范围内），都可以提高镀铜的速度。

化学镀铜的反应速度（v）与二价铜离子、甲醛和氢氧离子的浓度关系可以用以下关系式表示

$$v = K[Cu^{2+}]^{0.69}[HCHO]^{0.20}[OH^-]^{0.25}$$

在大部分以甲醛为还原剂的化学镀铜液中，甲醛的含量是铜离子含量的数倍。酒石酸盐的含量也要比铜离子高，当其比率大于 3 时，对铜还原的速度影响并不是很大。但是如果低于这个值，镀铜的速度会稍有增加，但是镀液的稳定性则下降。

除了酒石酸钾钠，其他络合剂也可以用于化学镀铜，比如柠檬酸盐、三乙醇胺、EDTA、甘油等，但其作用效果有所不同。最为适合的还是酒石酸盐。

（2）工艺条件和其他成分的影响

温度提高，镀铜的速度会加快。有些工艺建议的温度范围为 30～60℃。但是过高的温度也会引起镀液的自分解，因此，最好是控制在室温条件下工作。

pH 值偏低时容易发生沉积出来的铜表面钝化的现象，有时会使化学镀铜的反应停止。温度过高和采用空气搅拌时，都有引起铜表面钝化的风险。在镀液中加入少许 EDTA 可以防止铜的钝化。

其他金属离子对化学镀铜过程也有一定影响，其中镍离子的影响基本上是正面的。试验表明，在化学镀铜液中加入少量镍离子，在玻璃和塑料等光滑的表面上可以得到高质量的镀铜层。而不含镍离子的镀液里，得到的镀层与光滑的表面结合不牢。添加镍盐会降低铜离子还原的速度。在含镍盐时，镀液的沉积速度为 0.4μm/h，不含镍盐时，化学镀铜的沉积速度为 0.6μm/h。当含有镍盐时，镍离子会在镀覆过程中与铜离子共沉积而形成铜镍合金。当化学镀铜液中镍离子的含量为 4～17mmol/L 时，镀铜层中镍的含量为 1%～4%。

需要注意的是，在含有镍的化学镀铜液的 pH 值低于 11 时，有时镀液会出现凝胶现象。这是甲醛与其他成分包括镍的化合物发生了聚合反应。

在化学镀铜中，钴离子也有类似的作用，但是从成本上考虑还是采用添加镍较好。当镀液中有锌、锑、铋等离子混入时，都将降低铜的还原速度。当超过一定含量时，镀液将不能镀铜。因此，配制化学镀铜液时应尽量采用化学纯级别的化工原料。

（3）影响化学镀铜液稳定性的因素

以甲醛作还原剂的化学镀铜液不仅可以在被活化的表面进行，也可以在溶液

本体内进行，而当这种反应一旦发生，就会在镀液中生成一些铜的微粒，这些微粒成为进一步催化铜离子还原反应的催化剂，最终导致镀液在很短时间内就完全分解，变成透明溶液和沉淀在槽底的铜粉。这种自催化反应的发生提出了化学镀铜稳定性的问题。

在实际生产中，希望没有本体反应发生，铜离子仅仅只在被镀件表面还原。由于被镀表面是被催化了的，而镀液本体中尚没有催化物质，因此，化学镀铜在初始使用时不会发生本体的还原反应，同时由于非催化的还原反应的活化能较高，要想自发需要克服一定的阻力。但是很多因素会促进非催化反应向催化反应过渡，最终导致镀液的分解。以下因素可能会降低化学镀铜液的稳定性。

① 镀液成分浓度高　铜离子和甲醛以及碱的浓度偏高时，虽然镀速可以提高，但镀液的稳定性会下降。因此，化学镀铜有一个极限速度，超过这一速度，在溶液的本体中就会发生还原反应。尤其在温度较高时，溶液的稳定性明显下降，因此，不能一味地让镀铜在高速度下沉积。

② 过量的装载　化学镀铜液有一定的装载量，如果超过了每升镀液的装载量，会加快镀液本体的还原反应。比如空载的镀液，当碱的浓度达到 $0.9\,mol/L$ 时才会发生本体还原反应。而在装载量为 $60\,cm^2/L$ 时，碱的浓度在 $0.6\,mol/L$ 时就会发生本体的还原反应。

③ 配位体的稳定下降　如果配位体不足或所用配位体不足以保证金属离子的稳定性时，镀液的稳定性也跟着下降。比如当酒石酸盐与铜的比值从 3：1 降到 1.5：1 时，镀液的稳定性就会明显下降。

④ 镀液中存在固体催化微粒　当镀液中有铜的微粒存在时，会引发本体发生还原反应。这可能是从经活化的表面上脱落的活化金属，也可能是从镀层上脱落的铜颗粒。还有就是配制化学镀铜液的化学原料的纯度，有杂质的原料配制的化学镀铜液，稳定性肯定是不好的。

（4）提高化学镀铜稳定性的措施

为了防止这些不利于化学镀铜的副反应发生，通常要采取以下措施。

① 在镀液中加入稳定剂　常用的稳定剂有多硫化物，如硫脲、硫代硫酸盐、2-巯基苯并噻唑、亚铁氰化钾、氰化钠等。但其用量必须很小，因为这些稳定剂同时也是催化中毒剂，稍一过量，将会使化学镀铜停止反应，完全镀不出铜来。

② 采用空气搅拌　空气搅拌可以有效地防止铜粉的产生，抑制氧化亚铜的生成和分解。但对加入槽中的空气要采取去油污等过滤措施。

③ 保持镀液在正常工艺规范内　不要随便提高镀液成分的浓度，特别是在补加原料时，不要过量。最好是根据受镀面积或分析来较为准确地估算原料的消

耗。同时，不要轻易升高镀液温度，在调整各种成分的浓度和在调高 pH 值时都要很小心。并且在不工作时，将 pH 值调整到弱碱性，并加盖保存。

④ 保持工作槽的清洁　采用专用的化学镀槽，槽壁要光洁，不让化学镀铜在壁上有沉积，如果发现有沉积要及时清除，并洗净后，再用于化学镀铜。去除槽壁上的铜可以采用稀硝酸浸渍，有条件时要循环过滤镀液。

5.3.5.2　化学镀铜工艺

用于非金属电镀的化学镀铜工艺如下：

硫酸铜	3.5～10g/L	硫脲	0.1～0.2mg/L
酒石酸钾钠	30～50g/L	pH 值	11.5～12.5
氢氧化钠	7～10g/L	温度	室温（20～25℃）
碳酸钠	0～3g/L	搅拌	空气搅拌
37%甲醛	10～15mL/L		

在实际操作中为了方便，可以将主盐和络合剂配制成不加甲醛的浓缩液备用。比如按上述配方将所有原料的含量提高 5 倍，制成浓缩液。在需要使用时再用蒸馏水按 5∶1 的比例进行稀释，并用精密试纸或 pH 计检测 pH 值，如果不在工艺范围，则加以调整。然后在开始工作前再加入甲醛。无论是调整镀液的 pH 值还是加入甲醛，都要在充分搅拌下进行，防止局部的浓度偏高而影响镀液的稳定性。

要想获得延展性好又有较快沉积速度的化学镀铜效果，建议使用如下工艺：

硫酸铜	7～15g/L	氰化镍钾	15mg/L
EDTA	45g/L	温度	60℃
甲醛	15mL/L	析出速度	8～10μm/h
用氢氧化钠调整 pH 值到 12.5			

如果不用 EDTA，也可以用酒石酸钾钠 75g/L。另外，现在已经有商业的专用络合剂出售，这种商业操作在印刷线路板行业很普遍。所用的是 EDTA 的衍生物，其稳定性和沉积速度都比自己配制的要好一些。一般随着温度上升，其延展性也要好一些。在同一温度下，沉积速度慢时所获得的镀层延展性要好一些，同时抗拉强度也增强。为了防止铜粉的影响，可以采用连续过滤的方式来当作空气搅拌。

研究表明，通过化学镀铜获得的铜层是无定向的分散体，其晶格常数与金属铜一致。铜的晶粒为 $0.13\mu m$ 左右。镀层有相当高的显微内应力（18kg/mm^2）和显微硬度（200～215kg/mm^2）。并且即使进行热处理，其显微内应力和硬度也不随时间而降低。

降低铜的沉积速度和提高镀液的温度，铜镀层的可塑性增加。有些添加物也可以降低化学镀铜层的内应力或硬度，比如氰化物、钒、砷、锑盐离子和有机硅烷等。当温度超过50℃时，含有聚乙二醇或氰化物稳定剂的镀液，镀层的塑性会较高。

化学镀铜层的体积电阻率明显超过实体铜（$1.7 \times 10^{-6} \Omega \cdot cm$），在含有镍离子的镀层，电阻会有所增加。因此，对铜层导电性要求比较敏感的产品，以不添加镍盐为好，比如印刷线路板的化学镀铜。但是对于电铸用的化学镀铜来说，这种情况可以忽略。

表5-6是根据资料整理的稳定性较好的一些化学镀铜液的配方。这些配方中都选用了至少一种稳定剂。有些稳定剂的用量非常少，添加时一定要控制用量，稍有过量，就会造成镀液的过稳定而无法获得化学镀层。

表5-6　部分实用化学镀铜液配方

组　　分	各组分含量/[(固)g/L、(液)mL/L]									
	1	2	3	4	5	6	7	8	9	10
硫酸铜	7.5	7.5	10	18	25	50	35	10	5	10
酒石酸钾钠	—	—	—	85	150	170	170	16	150	—
EDTA二钠	15	15	20	—	—	—	—	—	—	20
柠檬酸钠	—	—	—	—	—	50	—	—	20	—
碳酸钠	—	—	—	40	25	30	—	—	30	—
氢氧化钠	20	5	3	25	40	50	50	16	100	15
甲醛(37%)	40	6	6	100	20	100	20	8(聚甲醛)		9(聚甲醛)
氰化钠	0.5	0.02								
丁二腈			0.02							
硫脲			0.002							
硫代硫酸钠				0.019	0.002	0.005				
乙醇				0.003	0.005					
2-乙基二硫代氨基甲酸钠							0.01			0.1
硫氰酸钾								0.005		
联喹啉									0.01	
沉积速度/(mg/h)		0.5				5~10	3		6	

5.3.6　化学镀镍

5.3.6.1　化学镀镍原理

化学镀镍液主要由金属盐、还原剂、pH缓冲剂、稳定剂或络合剂等组成。

镍盐用得最多的是硫酸盐，还有氯化物或者醋酸盐。还原剂主要是亚磷酸盐、硼氢化物等。pH值缓冲剂和络合剂通常采用的是氨或氯化铵等。

以次亚磷酸钠作还原剂的化学镀镍是目前使用最多的一种。其反应的机理如下。

在酸性环境：

$$Ni^{2+}+H_2PO_2^-+H_2O \longrightarrow Ni+H_2PO_3^-+2H^+$$

在碱性环境：

$$[NiX_n]^{2+}+H_2PO_2^-+3OH^- \longrightarrow Ni+HPO_3^{2-}+nX+2H_2O$$

磷的析出反应：

$$H_2PO_2^-+2H^+ \longrightarrow P+2H_2O$$

$$4H_2PO_2^- \longrightarrow 2P+2HPO_3^{2-}+H_2+2H_2O$$

$$H_2PO_2^-+4[H]+H^+ \longrightarrow PH_3+2H_2O$$

化学镀镍的沉积速度受温度、pH 值、镀液组成和添加剂的影响。通常温度上升，沉积速度也上升。温度每上升 10℃，速度约提高 2 倍。

pH 值是最重要的因素。不仅对反应速度，对还原剂的利用率、镀层的性质都有很大的影响。

镍盐浓度的影响不是最主要的，次亚磷酸钠的浓度提高，速度也会相应提高。但是到了一定限度以后反而会使速率下降。每还原 1mol 的镍，消耗 3mol 的次亚磷酸盐（即 1g 镀层消耗 5.4g 的次亚磷酸钠）。同时，一部分次亚磷酸盐在镍表面催化分解。常常以利用系数来评定次亚磷酸盐的消耗效率，它等于消耗在还原金属上的次亚磷酸盐与整个反应中消耗的次亚磷酸盐总量的比。

$$次亚磷酸盐利用系数=\frac{用于还原镍的次亚磷酸盐}{化学镀中次亚磷酸盐消耗总量}$$

次亚磷酸盐的利用系数与溶液成分，如缓冲剂和配位体的性质和浓度有关。当其他条件相同时，在镍还原速度高的溶液里，利用系数也高。利用系数也随着装载密度的加大而提高。

在酸性环境里，可以用只含镍离子和次亚磷酸盐的溶液化学镀镍。但是为了使工艺稳定，必须加入缓冲剂和络合剂。因为化学镀镍过程中生成的氢离子使反应速度下降乃至停止。常用的有醋酸盐缓冲体系，也有用柠檬酸盐、羟基乙酸盐、乳酸盐等。络合物可以在镀液的 pH 值增高时保持其还原能力。当调整多次使用的镀液时，这一点很重要，因为在陈化的镀液里，次亚磷酸的积累会增加，如果没有足够的络合剂，镀液的稳定性会急剧下降。

酸性体系里的络合剂多数采用乳酸、柠檬酸、羟基乙酸及其盐。有机添加剂对镍的还原速度有很大影响，其中许多都是反应的加速剂，如丙二酸、丁二酸、氨基乙酸、丙酸以及氟离子。但是，添加剂也会使沉积速度下降，特别是稳定剂，会明显降低沉积速度。

在碱性化学镀镍溶液里，镍离子配位体是必须的成分，以防止氢氧化物和亚磷酸盐沉淀。一般用柠檬酸盐或铵盐的混合物作为络合剂，也有用磺酸盐、焦磷酸盐、乙二胺盐的镀液。

提高温度可以加速镍的还原，在60～90℃，还原速度可以达到20～30μm/h，相当于在中等电流密度（2～3A/dm²）下电镀镍的速度。

采用硼氢化物为还原剂的反应机理如下：

$$NiCl_2+NaBH_4+2NaOH \longrightarrow Ni+NaBO_2+2NaCl+3H_2$$

$$4NiCl_2+2NaBH_4+6NaOH \longrightarrow 2Ni_2B+8NaCl+6H_2O+H_2 \uparrow$$

$$NaBH_4+2H_2O \longrightarrow NaBO_2+4H_2 \uparrow$$

由上式可见，析出物就是镍硼合金。与用次亚磷酸盐作还原剂相比，还原剂的消耗量较少，并且可以在较低温度下操作。但是由于硼氢化物价格高，在加温时易分解，使镀液管理存在困难，一般只用在有特别要求的电子产品上。化学镀镍磷和化学镀镍硼的性能比较见表5-7。

表 5-7　化学镀镍磷和化学镀镍硼的性能比较

	各 项 指 标	化学镀镍磷	化学镀镍硼
镀层的性质	合金成分 （质量分数）	Ni 87%～98% P 2%～13%	Ni 99%～99.7% B 0.3%～1%
	结构	非晶体	微结晶体
	电阻率	30～200μΩ·cm	5～7μΩ·cm
	密度	7.6～8.6g/cm³	8.6g/cm³
	硬度	500～700HV	700～800HV
	磁性	非磁性	强磁性
	内应力	弱压应力-拉应力	强拉应力
	熔点	880～1300℃	1093～1450℃
	焊接性	较差	较好
	耐腐蚀性	较好	比镍磷差
镀液特性	沉积速度	3～25μ/h	3～8μ/h
	温度	30～90℃	30～70℃
	稳定性	比较稳定	较不稳定
	寿命	3～10MTO	3～5MTO
	成本比	1	6～8

5.3.6.2　化学镀镍工艺

化学镀镍根据其含磷量的多少可分为高磷、中磷和低磷三类；以镀液工作的pH值范围可分为酸性镀液和碱性镀液两类；根据镀液的工作温度又可以分为高温型和低温型两类。

由于非金属电镀的基材大多数不宜于在高温条件下作业，因此，非金属电镀只适合采用低温型的镀液。当然有些能耐高温的材料如陶瓷，也可以为了获得快速和性能良好的镀层而采用高温型镀液。

（1）低温碱性化学镀镍磷工艺

硫酸镍　　　　　10～20g/L　　　　　　氯化铵　　　20～30g/L

柠檬酸钠	20～30g/L	温度	35～45℃
次亚磷酸钠	10～20g/L	时间	5～15min
pH 值	8～9		

这是典型用于塑料电镀的化学镀镍工艺，其特点是温度比较低，不至于引起塑料的过热变形。但由于要求用氨水调节 pH 值，所以存在有刺激性气味等缺点。

（2）高温型化学镀镍

如果要求有较高的沉积速度，而产品又可以耐较高的温度，则可采用以下工艺：

硫酸镍	30g/L	乙酸钠	10g/L
柠檬酸钠	10g/L	温度	80～85℃
次磷酸钠	15g/L	pH 值	4～4.5

这一工艺的沉积速度可达 $10\mu m/h$，镀层的含磷量也在 10% 以上。但要求搅拌镀液，否则沉积速度会有所下降。

（3）稳定性高的化学镀镍

提高温度可以提高沉积速度，但镀液的稳定性会下降，这时要用到更多的稳定剂组合，以络合反应中生成的亚磷酸钠为例。

硫酸镍	21g/L	铅离子	1mg/L
次磷酸钠	24g/L	温度	90～95℃
乳酸（88%）	30mL/L	pH 值	4.5
丙酸	2mL/L		

采用这个工艺可以获得 $17\mu m/h$ 的沉积速度，但温度过高会有镀液蒸发过快的问题。

（4）镍硼化学镀液

以氨基硼烷为还原剂的化学镀镍：

硫酸镍	30g/L	二甲基胺硼烷	3g/L
柠檬酸钠	10g/L	pH 值	6～7
琥珀酸钠	20/L	温度	50℃
醋酸钠	20/L	时间	10min

二甲基胺硼烷［简称 DMAB，分子式为 $(CH_3)_2NHBH_3$］，室温下为固体，易溶于水，应在弱酸介质条件下使用。如果考虑中性介质，可用二乙基胺硼烷［简称 DEAB，分子式是 $(C_2H_5)_2NHBH_3$］作还原剂。但二乙基胺硼烷是透明液体，且难溶于水。因此，二乙基胺硼烷是用酒精制成饱和溶液后再拿来补加的。这种镀液镀出的镍层含有一定量的硼，因此也被称为镍硼合金，就如用次亚磷酸盐获得的镀层称为镍磷合金一样。

（5）配制化学镀镍液时的注意事项

配制化学镀镍液所用的化学原料最好用化学纯以上的材料，如果采用工业级材料，一定要先将不含还原剂的部分先溶解，例如主盐、络合剂等，然后加温，再加入活性炭进行处理，过滤后再加入也经过过滤处理的还原剂等。即使是用化学纯配制，也要将还原剂与主盐溶液分开溶解，最后混合。并注意配制时所用容器的干净问题，就是不能有金属杂质或活化性化学物残留在容器内，避免在不工作时引发自催化反应而使镀液失效。配制完成后，不要急于调 pH 值，而是在需要化学镀镍之前再调 pH 值。

现在有专用的化学镀设备厂商，为化学镀提供专用设备。也有的化学镀工艺开发商同时提供配套的设备，对加温、pH 值控制、搅拌、镀液过滤等进行自动控制。但是，更多的用户出于成本的考虑而采用自己制作的设备。这时要注意最好采用间接加温的办法，也就是套槽水浴加温法，可以用不锈钢作镀槽，外槽用钢铁即可，导热很快。

为了使化学镀层不至于在不锈钢槽壁沉积，可以采用微电流阳极保护法，使镀槽处于阳极状态，而不发生还原反应。

具体做法是在镀槽内放置几个用塑料管套起的对电极（阴极），可以是钛材料或不锈钢。也可以加在所镀产品上，在两极间施加 $8\sim10\mathrm{mA/dm}^2$ 的电流。

套槽的好处是在化学镀完成和停止使用后，可以放入冷水对镀液进行冷却，使反应最终停止下来，这时可以关掉保护电源。

5.3.7 其他化学镀工艺

如前所述，对于化学镀（chemical plating）来说，研究得最多的是化学镀镍和化学镀铜。并且由此得到一个概念，那就是化学镀主要指由还原剂还原的自催化镀层，有时为了与电镀相区别而称之为"无电解镀"（electroless plating）。但是，还有一类化学镀实际上是置换镀，有时也被叫作浸渍镀（immersion plating）。这种置换镀层是依据基体材料和化学镀液离子的氧化还原电位次序而设计的，也就是说，电位比基体正的金属离子可以在比它负的金属基体上获得电子而还原在金属表面。由于这种反应只能在金属的最表层进行，并且一旦镀出的金属完全覆盖了基体金属表面，这种反应就会停止。因此所得的镀层极薄，一般都不超过 $1\mu\mathrm{m}$。但是这种化学镀仍有其实用价值，因此在有些场合还在利用。并且由于现代络合剂和添加剂技术在化学镀中的应用，使有些置换镀层的作用机理也在发生变化，有些人在转换镀液中引入还原剂，并通过络合剂控制还原金属离子的置换速度，甚至通过电位的改变来进一步获得镀层，使其厚度超过原来置换法所能获得的厚度。

下面介绍的化学镀有些就是置换镀。读者通过镀液配方中有无添加化学还原剂区别是自催化镀还是置换镀。除有必要以外，以下说到化学镀时将不特别指出是自催化镀还是置换镀。

5.3.7.1 化学镀金

（1）室温型

氰化金钾	3.7g/L	碳酸钠	37g/L
氰化钠	30g/L	温度	室温

（2）中温型

氰化金钾	5.8g/L	硼氢化钾	21.6g/L
氰化钾	13.0g/L	温度	75℃
氢氧化钾	11.2g/L		

这实际上还是一种置换镀，但可能会镀得厚一些。以上两种都只能在铜基体上获得镀层。

（3）高温型

氰化金钾	2g/L	pH 值	7~7.5
氯化铵	75g/L	温度	90~95℃
柠檬酸钠	50g/L	沉积速度	2~5μm/h
次亚磷酸钠	10g/L		

这是化学镀，并且可以在镍上获得镀层，因此可以用于化学镀镍金工艺。

（4）环保型

亚硫酸金钠	3g/L	次亚磷酸钠	4g/L
亚硫酸钠	15g/L	pH 值	9
1,2-二氨基乙烷	1g/L	温度	96℃
溴化钾	1g/L	沉积速度	0.5μm/h
EDTA 二钠	1g/L		

这是无氰化学镀金工艺，是环保型工艺，并且是完全自催化镀液。

5.3.7.2 化学镀银

（1）置换镀

氰化银	8g/L	温度	室温
氰化钠	15g/L		

这是在铜上获得极薄银层的置换法。

（2）环保型

硝酸银	8g/L	硫代硫酸钠	105g/L
氨水	75g/L	温度	室温

这是相对氰化物法的无氰化学镀银，是环保型工艺。

（3）化学镀

氰化银	1.83g/L	氢氧化钠	0.75g/L
氰化钠	1.0g/L	二甲氨基硼烷	2g/L

（4）二液法

A液	硝酸银	3.5g/L	B液	葡萄糖	45g
	氢氧化铵	适量		酒石酸	4g
	氢氧化钠	2.5g/100mL		乙醇	100mL
	蒸馏水	60mL		蒸馏水	1L

在配制 A 液时要注意在蒸馏水中溶解硝酸银后，要用滴加法加入氨水，先会产生棕色沉淀，继续滴加氨水直至溶液变透明。

在配制 B 液时，要先将葡萄糖和酒石酸溶于适量水中，煮沸 10min，冷却后再加入乙醇。使用前将 A 液和 B 液按 1∶1 的比例混合，即成为化学镀银液。

5.3.7.3　化学镀锡

以下提供可试用的化学镀锡的若干工艺配方，严格说不能叫作化学镀，而只是置换镀。但从广义的角度，凡是从化学溶液中获得镀层的表面处理工艺，都称之为化学镀。以下是化学镀锡的几个工艺配方。

① 硫脲	55g/L		温度	室温
酒石酸	39g/L		需要搅拌	
氯化亚锡	6g/L			
② 氯化亚锡	18.5g/L		氰化钠	18.5g/L
氢氧化钠	22.5g/L		温度	10℃以下

温度如果过高，镀层会没有光泽。

③ 锡酸钾	60g/L		氰化钾	120g/L
氢氧化钾	7.5g/L		温度	70℃

本工艺析出速度很慢，但可以获得光泽性较好的镀层。

第6章
铜 电 铸

6.1 铜电铸简介

6.1.1 铜的物理和化学性质

铜是一种略带紫红色的金属。因为具有良好的延展性、导热性和导电性能而在很多工业领域获得广泛的应用,特别是在电工和电子工业领域,铜是不可或缺的重要金属材料。铜也是制造各种铜合金的重要原料,在现代工业的各个领域都有着重要的用途。

铜的化学符号是Cu,原子序数为29,相对原子质量63.54,相对密度8.93,熔点1083℃,沸点2360℃。铜在空气中容易氧化,从而失去金属光泽,在加热时更为明显。铜易溶于硝酸和铬酸,也溶于热硫酸中。

$$3Cu + 8HNO_3(稀) === 3Cu(NO_3)_2 + 2NO + 4H_2O$$
$$Cu + 4HNO_3(浓) === Cu(NO_3)_2 + 2NO_2 + 2H_2O$$
$$Cu + 2H_2SO_4(浓) \xlongequal{\triangle} CuSO_4 + SO_2 + 2H_2O$$

单纯的稀硫酸和盐酸与铜不起反应,只有在一定条件下,比如有充分的氧并适当加热才可以。

$$Cu + 2HCl(浓) + H_2O_2 === CuCl_2 + 2H_2O$$
$$2Cu + 4HCl(浓) + O_2 === 2CuCl_2 + 2H_2O$$
$$2Cu + 2H_2SO_4(稀、热) + O_2 \xlongequal{\triangle} 2CuSO_4 + 2H_2O$$

铜与空气中的硫化物起反应生成黑色的硫化铜

$$2Cu + (NH_4)_2S === Cu_2S + 2NH_3 + H_2$$

在潮湿的空气中，铜与二氧化碳或氯化物作用生成绿色的碱式碳酸铜（铜绿）或氯化铜膜。

$$Cu + O_2 + H_2O + CO_2 \Longrightarrow Cu(OH)_2CO_3（铜绿）$$

铜与某些有机酸也有作用，而与碱类（除氨外）则几乎不起作用。

6.1.2 铜的电沉积液及其分类

电镀铜虽然有一百多年的历史，但是在酸性光亮镀铜添加剂开发出来以前，主要还是用于为其他镀种打底的氰化物镀铜。1945年，美国公布了第一个酸性镀铜添加剂专利（USP2391289）。从此酸性光亮镀铜开始迅速进入工业应用的领域。首先是在印刷线路板制造业大量采用，然后是在装饰电镀领域获得认可，同时也成为电铸铜的主要镀种。

镀铜还在防渗碳、增加导电性、挤压时减摩、修复零件尺寸等诸多领域有应用。现在可以用于工业化生产的镀铜液已经有十多种。但根据镀液 pH 值范围的不同可以分为两大类，一类是酸性电解液，另一类是碱性电解液。酸性电解液包括硫酸盐镀铜、氟硼酸盐镀铜、烷基磺酸盐镀铜、氯化物镀铜、柠檬酸盐镀铜、酒石酸盐镀铜以及甲酸盐镀铜、草酸盐镀铜、碘化物镀铜等。

酸性镀铜液中的主盐主要是以二价铜离子的形式存在。因此，其标准电极电位是 $Cu^{2+}/Cu = +0.337V$，电化当量为 $1.186g/(A \cdot h)$。

碱性电解液有氰化物电解液、焦磷酸盐镀铜、硫代硫酸盐镀铜等。氰化物镀铜液中的铜离子是以一价铜离子的形式存在的，因此，其标准电极电位是 $Cu^+/Cu = +0.521V$，电化当量为 $2.372g/(A \cdot h)$。

由于铜的标准电位比锌和铁的要正得多，因此，在这些电位比铜负的金属上电沉积铜属于阴极性镀层。

6.1.3 铜电铸的特点

电铸用的镀液多数是酸性电解液。其中硫酸铜镀液用得较多，这种镀液维护比较容易，操作也简单，沉积物的应力较小，可用于对硬度要求不高的塑料玩具模或其他模压模具。当然适当的添加剂组成，也可以提高酸性镀铜的硬度。

此外，氟硼酸盐、氨基磺酸盐等都是良好的电铸液，尤其是氟化物镀液，作为高速电铸液在电铸中运用是较多的。

但是，除了在某些需要用碱性镀液打底的场合，电铸铜很少用到碱性电解液。另外有些形状过于复杂的制品，也会用到光亮的焦磷酸盐镀铜。

电沉积铜的金属组织结构因采用不同的工艺而有所不同。从硫酸盐镀铜得到的铜层的晶面参数为 [011]；从含有硫脲的硫酸盐镀铜液中得到的铜层的晶面参数为［100］；而从氟硼酸盐电解液得到的镀层的晶面参数为［011］；从焦磷酸盐电解液得到的组织结构为［111］。在高温下，从氰化物电解液沉积到的镀层相组织结构为［200］、［111］、［011］。

电流密度对铜层性能也有很大影响，表 6-1 列出了不同电镀铜液在较宽温度和电流密度范围内变化时所得到的铜层的内应力。表 6-2 是不同电解液获得的铜层的性能与结构。

表 6-1　不同镀铜层在不同温度和电流密度下的内应力

电 解 液	温度/℃	电流密度/(A/dm^2)	内应力/GPa
不含添加剂的硫酸盐	20	2～4	0.01～0.03
	30	2～4	＜0.006
	30	8	0.030
含 β 萘并吡啶 0.1g/L 的硫酸盐	30	2	0.037
含明胶 0.1g/L 的硫酸盐	30	2	0.030
氟硼酸盐	30～60	2～8	0～0.006
	50	20	0.011
	60	4	－0.013
焦磷酸盐	50	2	－0.011
	50	4	0.012
氰化物	40	1	0.10
	40～60	1～4	0.049～0.066
	80	1～4	0.042～0.047
	80	4～8	0.027～0.032
叠加交流电的氰化物	80	6	0.032

表 6-2　不同镀液的铜层结构与性质

电 解 液	结 构	硬度/GPa	密度/(g/cm^3)	抗拉强度/GPa	延伸率/%
无添加剂硫酸盐	柱状	0.60～0.75	8.92～8.93	0.18～0.24	15～35
有添加剂的硫酸盐和氟硼酸盐	纤维状	0.60～0.75	8.925	0.20～0.27	15～32
焦磷酸盐和含异丙醇基胺添加剂的硫酸盐、80℃氰化物	细晶粒	0.80～1.50	8.91～8.925	0.28～0.56	25～40
含光亮剂的氰化物、含硫脲的硫酸盐	层状	＞1.80	—	0.40～0.49	45

6.2　铜电铸工艺

6.2.1　铜电铸液的性能

影响铜电铸液性能的指标包括化学和电化学两方面的指标，比如温度、溶液浓度、电导率、黏度、活度系数等。由于现在硫酸盐镀铜液已经成为电铸铜的主流镀液，以下主要介绍硫酸盐镀铜液的相关性能。

在硫酸盐镀铜液中，硫酸铜的溶解度随硫酸含量的增加而降低（见表6-3）。其离子的活度也随着浓度的增加而有所下降。在20℃时，不同浓度硫酸铜镀液中铜离子的活度见表6-4。

硫酸盐镀铜液的电导率与镀液所含的硫酸和硫酸铜的浓度有关（见表6-5）。当硫酸铜的浓度分别为125g/L、250g/L和374g/L时，离子的迁移数分别为0.328、0.304和0.286。

表6-3 不同硫酸含量时硫酸铜的溶解度（25℃）

硫酸含量/(g/L)	0	20	40	60	100	150
硫酸铜浓度/(g/L)	352	330	309	294	264	230

表6-4 不同浓度硫酸铜离子的活度系数（20℃）

硫酸铜浓度/(mol/L)	活 度 系 数	硫酸铜浓度/(mol/L)	活 度 系 数
0.5	0.062	1.2	0.0388
1.0	0.0423		

表6-5 硫酸盐镀铜液的电导率

硫酸浓度/(g/L)	不同硫酸铜浓度(g/L)下的电导率/$[10^{-2}\text{S/m}]$			
	0	157	235	275
130	1.534	1.938	2.134	2.236
150	1.370	1.730	1.905	1.997

由于铜的标准电极电位比较正，而铜离子电化学还原的过电位也较低，因此铜离子的还原速度是较快的。但是要获得质量良好的镀铜层，实际上要让铜离子的还原速度受到一定控制。

在镀液中，铜离子还原的重要阶段是吸附离子向阴极表面的扩散，这已被电阻测量法所证实。并且无论是二价铜还是一价铜，在阴极最终放电形成原子而结晶为金属的是一价铜离子。

实验证实，在低的过电位下沉积的铜层为层状结构。在高的过电位下，由于离子还原过程受到一定阻滞，离子放电过程变缓慢，这时的镀层结构呈现塔形生长。

6.2.2 铜电铸工艺流程

铜电铸的典型工艺流程如下：

原型表面处理（对于非金属材料则需要在表面修整后进行表面金属化）→清洗（常规除油→弱酸活化）→小电流预镀→正常电流电铸→出槽清洗→原型

脱出→检验。

原型如果是导电性材料，检验造型和表面质量符合设计或用户的要求后，即可以进行清洗。这里说的清洗，不同于电镀过程中的除油和酸蚀。因为电铸不要求镀层与基材有良好的结合力，但是也不能有油污，否则在电铸过程中起泡的话，模具表面质量就被破坏了。所以要有常规除油和弱酸活化。

在完成清洗后，即可以在镀槽内进行小电流电镀，确定整个表面有镀层沉积以后，就可以调整到正常电铸的工作电流进行电铸加工。预镀和电铸可以在一个槽子内完成，也可以分槽完成，但通常采用同一镀液，只是对电镀电流密度进行调整就行了。电铸过程中最好不要经常取出观察，以免不小心发生镀层分层现象。如果需要检查沉积状况，取出后不用清洗表面进行观察，然后带电下槽，这样可以避免镀层分层现象。当然，在必要的时候还是需要取出清洗并进行镀面的整理。比如发现镀层上起瘤，如果不清除会越镀越大和变多，这样会额外消耗金属镀层，对电铸质量有影响。这时就需要将瘤清除掉，用水砂纸打磨粗糙面，重新经除油和酸蚀后再带电下槽继续电铸。

非金属材料的原型需要表面金属化处理，这在前面已经有了详细的介绍。推荐的方法仍然是化学法，并且以胶体钯活化比较好。因为胶体钯可以在粗化不够的表面，甚至于不经粗化的表面就能催化化学镀。这对要求镀层结合力的电镀是不行的，但对于电铸则可以说是很大的优点，既方便进行表面金属化，又方便脱模。

6.2.3　各种铜电铸液及操作要点

6.2.3.1　酸性硫酸铜镀液

酸性硫酸盐镀铜电铸液是电铸工业中广泛采用的电解液。它具有成分简单、镀液稳定和可以在高电流密度下工作的优点。由于电镀添加剂技术的进步，在酸性铜电铸中使用光亮剂的也多起来。在没有专业电镀添加剂以前，靠在镀液中加蜜糖来细化镀层结晶。现在则有专业电镀添加剂，可以获得高速和整平性好的光亮镀层，这种镀层的结晶细致，并且镀层的内应力和硬度都可以得到一定程度的控制。

（1）工艺配方和操作条件

硫酸铜	$220 \sim 300 g/L$	温度	$20 \sim 30 ℃$
硫酸	$60 \sim 70 g/L$	电流密度	$5 \sim 20 A/dm^2$
氯离子	$0.02 \sim 0.08 g/L$	阳极	专用磷铜阳极
添加剂	$0.5 \sim 2 mL/L$	阴极移动或镀液搅拌、循环过滤	

专用磷铜阳极是指含磷量在 0.02% 左右的阳极。关于这种阳极的电化学行

为我们将在下一节铜电铸的阳极中讨论。

阴极移动是为了保证镀液可以在较大电流密度下正常工作。当然，能采用循环过滤更好。因为这不仅可以保证在大电流密度下工作，而且可以保证镀液的干净，将铜粉等机械杂质随时滤掉，镀层的物理性能得以保证。

（2）镀液的配制

首先，配制者要穿戴好防护眼镜和工作服，戴胶皮手套。

先将计量的硫酸在不断搅拌下加入到 2/3 体积的水中，因为这是放热反应，所以要小心，边加边充分搅拌。利用加入硫酸所获得的热量，再将计量的硫酸铜溶入其中，也需要充分搅拌直到硫酸铜完全溶解。如果是工业级材料，还要加入 2mL/L 双氧水和 1g/L 活性炭，进行净化处理后，过滤备用。

如果是用自来水配制，可以不加氯离子，直接在配好的镀液内加入计量的光亮剂即可以试镀。如果是用纯净水配制（印制板行业流行这种方法，但对于电镀，特别是电铸，完全可以用自来水），则需要另外加入计量的氯离子，通常是加入盐酸。最好是按下限加入，宁可少了补加而千万不可过量。

（3）各组分的作用

① 硫酸铜　硫酸铜是电铸铜液中提供铜金属离子的主盐。在高电流密度下工作时需要高的主盐浓度。但是硫酸铜的溶解度与镀液中硫酸的含量有关。硫酸浓度对硫酸铜的溶解度的影响可参见表 6-3。当硫酸含量高或者因为镀液水分蒸发而使硫酸铜的浓度超过其溶解度时，镀液中将会有蓝色硫酸铜的结晶析出，有时会附着在阳极上而影响阳极的导电和正常工作。

正常情况下，镀液中的铜离子的补给，要依靠阳极的正常工作。但是定期对镀液进行分析，以确认镀液中硫酸铜的含量在正常的工艺范围是非常重要的，并且应当及时根据分析化验报告，补充或调整镀液中铜离子的浓度。

② 硫酸　硫酸在电铸铜镀液中的主要作用是增加镀液的导电性和分散能力，同时可以防止碱式铜盐的产生和降低阴极和阳极的极化，对改善镀层性能也是有作用的。但是过高的硫酸用量会降低硫酸铜的溶解度，同时会使阳极的溶解速度过快和阴极电流效率下降。

③ 氯离子　氯离子是酸性光亮镀铜中不可缺少的一种无机阴离子。没有氯离子的存在，光亮剂不可能发挥出最佳的效果，但是如果过量，镀层也会产生麻点等，镀层的光亮度和整平性都会下降。研究表明，氯离子和某些光亮剂如苯基聚二硫丙烷磺酸钠和 2-四氢噻唑硫酮一起作用于阴极过程时，可以使镀层的内应力减至最小，甚至几乎完全消失。可见氯离子是铜电沉积一种很好的应力消减剂。

④ 添加剂　对硫酸盐镀铜来说，添加剂是关键成分。没有添加剂的镀液所

镀得的镀层是暗红色的，并且只能在非常低的电流密度下工作，否则镀层马上就会变得粗糙，甚至出现粉状颗粒样镀层。只有加了添加剂的酸性镀铜液，才能获得光亮细致的镀层。

早期的添加剂多数是天然有机物或某些有机化合物，比如蜜糖、明胶、糊精、硫脲、甘油、萘二磺酸等。随着电镀添加剂技术的进步，开始出现组合的有机光亮剂、整平剂、走位剂等多种商业化的酸性镀铜添加剂。对于电铸生产企业来说，主要是选用合适的商品添加剂并根据供应商提供的管理技术资料对添加剂的使用进行管理。

添加剂主要是在阴极区内起作用，并且是以分子级的水平参与电极反应，所以添加量都非常少，通常只有 0.1～2mL/L。因此在使用和管理中要注意不要一次过量，并严格按资料报告，以通过的电量（A·h 数）来补加光亮剂或添加剂。

（4）工艺条件的影响

① 阴极电流密度　阴极电流密度的大小与镀液组分的含量和所采取的搅拌措施有很大关系。静止的镀液几乎不能正常地工作，并且随着阴极移动速度的提高而可以允许在较大电流密度下工作。

硫酸盐镀铜层的抗拉强度随电流密度的升高而升高，但是延伸率则会随电流密度的升高而下降。过高的阴极电流密度将导致镀层粗糙和与基体的结合力不良，并且镀层的外观也急剧变差，出现暗红色或条纹状镀层。电流密度偏低也得不到光亮细致的镀层，并且使生产效率下降。

② 温度　温度对酸性硫酸盐镀液也是很敏感的因素，特别是对于光亮酸性镀铜。现代光亮剂都要求在 30℃ 以内才能发挥出最好的光亮效果。好在对于电铸来说，镀层外表面的光亮与否不是需要考虑的指标，而是要保证铜沉积层的物理性能的一致和均匀。同时电铸要求有较高的生产效率，因此，可以在 40℃ 左右工作。同时，较低温度（10℃ 以下）的电沉积层的硬度将会有所增加。

③ 搅拌　阴极移动或搅拌被视作酸性光亮镀铜的必备条件。这是因为搅拌可以有效地消除浓差极化，大大提高阴极电流密度的上限，加快沉积速度。这对于电铸尤其重要。

④ 阳极　酸性硫酸盐镀铜要采用专用的含磷铜阳极，以防止产生大量铜粉，影响镀层质量。含磷量可在 0.1%～0.3% 左右。

阳极的面积应该是阴极面积的一倍。在硫酸含量正常和无其他因素影响的条件下，阳极不会钝化。为了防止铜阳极中的不溶性杂质落入镀槽，要为阳极套上阳极套。可用两层以上的涤纶布制作阳极套，最好是采用阳极钛篮，再在钛篮外加套，这样方便向阳极篮内添加铜块或铜球。

⑤ 杂质影响　酸性硫酸盐镀铜对杂质的允许浓度比其他镀种高一些。这是因为铜的电极电位较正，而在强酸性环境中，其他金属离子不容易与其共沉积，因此影响就较小。但是砷和锑杂质会使镀层变脆和粗糙，有机杂质过量也会导致镀层发脆。

6.2.3.2　氟硼化物镀铜

（1）工艺配方和操作条件

氟硼化铜	450g/L	pH 值	0.6 以下
氟硼酸	30g/L	温度	30～70℃
硼酸	30g/L	电流密度	10～40A/dm²
波美度（30℃）	37.5～37.9	搅拌	需要

（2）镀液的配制

氟硼酸盐和氟硼酸的工业产品不多见，因而可以利用以下化学反应使用常用化学品制取。

① 用硼酸和氢氟酸制取氟硼酸

$$H_3BO_3 + 4HF \Longrightarrow HBF_4 + 3H_2O$$

② 用制成的氟硼酸和碱式碳酸铜制取氟硼酸铜

$$4HBF_4 + CuCO_3 \cdot Cu(OH)_2 \Longrightarrow 2Cu(BF_4)_2 + CO_2 + 3H_2O$$

（3）各成分和工艺条件的影响

氟硼化物电铸铜的最大优点是沉积速度快，尤其是在强烈搅拌下，可以在 $40A/dm^2$ 甚至更高的电流密度下工作。但是其镀层的延展性比硫酸盐镀铜差一些，而其主要的问题是从环境保护的角度，含氟废水的处理比较麻烦，所以除非对沉积速度很在意，一般宁愿采用硫酸盐镀铜。

6.2.3.3　氨基磺酸盐镀铜

（1）工艺配方

氨基磺酸铜	256g/L	或者烷基苯磺酸钠	0.056g/L
氨基磺酸	48g/L	阴极电流密度	2～10A/dm²
阳离子染料	0.13g/L	温度	20℃

（2）镀液的配制

将计量的氨基磺酸溶于槽液总量 2/3 的水中，然后将氨基磺酸铜溶于其中，加水至所需要的容量，再加入阳离子染料等添加剂，通电试镀即可。

（3）各成分的作用和工艺条件的影响

氨基磺酸铜是提供铜离子的主盐，由于氨基磺酸盐镀液的阳极溶解情况不是很好，因此，电铸过程中铜离子的消耗会引起铜盐浓度的波动，适时地分析补加是必要的。

氨基磺酸是维持镀液稳定和增加镀液导电性能的重要成分，应定期进行分析并根据分析结果进行管理。

微量的有机添加物是为了使镀层的结晶细致，起到一定的光亮作用。对于电铸来说，光亮作用不是主要的，镀层细致则是必要的。但是用量不可以过大，否则会增加镀层的内应力。

镀液在常温下就可以工作。搅拌对沉积速度也即阴极电流密度有较大影响，只有在较强的搅拌下，才可以在较高的电流密度下工作，以获得高的沉积速度。

6.2.3.4　焦磷酸盐镀铜

（1）工艺配方和操作条件

焦磷酸铜	105g/L	添加剂	适量
焦磷酸钾	335g/L	pH 值	8.1～8.6
硝酸钾	15g/L	温度	55～60℃
氢氧化铵	2.5mL/L	电流密度	1.1～6.8A/dm^2

焦磷酸盐镀铜的分散能力好，镀层结晶细致，适合于镀形状复杂的模具。但是镀层的沉积效率比较低，可以加适当的导电盐和降低镀液 pH 值以提高效率。但是在低 pH 值时镀层比较粗糙，所以有时要用到商业添加剂，以提高镀层质量。

（2）镀液的配制

由于工业焦磷酸铜杂质较多，而采用试剂级原料又成本太高，因此，可以用工业的焦磷酸钠和硫酸铜自己制备焦磷酸铜。

$$Na_4P_2O_7 + 2CuSO_4 \cdot 5H_2O \Longrightarrow Cu_2P_2O_7 + 2Na_2SO_4 + 10H_2O$$

根据这个反应，制备 100g/L 焦磷酸铜，需要硫酸铜 165g 和无水焦磷酸钠 89g。制备的步骤如下。

①　将计量的硫酸铜溶于热水中，在另一个容器中用热水溶解焦磷酸钠。

②　待两液的温度降至 40℃左右，将焦磷酸钠缓慢加入到硫酸铜溶液中，这时有白色的焦磷酸铜沉淀生成。

③　静置，待沉淀基本完成，用倾泻法将上面的清液倒掉。注意这上部的清液的 pH 值在 5 左右，若 pH 值偏低或清液呈绿色，说明焦磷酸钠的量不足，要补加直至反应完全。

④　用温水洗沉淀数次，使其尽量不含硫酸根，因为硫酸根会影响镀层光亮度，洗液是否有硫酸根可以用氯化钡检查。

然后将计量的焦磷酸钾单独溶解后，在不断搅拌下加入到上述焦磷酸铜溶液中去，生成焦磷酸铜钾的络合物。再将计量的硝酸钾溶解后加入镀液。充分搅拌后静置、过滤。最后加入量好的氨水，调节好 pH 值，即可以通电试镀。

（3）各组分的作用

① 焦磷酸铜和焦磷酸钾　焦磷酸铜是提供金属离子的主盐。当镀液中铜离子含量偏低时，在镀件的高电流密度部位会发生镀层烧焦现象。因此，对于电铸来说，要采用较高的主盐浓度。高浓度的主盐有利于提高电沉积的效率。

焦磷酸镀铜主盐的浓度还与络合物焦磷酸钾的浓度有密切的关系，在电镀加工中，要求焦磷酸钾与铜离子的比值（也叫 P 值）必须在 7 左右，否则镀层的质量和电镀的分散能力都会有所下降。但是对于电铸而言，为了提高电沉积的效率，可以使 P 值在 7 以下，控制在 5～6 即可。应该定期对电沉积液进行分析，并根据分析报告补加所缺的主盐或络合剂，以保证镀液在正常的工艺范围。

② 氨水　氨水的存在对阳极的正常溶解有重要作用，同时也对光亮添加剂等起辅助作用。如果不加入氨水，不但使镀层光亮范围缩小，而且使阳极的溶解性变差。但是也不能过量添加，否则镀层会出现白色条痕并失去光泽，分散能力也会下降，最佳范围是 2～5mL/L。

③ 硝酸钾　添加硝酸盐是为了对高电流密度情况下的氢的还原起抑制作用，以提高电流密度范围。因为有如下反应可以较多地消耗镀液中的氢离子。

$$NO_3^- + 10H^+ = NH_4^+ + 3H_2O$$

同时，实验表明，在添加了 20g/L 硝酸钾的镀液里，高电流密度区的烧焦现象明显减少。适合于高速电镀。

④ pH 值　焦磷酸盐镀铜适合的 pH 值为 8～9。在 8 以下时，虽然光泽性好一些，但是结合力和分散能力都会下降。而当在 9 以上时，镀层的整平性能下降，并且镀液中易发生沉淀。

由于焦磷酸盐镀液有较强的缓冲作用，因此，pH 值的变化并不是很明显，没有镀液成分的变化快。但是对 pH 值的管理仍然很重要，因为当 pH 值低时，镀液中过量的焦磷酸钾会因水解而生成正磷酸盐。

$$P_2O_7^{4-} + H_2O = H_2PO_4^- + PO_4^{3-}$$

正磷酸盐在一定程度上能促进阳极的溶解，但过量的正磷酸盐将降低镀液电导率，使镀层性能变差，光亮区缩小。并且一旦有正磷酸盐生成，除去也比较困难。焦磷酸盐镀铜液中的正磷酸盐不许超过 75g/L。

（4）工艺参数的影响

① 镀液温度　镀液温度除了保证镀液正常工作外，还与正磷酸盐的生成有着一定关系。当液温过高时，将加速焦磷酸盐的水解，只有在 50～60℃ 时，水解的速度才最低。因此，最好将温度控制在这一范围。当温度过低时，电流密度

也要随之降低，否则镀层容易烧焦。

② 电流密度　过高的电流密度会使电镀效率下降，分散能力也会变差。因此维持阴极电流密度在 $1\sim4A/dm^2$ 的范围是恰当的。

③ 搅拌　搅拌可以减少或消除浓差极化，提高电流密度和电流效率，增加镀层光亮度，提高分散能力。

搅拌可以采用空气搅拌，也可以采用阴极移动的方法，还可以使镀液循环。采用空气搅拌时要对空气进行过滤，以防止油水进入镀液。如果采用阴极移动，移动频率为 $15\sim20$ 次/min，行程 100mm。

④ 镀液中杂质的影响　对于焦磷酸盐镀铜液，影响最大的杂质是氰化物和有机杂质。其次是铁、铅、镍等金属杂质和氯离子。

镀液中含有 0.005g/L 的氰化钠，就足以使镀层粗糙。氰根可以用双氧水处理。有机杂质可以用活性炭处理。

铁、铅、镍、氯等杂质主要影响镀层的光洁度。少量存在时镀层产生雾状；含量高时，镀层会发暗，结晶粗糙。铅可以电解去除，但是很慢。少量的三价铁可以用柠檬酸铵加以掩蔽；超过 10g/L 时，要加温镀液，提高 pH 值，再沉淀过滤，但铜盐也会同时有损失。镍超过 5g/L，镀层粗糙，适当增加焦磷酸盐的含量可以减少其影响。

6.3　铜电铸的阳极

6.3.1　硫酸盐镀铜的阳极

硫酸盐镀铜不能采用电解铜或其他纯铜作阳极。这是因为如果采用纯铜作阳极，在电解过程中，阳极的溶解将先以一价铜离子的形式存在于阳极表面，然后再氧化为二价铜离子。

$$Cu - e \Longrightarrow Cu^+$$
$$Cu^+ - e \Longrightarrow Cu^{2+}$$

由于第一个反应的阻力要小得多，所以反应速度很快。而第二步反应则由于需要较高的电动势，反应速度要慢得多。这样一来，有些来不及完成第二步反应的一价铜离子就会进入镀液。这些进入镀液的一价铜离子会发生歧化反应，其结果是同时生成二价铜离子和金属铜的微粒。

$$2Cu^+ \Longrightarrow Cu^{2+} + Cu$$

这些在镀液中生成的铜微粒就是我们常说的铜粉。铜粉的出现会使铜的沉积层变得粗糙、起毛刺和镀瘤，这无论是对电镀铜还是电铸铜都是不利的。为了避免这种情况的发生，表面技术科技工作者进行了深入的研究后，从提高阳极的表面溶解电位思路入手，让铜阳极处于所谓半钝化状态，从而使阳极的溶解一开始就处在形成二价铜的溶解电位，基本上避免了一价铜离子的产生。这种铜阳极就是现在酸性硫酸盐镀铜中普遍使用的磷铜阳极。

用于酸性硫酸盐镀铜的含磷铜的阳极，不是通常所说的通用磷铜，而是专门为酸性硫酸盐镀铜设计的阳极材料。这种阳极铜材的含磷量在 $0.02\% \sim 0.1\%$ 之间。在电解过程中处于半钝化状态，保证阳极以二价铜离子形式溶解，避免产生铜粉。当然如果含磷量偏高，就会使铜阳极表面覆盖有较厚的一层黑膜，使阳极处于接近完全钝化状态，这时镀液的铜离子因消耗过快而补充不足，镀液就会失去平衡，无法正常工作。因此，一定要选用含磷量比较适合的磷铜阳极。

6.3.2　氨基磺酸盐镀铜的阳极

氨基磺酸盐镀铜的阳极可以采用电解铜板。

氨基磺酸铜的浓度大于 100g/L 时，阳极上会形成白色无机聚合物层，这种聚合物会妨碍电解液的正常工作。

6.3.3　焦磷酸盐镀铜的阳极

用于焦磷酸盐镀铜的阳极最好是无氧铜，但是无氧铜成本较高，可以采用经过压延的电解铜板。阳极的面积应该是阴极的 2 倍。这样可以保证阳极处在正常电化学溶解的电流密度范围。

焦磷酸盐镀铜也有产生"铜粉"的故障，这是阳极的不正常溶解造成的。

① 阳极的不完全氧化　$Cu - e = Cu^+$

② 铜阳极与镀液中的二价铜离子生成一价铜离子

$$Cu + Cu^{2+} = 2Cu^+$$

③ 二价铜被其他金属还原，比如铁基体

$$2Cu^{2+} + Fe = 2Cu^+ + Fe^{2+}$$

所生成的一价铜离子与氢氧根作用生成铜粉。

$$2Cu^+ + 2OH^- = 2CuOH$$

$$2CuOH = Cu_2O \downarrow + H_2O$$

铜粉附着在镀件上，导致镀层粗糙，起毛刺。

消除的方法：可加入双氧水使一价铜氧化成二价铜，再被焦磷酸根络合。

$$2Cu^+ + H_2O_2 + 2H^+ = 2Cu^{2+} + 2H_2O$$

$$Cu^{2+} + 2P_2O_7^{4-} = [Cu(P_2O_7)_2]^{6-}$$

6.4　铜电铸模腔化学镀镍

由于化学镀镍具有高的表面硬度和耐磨性能，且镀层光滑细致而具有自钝化性能，因此当用作塑料等加工模具时，有良好的脱模性能。特别是对于铜电铸模，由于铜层较软和表面抗氧化性能差，很容易发生粘模现象。对铜电铸模腔进行化学镀镍之后，不仅脱模性能获得改善，而且模具的使用寿命也大大延长。当然也可以采用在铜电铸模腔内进行镀铬的方法，同样也可以收到改善脱模性能和延长模具使用寿命的效果。关于镀铬的工艺将在下一章镍电铸模的后处理中加以介绍。

6.4.1　化学镀镍在模具制造中的应用

模具是机械制造中应用非常广泛的生产工具，要求有优良的机械和化学稳定性能，特别是注塑模、压塑模、滚塑模等各种塑料加工的模具，由于在使用过程中受热变化较大，同时要经受反复的磨蚀和接触及各种有机高分子分解物、气体的侵蚀。因此，对这些模具往往要进行表面强化处理。除了热处理外，采用较多的方法是电镀和化学镀。

电镀由于受分散能力的影响，对于有复杂结构的模腔必须设置辅助阳极才能保证在各个部位都镀上耐磨性和脱模性好的镀层。常用的镀种有镀铬或镀镍。采用电镀加工的方法最大的问题是难以保证模腔内各个部位的镀层均匀一致。有时不得不镀得更厚一些，再通过磨削加工等加工到所需要的尺寸精度，不仅很费工时，而且并不适合复杂的型腔类模具。在这种场合，采用化学镀来代替电镀，由于不受电流分布因素的影响，在所有部位都可以获得均匀的镀层，既满足了尺寸精度的要求，又提高了生产效率。同时，化学镀镍优良的物理化学性能使之成为最为经济和有效的模具表面处理技术之一。

从化学镀镍液中获得的镀层，当以次亚磷酸盐为还原剂时，实际上是镍磷合金。而当以硼氢化物为还原剂时，则是镍硼合金。常用的化学镀镍多数是采用次亚磷酸钠为还原剂。并且依镀层中含磷量的多少而分为低磷（含磷量为 $1\%\sim4\%$）、中磷（含磷量为 $4\%\sim10\%$）和高磷（$10\%\sim12\%$）三类镀层。

化学镀镍的优良性能主要表现在以下几个方面。

（1）优良的耐腐蚀性能

化学镀镍能获得广泛应用的原因之一，就是它具有优良的耐腐蚀性能。虽然它对于钢铁属于阴极镀层，需要镀层达到一定厚度且无孔隙才能有效地保护基体，但还是获得了广泛应用。因为化学镀镍层表面容易生成钝化膜，镀层结构是高度均匀的非晶态结构，很少有移位错层等晶格缺陷；韧性好，不容易发生机械损伤；与晶态合金比，非晶态合金钝化膜形成快而又具有一定自修复性能，因此其抗蚀性能良好。对于铜基体，由于化学镀镍是阳极镀层，不用担心其对基体的点蚀等问题。

镀层中含磷是化学镀镍抗蚀性能好的重要原因。同时化学镀镍层的抗变色性能明显优于电镀层。高磷含量的化学镀镍能在空气中长期不变色。

（2）优良的耐磨性能

化学镀镍磷的另一个优良性能是耐磨和减摩性能。化学镀层中的含磷量与热处理方式有密切关系。表 6-6 是各种含磷量的化学镀层的耐磨性能的比较。由表中可以看出，以低磷的耐磨性最好。但是如果考虑到耐蚀性等综合指标，实际应用中以选用中磷较好。

表 6-6　不同磷含量化学镀镍层的耐磨性能

磨 损 类 型	低　　磷	中　　磷	高　　磷
干磨损	优	好	好
润滑磨损	优	好	好
摩擦	好	好	好
磨料磨损	优	良	良
微动磨损	优	好	好
冲蚀磨损	优	好	好
疲劳磨损	优	差	差
擦伤磨损	优	良	良

注：评级排序，优＞好＞良＞差。

（3）良好的高温稳定性能

纯镍的熔点高达 1455℃，化学镀镍由于是合金镀层，其熔点有所降低，但是却有更好的抗高温氧化性能。试验表明，没有镀层的钢板和电镀镍的钢板与化学镀镍磷的钢板同时在 650℃高温下进行高温氧化，钢板氧化严重，电镀镍的钢板也随时间延长而发生了氧化，而化学镀镍层基本稳定。这种性能对于用作需要加温成型的注塑等模具是非常重要的指标。

6.4.2　铜电铸模腔化学镀镍

前面已经介绍了化学镀镍的各种优良性能。通过这些介绍我们可以确定，对于铜电铸模，选用化学镀镍磷进行模腔内表面强化处理是很有必要的。事实上，现在很多用于塑料加工的铜电铸模具的内腔基本上都采用了化学镀镍处理。化学镀镍成为铜电铸模制作工艺的重要组成部分。

6.4.2.1　模腔化学镀镍流程

对于铜电铸模的化学镀镍，主要流程与普通金属材料的化学镀镍基本上是一样的。需要经过化学或电化学除油、弱酸蚀、表面活化和化学镀镍。但是，由于铜电铸模制作过程的特殊性，对于在铜电铸模腔内的化学镀镍，有一些工艺上的特别要求，如果不加以注意，就会带来隐患。

模腔化学镀镍的典型工艺流程分为镀前处理、化学镀和镀后处理三个部分。镀前处理流程包括除蜡、除油、酸蚀、活化；化学镀流程包括预浸、电位差起动和化学镀；后处理包括钝化、封闭或热处理。

6.4.2.2　模腔化学镀镍工艺

（1）镀前处理

对于电铸完成后的模腔，要进行彻底的除油和活化等前处理，才能进入化学镀镍工序，特别是采用非金属原型进行电铸的模腔。在脱模以后的腔内有时会有非金属材料的残留物。对于型腔类模具，所使用的各种非金属材料原型中，蜡质原型恰巧是用得比较多的一种原型。而蜡质原型的脱出采用加热熔化脱出法。这样一来，模腔会有一层蜡质膜层。这对于其后要进行的化学镀镍是非常有害的。因此，对于需要化学镀镍的铜电铸模腔类模具，一定要进行充分的去除腔内原型料或油污等的前处理。

① 除蜡　除蜡是针对以蜡制品为原型的电铸模腔设计的流程。

除蜡最简便的方法是烧灼法，让剩余在模腔内的蜡通过燃烧的方法加以炭化，也可以在高温炉或烘箱内进行高温分解。但是这种方法无异于对电铸模进行热处理。要防止对模型带来变形或内表面高温氧化等问题。只有内表面可以进行喷砂处理的一类模腔，才适合用这种方法。

常用的除蜡方法是化学法，比较有效的方法是乳化除蜡剂。这是在煤油或汽油等有机溶剂中加入一些表面活性剂制成的除油剂。也可以在常规碱性除油配方中加入高效表面活性剂来进行除蜡或除油处理。

推荐的工艺如下：

硅酸钠	25g/L	或者椰子油烷基醇酰胺	20mL/L
OP 乳化剂	5g/L	苯并三氮唑	0.1～0.3mL/L
温度	60～70℃	温度	70～80℃
椰子油烷基醇酰磷酸酯	5mL/L		

② 擦刷除油　对于电铸模，由于造型上的特殊性，加上数量不是很多，可以采用擦刷除油的方法。这种方法是用擦布或擦刷等工具，沾上除油物质，以手工方法对加工面进行除油处理。所用的除油剂通常是粉状或膏状物，比如去污

粉、洗衣粉、氧化钙、氧化镁等。可以将这些粉剂用加了表面活性剂的水调成糊来使用，这种加水的擦刷为湿法擦刷法。采用湿法的效果会好一些。

这种方法适合于体积较大或形状特别的制件，且数量也不是很多，这些特点恰巧是电铸模所具备的。因此，可以用这种方法对准备化学镀镍的模腔进行擦刷除油。

③ 精细除油　对于进行过除蜡或擦刷除油后的模具，可以进行精细除油。精细除油的目的是将金属表面残留的不易清除的油污，彻底清除。

精细除油主要有电解除油（也称为电化学除油）和超声波除油。

电化学除油是以被除油制件为阴极或阳极，在碱性电解液中通以直流电流，通过在电极上产生的大量析出气体，对制件进行除油。当制件是阴极时，称为阴极电解除油，这时电极上产生的气体为氢气。当制件为阳极时，电极上析出的气体是氧气。无论是氢气还是氧气，由于是从电极表面以极快的速度汇成大量密集气泡析出，其对电极表面的清洗作用是十分明显的。由于电解液呈碱性，本身已经具备一定除油能力，在大量气泡的作用下，更加速了油污的皂化和乳化作用，除油的效果明显。

氢氧化钠	10～15g/L	温度	80℃
碳酸钠	20～30g/L	电流密度	$3～8A/dm^2$
磷酸三钠	50～70g/L	时间　阴极除油	5～8min
硅酸钠	10～15g/L	阳极除油	20～30s

④ 酸处理　经除油处理后的模腔，要进行酸处理和活化后，才能进入化学镀镍槽进行化学镀。酸处理的目的是在中和除油工序中残余碱的同时，对模腔内表面进行适度的浸蚀，以保证镀层与之有一定的结合力。由于模具的使用条件比较苛刻，要经受加温和降温的反复循环。如果镀层结合力不好，很容易在使用过程中出现脱皮或起泡，甚至一镀出来就出现起泡现象。常用的酸蚀液是混合酸。

硫酸	180～260mL/L	水	余量
硝酸	340～380mL/L	温度	30℃以内
盐酸	12mL/L	时间	3～5s
硫酸铜	5g/L		

⑤ 活化　经除油和酸蚀后的模腔，在充分水洗后，在进入化学镀前还要进行一次活化处理。通常是在极稀的酸液中活化，然后再预浸含有还原剂的溶液。

活化　硫酸	3%～5%	预浸	次亚磷酸钠	3～5g/L

（2）化学镀镍

用于金属材料的化学镀镍与前面已经介绍过的非金属电镀用的化学镀镍有所不同。由于金属材料往往能耐受很高的温度，因此用于金属材料的化学镀镍基本上采用高温型镀液。采用高温镀液虽然有耗能和镀液蒸发过快等缺点，但是高温型化学镀液的成分比较简单，镀液成本相对较低，而镀液的稳定性较高，使用寿命比较长。同时其沉积速度也较快，提高了生产效率。因为镀液的温度是决定其沉积速度的最重要因素，化学镀镍的沉积速度随温度的增加几乎是呈指数级地加快。这些优点足以弥补由于加温较高带来的损失。

推荐以下配方：

硫酸镍	25g/L	pH 值	5
次亚磷酸钠	30g/L	温度	90℃
醋酸钠	20g/L	沉积速度	20μm/h
葡萄糖酸钠	30g/L		

需要注意的是铜电铸模在经过前处理后，进入化学镀前除了要预浸活化液，还要在放入化学镀液后，用一根铝丝触及铜模，以利用金属的电位差启动化学镀在铜表面进行。为了保证比较复杂的铜电铸模腔内都能均匀地镀上化学镍层，也可以采用类似非金属材料表面金属化的原理，对铜腔内壁进行钯盐活化。

氯化钯	0.1g/L	温度	室温
盐酸	0.2mL/L	时间	20s

为了保证化学镀镍液的稳定性，延长其工作周期，需要对化学镀镍液进行认真的维护和管理。在使用和管理中应该注意以下事项。

① 保持镀液清洁　保持镀液不被杂质污染对提高化学镀镍稳定性至关重要。很多金属离子都会使化学镀液中毒，如铅、锡、镉、铬酸、硫化物等。同时各种微粒，不论是金属还是非金属微粒，都会影响镀液性能，甚至于引起镀液的自然分解。因此采用循环过滤是最好的办法。

② 合理装载镀件　化学镀镍的装载量以 $1dm^2/L$ 为宜，不能低于 $0.5dm^2/L$，也不要高过 $1.25dm^2/L$，否则很容易引起化学镀液的自然分解。同样可以按装载量来根据铜模的表面积计算配制多少镀液。

③ 遵守补料规定　在对化学镀镍液进行补料时，不可以直接将固体化学原料往镀槽内添加，而是要先用纯净水溶解后再加入镀槽内，同时在加料时要将镀液的温度降下来，最好降至70℃以下，这时镀液不会发生还原反应。不论是加料还是调整镀液的 pH 值，都必须边搅拌边添加，而不能一次全部倒入后再搅拌。

（3）镀后处理

化学镀镍完成后，要经过充分清洗，以保证在模腔内没有镀液的残留物。为了提高化学镀镍层的硬度，可以对化学镀镍在600℃进行1h热处理，这样可以得到 HV＝700 左右的硬度。

第 7 章
镍 电 铸

7.1 镍电铸综述

7.1.1 镍的物理和化学性质

镍是银白略带微黄色的金属，元素符号 Ni，相对原子质量 58.71，相对密度 8.9，熔点 1452℃。镍的塑性好，易于压延。镍还具有很高的化学稳定性，在空气中和在碱和浓硝酸中都很稳定。因此有很多国家采用镍制作钱币，被称为货币金属。

自然界中没有天然的纯镍存在，但是在有些其他金属的矿藏中混有镍盐，这使得镍合金的应用比纯镍的发现要早一些。其中用得最多的镍合金是有名的"白铜"，即铜镍合金。

镍除了可以与铜制成合金，还与其他许多金属可以构成合金，其中应用最广泛的要数制作不锈钢。

当然，金属镍本身也有着重要用途。它是重要的电极材料、重要的催化剂、重要的装饰和防护镀层、重要的电铸材料、重要的电子工业材料。镍的重要性还从它一直是伦敦有色金属交易所每天必报的金属行情之一可以看出。另外，在冷战时期，镍一直是西方列强对我国禁运的战略物资，从而迫使我国在 20 世纪五六十年代开展代镍镀层的研究和开发，并且取得了成功。到现在，又一轮的代镍镀层的研究正在兴起。这一次不仅是为了节约资源，而且主要是为了环境保护和人类健康。

镍难溶于盐酸和硫酸，并且在发烟的浓硝酸里处于钝态。但是溶于稀硝酸和热的浓硝酸和混合酸。

$$3Ni+8HNO_3(冷、稀)\!=\!=\!3Ni(NO_3)_2+2NO+4H_2O$$

$$Ni+4HNO_3(热、浓)\!=\!=\!Ni(NO_3)_2+2NO_2+2H_2O$$

$$2Ni+2HNO_3+2H_2SO_4\!=\!=\!2NiSO_4+2NO_2+3H_2O$$

热油、醋酸对镍有腐蚀作用，因此镍不宜直接用作表面装饰镀层。镍的标准电极电位为$-0.25V$，在钢铁上电镀属于阴极镀层，只有在镀层无孔隙的情况下，才对基体有机械保护作用。

7.1.2 镍电解液及其分类

最早的镀镍始于 1843 年，由 R. Bottger 在实验室获得。当时采用硫酸镍和硫酸铵来配制电解液。由于镍的还原过电位较高，而交换电流密度较小，因此，在简单金属离子的溶液中就可以获得结晶细致的镍镀层，但是所用的电流密度只能很小。1869 年，I. Adams 对上述镀液进一步加以改进，提出了含有硫酸盐和氯化物的复合镀液，使阳极的溶解状态得到了改善。这可以说是我们今天仍在使用的镀镍基本液的原型。到 1916 年，美国的瓦特（O. P. Watts）教授开发出了著名的瓦特型镀镍液，在镀液中引进了可能缓冲镀液 pH 值的硼酸，使镀镍的电流密度得以提高，成为至今都仍在使用的镀镍的基本标准配方。并以这种镀镍液为基础，发展出许多光亮镀镍、半光亮镀镍、多层镀镍、缎面镀镍等。使镀镍成为电镀工艺技术中研究得最多和添加剂最多的镀种。

镀镍的电解液主要是硫酸盐电解液和氨基磺酸盐电解液。但是镀镍却因用途和性能不同而有很多品种。它们大多数是以硫酸盐镀镍作为基本液，通过添加不同的添加剂和光亮剂等来获得所需要的镀层。因此镀镍的分类可以不用按镀液的主盐成分来分，而是以用途和性能来分类。

（1）普通镀镍

普通镀镍也就是瓦特型镀镍，或叫暗镍，是最基本的镀镍工艺。其他镀镍工艺都是以这种镀镍为基础液开发出来的。这种镀镍液由于不含有机添加剂，因此镀层比较柔软，内应力也较小，主要用于镀层的打底层（预镀），或者是修复性镀层，也可以用作电铸或制作电极材料等。

（2）光亮镀镍

光亮镀镍是在瓦特型镀镍的基础上，往镀液中加入各种光亮剂，以获得全光亮或镜面光亮的装饰性镀层。以光亮镀镍为代表的光亮电镀技术是电沉积技术中的一个重要的进步。在没有光亮剂技术以前，所有的光亮性镀层都是用人工和机械的方法打磨和抛光出来的。而现在基本上已经被直接从镀液中镀出的光亮镀层所代替。

现在已经有各种商品化的光亮镍有机添加剂。可以获得全光亮的镜面镀镍层。这些光亮剂多为组合式的，分为第一类光亮剂或初级光亮剂和第二类光亮剂或次级光亮剂，再加上防针孔剂和柔软剂等。典型的第一类光亮剂是糖精，第二类光亮剂是1,4-丁炔二醇。防针孔剂是十二烷基硫酸钠。但是更为先进的添加剂是与这些早期光亮剂的结构类似但功能更加强大的镀镍光亮剂中间体，比如烯丙基磺酸钠（ALS）和丙烷磺酸吡啶鎓盐（PPS）等。

（3）半光亮镀镍

半光亮镀镍是中间镀层，其主要特点是有较好的抗蚀性能。所用的光亮剂是不含硫的有机化合物，并且要具有良好的整平作用和低的内应力，同时要防止镀层产生针孔。要达到所有这些功能，只添加一种添加剂是做不到的，一般要采用添加剂的组合，通常是三种添加剂的组合，一种是具有一定光亮作用的整平剂，另一种是消除应力的柔软剂，再就是防针孔剂。较常用的这类添加剂是香豆素和甲醛或丁炔二醇、冰醋酸。

（4）多层镀镍

这是一种为了提高镀层的抗腐蚀性能而开发的组合镀层，在汽车行业有很多应用。所谓多层镀镍通常是指镀双层镍和三层镍。

双层镀镍是在半光亮镀镍的上面再镀光亮镍，利用半光亮镍的抗蚀性加上光亮镍的装饰性和二者之间的较大电位差（125mV以上），使双层镍的防护和装饰性能大大优于单层镍。

对于防护性能有更高的要求时，比如在恶劣气候地域使用的汽车的外装部件，要镀三层镍来增加其抗蚀性。这时是在半光亮镍和外层的装饰镍中间再加镀一层高硫镍，使高硫镍的电位与内层的半光亮镍电位差在100～140mV，由于高硫镍的电位最负，当发生腐蚀时，它会优先溶解而保护内外镀层和基体不受腐蚀。

（5）电铸镍

尽管普通镀镍和某些添加了改善镀层性能的添加剂的镀镍可以直接用作电铸液。但是，对于专业的电铸生产和加工企业，还是采用专用的电铸工艺为好。这些专门的电铸工艺主要是采用了高浓度的主盐和可以在高的电流密度下工作。除了专用的硫酸盐型电铸液外，还有氨基磺酸盐、氟硼酸盐、全氯化物盐等。这些镀液可以说基本上是只用于电铸加工工艺。

7.1.3　镍电铸特点

镍电铸之所以获得如此广泛的应用，究其原因是镍电铸具有一些独到的特点。首先是金属镍本身所具有的良好的物理化学性质。这在前面已经介绍过，它具有良好的化学稳定性，而又有很好的机械加工性能和力学性能。铁和铜都没有镍这样的综合性能。铁虽然有良好的力学性能和加工性能，但是化学稳定性较差，是最易生锈的金属；铜则与铁相反，有一定的化学稳定性，但是机械强度则欠佳。而镍则兼有两者的优点，从而成为金属材料中的佼佼者。

同时，镍的这些性能在电沉积的金属镍上同样得以保持，纯粹的金属镍正是电解法制取的。利用电沉积工艺的可调节性，镍的有些性能还可以有所增强。

镍电铸的另一个特点是电铸成品的高度精密性。采用镍作为电铸金属材料，电铸成型品的尺寸精度和内表面粗糙度可以得到良好的保证。镍电铸的变形很小，粗糙度可以达到纳米级，这为光碟模的制造、微电子器件的制造等提供了几乎是唯一性的选择。

同时，镍电铸还为更多复杂的产品制造提供了方便。可以利用电铸的方法进行用其他机械要花很多功夫或时间才能做到的加工，有些则是用其他加工方法不可能做到的，比如泡沫镍的制造、镍箔的制造、复杂异形模腔的制造等。

镍还能与很多同族金属或其他金属共沉积而获得合金镀层，这对于改善和加强金属镍的力学性能是非常重要的。关于镍合金的工艺将在第9章关于合金电铸的内容中加以介绍。

基于镍电铸的这些特点，作为从事电化学工艺的专业工作者或者希望利用电铸实现自己产品创新的设计人员以及各种将与电铸打交道的人，应该花一些时间加深对电铸技术和工艺的了解。至于专门从事电铸工作的工作者，无论是一线的操作技工还是技术管理者、生产管理者，则更应该对电铸中的最为典型的镍电铸工艺，有较为全面的认识。

7.2 镍电铸工艺

7.2.1 镍电铸液的物理化学性能

镍电铸和其他电铸工艺一样，电解液的物理化学性能对电沉积金属过程有着重要影响。这些性能包括主盐的溶解度、电解液的密度、黏度、表面张力、电导率、物质迁移速度以及过电位、极限电流密度等。

从电化学的角度看，镍的交换电流密度较小，在简单盐溶液中就可以获得较好的金属镀层，这是镍与其他金属不同的地方之一。

但是，从生产的实践来看，对镍电铸性能有重要影响的实际上是现场经常要加以控制的电铸工艺参数，比如镀液的温度、阴极电流密度、搅拌程度、镀液的pH 值等。由于镍电铸有多种工艺可供选择，这里将对这些不同的电铸镍工艺分别加以介绍。

7.2.1.1 硫酸盐和氯化物以及镀镍的性能

硫酸盐镀镍是目前用得最多的电铸镍工艺，这主要是它的成本比其他镀镍都要低一些，而所获得的电铸层又能满足大部分制品的需要。加之镀镍添加剂技术的进步，使硫酸盐镀镍成为现在电铸镍的首选工艺。顾名思义，硫酸盐镀镍工艺的主盐就是硫酸镍。氯化镍作为良好的阳极活化剂，可以是硫酸盐镀镍的辅助剂，也可以完全是氯化物的全氯化物电铸液。

硫酸镍和氯化镍的溶解度以及配成电解液后的密度、黏度等与电解液的温度有关。氯化镍的溶解性能比硫酸镍的要好。它们在不同温度下的溶解度和黏度等参见表 7-1 和表 7-2。

表 7-1　硫酸镍和氯化镍的溶解度

硫　酸　镍		氯　化　镍	
温度/℃	溶解度/[g/100g(水)]	温度/℃	溶解度/[g/100g(水)]
20	38.4	25	65.6
30	44.1	28.8	71.2
40	48.2	50	76.0
50	52.8	64.3	86.5
60	56.9	75	85.2
70	61.0		

表 7-2　硫酸盐和氯化物镀镍液黏度与密度

电　解　液	温度/℃	密度/(g/cm³)	黏度/cP
硫酸镍 250g/L	21	1.25	0.334
	50	1.242	0.156
氯化镍 215g/L	21	1.95	0.201
	50	1.184	0.110

在温度为 20℃时，硫酸镍和氯化镍的扩散系数 D 和温度为 25℃时两种镍盐的平均活度系数 $\gamma\pm$ 见表 7-3 和表 7-4。

表 7-3　硫酸镍和氯化镍的扩散系数

盐的浓度/(mol/L)		2.0	4.0	6.0	8.0
$D\times10^5/(cm^2/s)$	硫酸镍	0.460	0.410	0.370	—
	氯化镍	0.887	0.888	—	0.894

表 7-4　硫酸镍和氯化镍的平均活度系数

盐的浓度/（mol/L）		1.0	2.0	2.5
$\gamma\pm$	硫酸镍	0.0426	0.0343	0.0357
	氯化镍	0.536	0.906	1.236

如果纯粹从化学和电化学性能的角度看，氯化镍的性能比硫酸镍的要好一些。但是实际应用中，大多数场合仍然是以采用硫酸镍为主，这不仅仅是成本的问题，而是硫酸盐电解液的电沉积过程和电铸层性能等，实际上优于全氯化物镀液。

7.2.1.2　氨基磺酸盐镀镍的性能

氨基磺酸盐镀镍是公认的电铸镍专用工艺。它的主要优点是镀层应力低，沉积速度快，但是其价格较贵，使其应用受到一定的限制。

设氨基磺酸盐镀镍的内应力值指标为 1，则硫酸盐镀镍的内应力值是氨基磺酸盐镀镍 2～3 倍，氯化物镀镍的 4～5 倍，氟硼酸盐镀镍也有 1.5～2 倍。氨基磺酸盐镀镍甚至可以获得内应力为零的镀层。

并非采用氨基磺酸盐镀镍就能保证得到低应力的镀镍层。电铸镍的应力与镀液的 pH 值、温度、电流密度和添加剂的使用都有着很大关系。

氨基磺酸盐电铸镍的应力还与镀液中生成或添加的去应力物质有关。早在 20 世纪 60 年代，就有研究者发现氨基磺酸镍阳极的反应产物中有一种物质有利于消除镀层的应力。这种反应物是氨基磺酸根在阳极氧化的产物。根据这种启发，同时参照硫酸盐镀镍中消除应力剂的作用机理，也开发出了用于氨基磺酸盐镀镍的去应力剂。由于阳极过程中可以产生这种物质，因此在生产实践中，管理好阳极过程，对获得低应力的镀层也是非常重要的。

7.2.1.3　其他电铸镍的性能

除了硫酸盐镀镍和氨基磺酸盐镀镍，还有一些镀镍液也都可以根据不同的需要而用来进行电铸，比如全氯化物镀镍、氟硼酸盐镀镍、柠檬酸盐镀镍、焦磷酸盐镀镍等。几种典型电铸镍工艺的特点见表 7-5。不同电铸镍液的沉积物性能见表 7-6。

表 7-5　几种典型电铸镍的工艺特点

	硫　酸　盐	氨基磺酸盐	硫酸盐氯化物	高速电铸镀
工艺特点	镀液维护容易，镀层塑性好，但镀层强度低　内应力较大，镀层易结瘤，起麻点	镀液成本较高，沉积速度快，镀层强度高，但内应力小，容易起瘤和麻点，在镀液温度过高时会引起氨基磺酸的水解，使镀层含硫	镀液导电性好，阳极不易钝化，溶解正常　镀层不易起瘤，但对杂质敏感　镀层强度高，内应力也大	沉积速度很快，在一定条件下可得到无应力镀层，是高浓度氨基磺酸盐高速镀液

表 7-6 不同电铸镍液的沉积物的物理性能

镀液类型	极限强度 /(N/mm²)	屈服强度 /(N/mm²)	延伸率 /%	硬度 (HV)	内应力 /(N/mm²)
硫酸盐（瓦特）型镀镍	380~450	220~280	20~30	150~200	140~170
含铵的高硬度镀镍	1000	750	5~8	350~500	280~340
全氯化物镀镍	750~900	650	8~13	200~250	280~340
氨基磺酸盐镀镍	500~800	500	10~20	160~240	7~70
加去应力剂的氨基磺酸盐镀镍	1500	800~1000	2~5	400~600	−40[①]~+14
高浓度的氨基磺酸盐镀镍	750~1000		10~15	200~300	−100[①]~+140
氟硼酸盐镀镍	380~550		17~30	170~220	100~170

① 带负号的参数表示张应力。

7.2.2 镍电铸的工艺流程

镍电铸通用的工艺流程如下：

母型前处理→清洗→电铸镍→出槽清洗→母型脱出→型腔质量检查→型腔镀铬（选择采用）。

母型的前处理包括对母型的外观与设计的符合性的检查。对于金属母型，和铜电铸一样，要常规除油和弱酸活化。对于非金属母型则要按照前面介绍的非金属表面金属化的方法让表面导电。

由于镍的自钝化性能较强，中间断电很容易出现镀层分层，所以电铸过程中出槽观察要特别小心。尽量少将电铸中的制品取出槽外观察，并且取出时也不要清洗，出槽时间不要过长，然后带电下槽继续电铸。

最后的模腔内镀铬，这是有些模具的用途或设计所需要的。比如有些塑料压铸模，为了提高脱模性和增加模具寿命，要求对模腔内镀硬铬（耐磨铬）。需要注意的是镀铬由于存在比较严重的铬污染，已经是被列入受到限制使用的镀种。如果要采用镀铬工艺，要有相应的对含铬废水的回收和治理措施。关于镀硬铬的工艺可以参见本章最后一节的介绍。

7.2.3 各种镍电铸液及操作要点

7.2.3.1 硫酸盐电铸镍工艺

硫酸盐电沉积镍是当代镀镍的主流工艺。这种镀液以硫酸镍为主盐，氯化物、硼酸等为辅助添加物，加上各种镀镍添加剂技术，可以获得各种性能的镀镍层。在镍电铸中也有着广泛的应用。

（1）硫酸镍-氯化铵型镀镍

	蜡制母型	铅制母型
硫酸镍	70g/L	140g/L
氯化铵	5g/L	15g/L
pH 值	5.6～6.0	6.0～6.5
温度	30～35℃	30～45℃
电流密度	1～2A/dm²	1.5～3A/dm²

这是最早的电铸用镀镍液，由于内应力较大、电流密度低、沉积速度慢而已经不太采用。但是对于蜡制母型来说，却是比较适合的镀液，因此仍然有其利用价值。作为改进，在主盐不变的基础上，可以用氯化镍取代氯化铵，再加上硼酸作为 pH 值的缓冲剂，可以组成标准的镀镍液即瓦特型镀液。

（2）瓦特型镀液

硫酸镍	250～350g/L	温度	45～65℃
氯化镍	35～50g/L	电流密度	3～10A/dm²
硼酸	30～45g/L	阴极移动或空气搅拌	
pH 值	3.0～4.2		

这种镀镍液比氯化铵型的沉积速度要高，在较低温度下也能在较高电流密度下工作，镀液分散能力也较好，且 pH 值的缓冲能力也较强，是通用的电铸液。

（3）含有机添加剂的硫酸盐镀镍

硫酸镍	240～330g/L	pH 值	1.5～5
氯化镍	45g/L	温度	40～60℃
硼酸	35g/L	电流密度	1～20A/dm²
有机添加剂	参见表7-7		

7.2.3.2 全氯化物镀镍

氯化镍	300g/L	温度	50～70℃
硼酸	30g/L	电流密度	2.5～10A/dm²
pH 值	2.0		

表 7-7 硫酸盐镀镍中的有机添加剂及其影响

有机添加剂	添加量 /(g/L)	镀层硬度(HV)/GPa		抗拉强度 /GPa	镀层内应力 /GPa
		不含添加剂	含添加剂		
苯二磺酸	0.6	2.80	3.80	—	−0.035
丁炔二醇	0.2	2.20	4.60	—	+0.035
	0.5		6.20		+0.045
香豆素	1.0	2.20	5.74	—	+0.084
	3.0		5.78		+0.085
胱氨酸	0.5～0.8	2.50	4.50	—	—

有机添加剂	添加量 /(g/L)	镀层硬度（HV）/GPa		抗拉强度 /GPa	镀层内应力 /GPa
		不含添加剂	含添加剂		
萘二磺酸	1.0	2.80	3.80	—	−0.080
	8.0	2.50	6.50		+0.010
糖精	0.03	2.20	5.20		−0.080
	3.0		5.80		−0.080
萘三磺酸	0.02	—	—	1.75	—
	1.00			0.98	−0.028
苯磺酸镍	7.50	—	—	1.49	—

这种全氯化物镀镍的电流密度较高，沉积速度快，不易产生起瘤、树枝状结晶。同时镀液组成简单，管理比较方便。但是 pH 值的缓冲作用小，而且作为高氯化物的镀液，镀层的内应力也较大，所以要用到应力消除剂等。

7.2.3.3　氟硼酸盐镀镍

氟硼酸盐镀镍由于允许有较高的主盐浓度，可以获得较高的沉积速度而主要用于电铸。其镀层的性能与瓦特型镀镍液获得的镀层相仿。但是由于其镀液有较强的腐蚀性和现在对氟硼化物使用的限制，使得这一工艺有逐渐退出工业化应用的可能。

（1）普通型镀镍液

氟硼酸镍	220g/L	pH 值	2.0～3.5
氟硼酸	20g/L	温度	35～75℃
硼酸	30g/L	电流密度	2.5～10A/dm²

（2）高速型镀镍液

氟硼酸镍	450g/L	pH 值	2.0～3.0
氟硼酸	40g/L	温度	40～80℃
硼酸	40g/L	电流密度	2.5～20A/dm²

7.2.3.4　氨基磺酸盐镀镍

氨基磺酸镍	400(300～600)g/L	pH 值	3.5～5
硼酸	30g/L	温度	40～60℃
抗针孔剂	0.5g/L	电流密度	2.5～30A/dm²

这是典型的氨基磺酸盐镀镍，镀层的内应力低。缺点是阳极的溶解较差，需要用高质量的阳极。作为改进，可以加入氯化物，但是镀层的应力会相应增加。添加氯化镍 10～30g/L，可以改善阳极的溶解，但是氯化物每增加 10%，镀层应力就增加 2kg/mm²。因此，在需要低应力时，不能添加氯化物。

主盐浓度对镀层内应力有明显影响。当将氨基磺酸镍的浓度提高到 600g/L

时，镀层内应力（压应力）最低，为0.10GPa。主盐浓度高和低于这一值时，内应力都会增加。在高浓度的镀液中可以采用较高的电流密度。

7.2.3.5　高速镍电铸

氨基磺酸镍	550～650g/L	温度	20～70℃
氯化镍	5～15g/L	电流密度	3～90A/dm^2
硼酸	30～40g/L	强烈搅拌（特别是在高电流密度时）	
pH值	3.5～4.5		

这实际上是高浓度的氨基磺酸电铸液。由于高的主盐浓度，可以允许在比平常电铸大得多的电流密度下工作，因而可以得到高的沉积速度。需要加大机械搅拌以加快传质过程。控制好工艺参数可以得到低应力镀层。温度不能超过70℃，pH也不能小于3，否则镀液会发生水解，阳极也容易钝化。为此，在镀液中添加了氯化镍，以增加阳极的活性。

工艺规范和操作条件对高速镍电铸层性能的影响见表7-8。

表7-8　工艺规范与操作条件对高速镍电铸层性能的影响

铸层性能	镀液成分的影响	操作条件的影响
机械强度	随着镍含量的升高而略有下降	在50℃以下时,温度上升,强度降低;到50℃以上后,温度升高,强度增高 随pH值升高强度增加 随电流密度的上升强度下降
延伸率	随着镍和氯化物含量的增加而稍有升高	温度在43℃时延伸率最高,大于或小于43℃时下降 随pH值的升高而降低 随电流密度升高而增加
内应力	在工艺规范内没有什么影响,随氯化物含量的升高而明显增加	随温度的上升而降低 pH值在4.0～4.2时,达最小值 随电流密度的上升而增高
硬度	随镍和氯化物含量的升高而有所下降	随温度和pH值的上升而增高 电流密度13A/dm^{2}时达最小值

7.2.3.6　其他电铸镍工艺

（1）柠檬酸盐电铸镍

柠檬酸盐电铸镍属于络合物镀镍工艺，是在以锌或锌铝合金为原型时可供选用的工艺。因为采用络合物的镀镍液有良好的分散能力，并且可以保证沉积物与基体有较好的结合力，以保证制品的表面精度。这种镀液的要点是控制硫酸镍与柠檬酸盐的比值在1:1.1～1:1.2之间，且镀液的温度不宜过高，以防止柠檬酸盐的分解。

其工艺配方如下：

硫酸镍	180g/L	pH 值	6.6～7.0
柠檬酸	240g/L	温度	35～40℃
氯化镍	15g/L	电流密度	0.5～1.2A/dm^2
硫酸镁	20g/L		

（2）焦磷酸盐电铸镍

焦磷酸盐电铸镍与柠檬酸盐一样是属于络合物型铸镍。同样适合在锌铝合金类金属原型上电铸。

焦磷酸镍	200g/L	pH 值	9
焦磷酸钾	75g/L	温度	50～60℃
氯化钾	10g/L	电流密度	5A/dm^2
柠檬酸铵	20g/L		

7.3　镍电铸的阳极

7.3.1　阳极的选择与使用

7.3.1.1　阳极的选择

镍电铸由于在较高电流密度下工作，对主盐补充有较高的要求，这时阳极的正常溶解就显得非常重要，否则镀液的主盐浓度将会有较大的波动而需要经常调整。

事实上无论选用哪一种电铸镍工艺，对阳极的要求都是很高的。我们在前面已经介绍过，镀液中杂质的来源之一就是阳极。阳极的纯度是阳极最为重要的指标。由于从阳极带入的杂质是积累性的，到一定时候才会出现影响，因而有一定隐蔽性，不易很快察觉。因此只有事先确定阳极的纯度达到规定的要求，才能采用。而不要将可疑的阳极挂入镀槽。含有其他金属杂质的阳极在溶解过程中还会出现孔蚀现象，使阳极的溶解不均匀，容易产生镍微粒落入槽中，不仅造成镍的浪费，而且还会影响镀层的质量，使镀层粗糙、起刺瘤等。

镍阳极的加工方法有熔融法和电解法。前者是冶炼的方法，这种方法所得的金属镍的纯度难以保证。因此高纯度的镍阳极通常是电解法加工而成的。

除了镍阳极的纯度，镍阳极的物理状态包括形状、致密性、表面积等，都对镍阳极的溶解过程有着不同的影响。实践证明，所有火法或湿法冶金制取的镍阳极，都没有经过轧制的镍阳极好。

相对于电镀，电铸的阳极面积要更大一些，应该是阴极面积的 2 倍以上。如果采用板式阳极，建议要使用 99.99% 的电解镍作阳极，并加阳极袋。特别是氨基磺酸镀镍液，最好是选用含有 0.01％～0.04％硫的活性阳极，以助其正常溶解。

7.3.1.2　活性镍阳极

所谓活性镍阳极，是人为地往阳极中加入一些微量的元素，有利于提高阳极的活性。这种添加了活性物质的阳极，可以叫作活性阳极。几种常用的活性阳极有以下几种。

（1）含硫镍阳极

在镍板中加入 0.01％～0.20％的硫，就是含硫镍阳极。这种阳极的溶解性能非常好，表面活性强，可以在大电流密度下工作。国际上已经很流行使用这种阳极，并且根据不同需要而将阳极的形状制成板状、球状或饼状。

（2）含碳镍阳极

采用熔融方法制造镍阳极时，可以在其中加入 0.25％～0.35％的碳，也能制成电化学溶解性能好的镍阳极。

（3）含氧化物镍阳极

也有一种采用在熔融的镍中加入镍的氧化物的方法来增加阳极的电化学活性的方法，加入的量为 0.25％～1.0％，然后浇铸成阳极。

以上几种活性阳极的共同特点是在镍中加入了这些微量的、有较正电位的元素后，减小了镍阳极电化学溶解的极化，促进了金属镍转化为镍离子的过程。这些活性阳极中以加硫的效果为最好。

当采用板式阳极时，需要在阳极外加上阳极套，以防止阳极上的不溶物落入镀液内影响沉积物质量。现在流行的方法是采用阳极篮来装镍阳极，而不是将镍板直接放入镀槽。采用阳极篮可以使用各种形状的阳极，特别是球状、饼状或角状的镍阳极。这些小体积的阳极具有增加表面积的效果，使阳极与镀液的接触面增加，降低了阳极的电流密度，增强了阳极的活性，溶解后的不溶剩余物少，补加方便，并适合于自动添加系统。采用这类小体积阳极则必须使用阳极篮。

7.3.2　阳极篮的功能

采用阳极篮的作用首先是基本稳定了阳极作为导电电极的作用和保证了阳极的基本表面积。同时，采用阳极篮便于使用各种形态的阳极制品。很多电镀和电铸加工企业以往都习惯于采用电解镍板作阳极。这种板式阳极随着电解消耗而使面积越来越小，既导致电流分布变化，也使镀液处于不稳定状态，同时阳极泥很容易落入镀槽内。采用阳极篮则可以使用球状、饼状或角状的镍阳极。这些阳极材料由专门的有色金属材料供应商提供。

制造阳极篮的材料主要是钛及其合金。因此阳极篮通常都被叫作钛篮。由于钛在大多数电解液中都比较稳定而不会发生自发的电化学和化学溶解，这样，钛阳极篮在承载了金属阳极并使其导电的同时，本身也可以作为导体而参与传输电流的过程。在这个过程中，其自身的面积是不会改变的。从而保证了阳极上通过的电流的密度有一个基本的稳定值。这是钛篮最重要的作用。

采用钛篮还有利于实现阳极材料补加的自动化。这对于大型电沉积生产过程是非常重要的。因为大型的电沉积过程所采用的镀槽很大，有的多达上万升，有些则是总液量很大。无论是哪一种情况，阳极的用量也就相应很大。在连续生产的情况下，阳极的消耗将是很快的，经常需要补充阳极材料。对于这类大型生产如果采用板式阳极，补加起来不仅劳动强度大，而且阳极面积波动较大，对镀液搅动也较大，这会引起电沉积过程的质量波动。而连续生产也很少有可以停产补加的机会。对于这种大型生产，最好的办法就是采用阳极篮。往钛篮中加入球状等阳极无论是人工还是自动化，都比较容易。特别是自动添加，可以在镀槽边上装备有供阳极料斗运行的导轨，料斗中预先装有镍球等镍阳极材料。料斗的出料口与镀槽中的阳极篮的篮口是一一对应的。只要将出料口对准阳极篮的口，开启出料口的闸门，镍球就会进入到阳极篮中，并且可以按计算的量加入。而这种补加的量则是根据计算后由管理者输入到控制补加材料的电脑中的数据决定的。

在采用钛篮的过程中，应该注意以下事项。

① 钛篮上部的开口要高于镀液的液面。如果是采用自动补加阳极设备，则这种阳极篮的开口将是根据补加设备的要求而设定的，不可以任意改动。

② 要保证镍阳极与钛篮有较紧密的接触，特别是用块状或板状阳极时，镍板与钛篮的接触面有时会比较小，有时会产生导电不良现象，使阳极篮上的电流密度过高而导致电位升高，析出大量氧或氯气，对阳极过程和钛阳极本身都是有害的。

③ 钛篮的下端最好不要超过阴极制品。这样可以防止镀件下部的电流密度过大而产生镀层粗糙或烧焦。

④ 钛篮也需要加装阳极袋。要采用耐酸的材料制作阳极袋。阳极袋要能透水而又不让阳极泥等透过袋子进入镀液。袋子的长度要比钛篮长至少5cm，这样可以将阳极所产生的阳极泥收集到袋子底部，便于在清理阳极时取出。

7.4 影响镍电铸内应力的因素

镍电铸的模型硬度高，抗张强度大，镀层应力小，模具的寿命也比铜电铸要长。但是镍电铸的物理性质受电铸工艺的影响很大。电解液的组成、添加剂、电铸工艺条件等都会对内应力产生影响，因此，对电铸镍而言，选择和控制电铸镍工艺很重要。

7.4.1　有机添加剂的影响

有机添加剂对镀层的内应力有影响很早就被电镀技术工作者注意到了。一般认为，初级光亮剂产生的是压应力。压应力的方向相对于基体是使镀层拉伸的。可以认为这类添加剂在镀层结晶过程中是占有一定晶位的，使金属结晶发生位移。这时从金属基体上生长出来的镀层与原基体上的结晶相比有向外伸长的趋势，宏观上就表现为压应力。初级光亮剂多数是有机磺酰胺、芳香族磺酸盐、硫酰胺等，典型的初级光亮剂是大家熟知的糖精，还有现在流行的 BBI、ALS 等。

另一类添加剂的加入会使金属结晶格子有向内收缩的趋势，这种应力被称为拉应力。至于为什么会产生使镀层收缩的拉应力，则没有很权威的说法。从使用第二类光亮剂可以降低压应力的宏观效果来看，这类光亮剂是不改变甚至加强结晶面取向从而有利于获得光亮镀层的，同时与第一类光亮剂在结晶过程中的行为有协同作用，从而减少了金属电结晶过程的位移，使应力减小。常用的次级光亮剂有 1,4-丁炔二醇及其衍生物，现在则多采用 PPS、PS、PA 等中间体配制。两类光亮剂的合理搭配可以使镀层的内应力很小，据说可以趋近于零。但是，由于这两类光亮剂在镀液内的电化学行为不同，其消耗量也就不一样，加上带出损失等物理消耗，要使两类光亮剂总是保持均衡是不容易的。

显然，添加剂比例失调是导致镀镍层内应力增加的主要因素。因此，对镀镍来说，合理使用添加剂是控制内应力的主要方法。开发的镀镍添加剂商品，是根据不同类别中间体按比例和消耗量经过反复验证后配成的，只要按规定的（比如安培小时数）要求进行补加，并保持勤加少加的原则，其内应力是很小的。但是，如果使用不当，或使用组合不很合理的光亮剂，就会造成镀槽内某一类光亮剂消耗失去平衡，时间一长，内应力就会增大。

当然能够完全平衡消耗的光亮剂是没有的，所以有各种补加剂出现，比如专门的柔软剂。但是不能靠多加这些补加剂的方法来控制内应力，而是应该用减少添加剂的办法来控制应力。这应该是一个原则。

7.4.2　pH 值的影响

pH 值对镀层的应力有很明显的影响，一般 pH 值偏高时，镀层的应力也增加。特别是在 pH=6 左右时，应力急剧增加。试验表明，在 pH=4 时，镀镍层的应力最小，再低时反而略有升高。由于阴极过程中的析氢会减少阴极区的氢离子，从而使镀液的 pH 值升高，所以镀镍都加有缓冲 pH 值的硼酸。但是电铸的工作时间大大超过电镀的时间，应该经常检测镀液 pH 值并且随时加以调整。

在 pH 值升高时，一方面阴极区由于有析氢现象而有更高的 pH 值，会产生氢氧化镍微粒杂入镀层，增加镀层硬度。另一方面，pH 值的变化还会导致电流效率的变化，这种变化在 pH 值升高时特别明显。随着 pH 值的升高，电流效率会有所下降，从而使氢气的析出进一步加剧，而氢的析出将进一步使镀液的 pH 值升高，成为恶性循环。因此，当希望得到较软的镀镍层时，其 pH 值应当控制在较低的范围，比如在 3.8～4.1 之间。并且经常加以监测和随时调整。调低 pH 值时要使用经过稀释的纯硫酸，不要直接将浓酸往镀液里添加。

7.4.3　电流密度和温度的影响

在高电流密度和低温度下电镀，镀层的内应力会增加。采用多大的电流才合适，要根据电镀液的各项参数来确定。当使用高浓度和高温度而 pH 值又较低时，可以用较大的电流密度，比如 $2～3A/dm^2$。而当主盐浓度较低，温度较低时，要用较小的电流密度，如 $0.5～1.5A/dm^2$。

镀镍层的内应力与温度的关系很明显，当镀液的温度从 10℃ 升高到 35℃，应力迅速降低。但是超过 60℃ 以后，应力几乎不变。较高的温度也使各成分的溶解度增加，导电性增加，电流效率提高等。当然太高的温度也有其缺点，比如分散能力下降，镀液蒸发加快，能量消耗过大等。因此，采用适当的电流密度和保持合适的镀液温度是必要的。通常镀液的温度不要低于 50℃。因为过高的温度会额外消耗能源且镀液的蒸发会加快。但是，由于镀镍的应力随着镀液温度的升高而降低。所以电铸镍的温度都允许高到 60～70℃。当然如果调整好其他参数，温度还是低一些好。因为电铸的时间通常都较长。而长时间采用加温工作的电解液对工作环境是不利的，且也是资源上的浪费。

7.4.4　镀液成分的影响

镀液成分不正常也会影响镀层的内应力。当主盐浓度过高时，镀层内应力增加，尤其是氯离子过高时，这种影响更为明显。比如全氯化物镀镍的内应力可达到 $280～340N/mm^2$，而瓦特型镀镍的内应力只有 $140N/mm^2$，氨基磺酸盐镀镍的内应力最小，只在 $70N/mm^2$ 以内。但是瓦特型镀镍的延展性最好，可以达到 30%。

7.4.5　杂质对内应力的影响

杂质是影响镀镍层内应力最复杂的因素。因为前面所说的影响因素都有工艺参数可供监测，也容易调整。但是杂质对电镀过程的影响就比较难以控制，往往是在积累到一定量以后才出现故障，而一旦出现故障，排除就比较麻烦。

首先是有机杂质的影响。这多半是电镀光亮剂过量或其分解产物的积累。当镀层很亮，但分散能力并不好，且很容易起皮，在高电流区甚至出现开裂时，多半是有机杂质较多。这时要先用双氧水处理后，再加温，然后加入适量活性炭处理。对于有机杂质量较多时，要用高锰酸钾处理。这时应先调节 pH 值为 3，再加温到 60～80℃，加入事先溶解好的高锰酸钾，用量在 0.3～1.5g/L 以内，强力搅拌后静置 8h 以上，过滤后再调整 pH 值到正常范围。如果镀液有红色，可用双氧水退除。

另有一类有机物污染用上面的方法是不足以去除的，比如动物胶类的有机杂质、蜡制原型的溶出物等。这类杂质只要含量在 0.01～0.1g/L，就会引起镀层起皮等。这时要用单宁酸 0.03～0.05g/L 加入到镀液内，经过 10min 左右就会有絮状物出现，再经过 8h 以上的充分沉淀以后，可以去除。做这种处理最好再加上活性炭的处理，就可以完全去除所有有机物杂质的污染。

比较难以处理的是金属杂质的污染。金属杂质几乎都会影响镀层应力，还会影响镀层外观、分散能力等。对铜、锌类金属杂质，主要是电解法去除。另外钠离子对镀层的力学性能也有影响。因此一般不采用氯化钠补充氯离子，也不宜用钠盐作导电盐或增白剂。

重要的是对镀液平时的管理。如果经常按工艺要求管理镀液，不使杂质有过量积累，以上所说的所有杂质的影响是可以得到控制的。还有很重要的一条是对阳极材料和所用的化学原料的控制。不要因为贪图便宜而采用杂质多的化学原料和低级阳极板。这是先天带入杂质的主要渠道。光亮剂使用不当则是有机杂质的主要来源。

由于沉积镍的成本较高，出现问题时返工又比较困难，所以保证镀镍层的质量对所有用户都是十分重要的课题。以上所说的对镀层内应力故障的排除方法，多数是现行工艺管理中常用的方法。但是我们并不希望经常对镀液进行这类大处理，而是希望在日常的操作和工艺管理中多下功夫，并且要十分注意每天对工艺参数的监测，包括温度、pH 值、镀液浓度、霍尔槽试片检测等，还要采用安培小时计管理添加剂的消耗，并对光亮剂的添加量和其他化学品的加入量加以记录，以保留可以追索的资料，便于检查和排除故障。加上对电镀时间、电流密度、阳极面积、设备维护等方面的管理，将使镀镍层的内应力得到有效控制，镀层质量保持稳定，镀液使用周期延长。这样，才是管理镀层质量的合理方法。

7.5　模腔内镀铬

在6.4节电铸铜模后处理中提到过镀铬，这里专门对模腔，包括电铸镍模腔镀铬工艺进行介绍。

7.5.1　关于镀铬

镀铬是电镀中一个非常特别的镀种。首先，镀铬在很长一个时期几乎是电镀的代名词。因为装饰铬曾经是日用五金中的主要装饰镀层，以至于只要说到电镀制品都被称为镀铬。再从电解液的特性来看，镀铬是唯一只能采用不溶性阳极进行生产加工的镀种，并且电流效率非常低，通常只有13%左右。最后，镀铬还是污染比较严重的一个镀种，电镀过程中的铬雾和排出的含铬废水对操作者和环境都会造成比较严重的危害或污染。

但是，就是这样一个非常特别的镀种，至今都还在电镀工业中占有重要的地位。即使在环境保护法规越来越严的情况下，镀铬也没有被完全禁止使用，而只是被限制使用。

理由很简单，就是镀铬有其他镀种所不具备的优点，并且还没有找到可以完全取代它的镀种。

铬是略带蓝色的银白色金属，相对密度6.9～7.1，相对原子质量51.996，熔点1900℃，显微硬度400～1150kg/mm^2，线膨胀系数8.4×10^{-6}/℃，电化当量0.323g/(A·h)，标准电位Cr^{6+}/Cr^{3+}＝－1.3V、Cr^{6+}/Cr^0＝－0.74V。

金属铬由于极容易钝化，表面生成一层极薄的透明膜，这层膜的化学稳定性很好，很多酸碱对它不起作用，包括硝酸、醋酸、低于30℃的硫酸、有机酸和硫化氢、碱、氨等，对镀铬层都不起作用。

镀铬层能溶解于盐酸和热的硫酸（高于30℃）。在电流作用下，铬镀层可以在碱性溶液中阳极溶解。

铬的电极电位比铁低，理应是阳极镀层，但是由于镀铬层一经生成就有一层致密的氧化膜，使其实际的表面电极电位变得比铁的电极电位正。因此，钢铁上镀铬实际上是阴极镀层，只有当镀层完整无孔时才对基体有机械保护作用。用于装饰性的镀铬则都要采用多层组合的镀层，以铜镍作为底镀层，最后在外表面镀铬。

电镀铬分为装饰镀铬和工业镀铬两大类。装饰镀铬所镀出的镀层是光亮的白色镀层，这种镀层极薄，一般只有0.5μm左右。所谓工业镀铬则因所镀铬的目的不同而有不同的别称，比如叫作镀硬铬、尺寸镀铬、耐磨镀铬、外修复镀铬等。工业镀铬的镀层通常是乳白色，因此有时也叫乳白铬。所有这些工业镀铬都有一个共同的特点，就是其硬度比较高。这种镀铬的厚度通常都比较厚，比如乳白铬的厚度至少要有 $5\mu m$，在 $10\mu m$ 以上才能达到无孔隙的效果。硬铬的厚度也至少要在 $10\mu m$ 以上，有些用于修复磨损件的镀层厚度则达 1mm 以上。

7.5.2　镀铬工艺

7.5.2.1　标准镀铬

镀铬工艺的特殊性在其工艺上也有很明显的反映，那就是镀铬可以用一个标准的配方，通过对操作条件的变换而实现不同性能的镀铬层。

标准的镀铬工艺配方如下：

铬酸	250g/L	三价铬	3～5g/L
硫酸	2.5g/L	阳极	铅锑合金（铅90%，锑10%）

实践证明，铬酸与硫酸的比例以 100：1 为最好。当铬酸比硫酸的比例小于 100：1 时，也就是硫酸含量过高时，镀铬的电流效率和分散能力都会下降。如果硫酸含量充足，则分散能力有所提高，但镀层的光泽则显著下降。如果镀液中没有硫酸，在阴极表面会生成一层氢氧化铬或碱式铬酸铬的薄膜。这是一种带正电荷的胶体膜，比较致密，使铬酸离子难以穿过，妨碍了铬层的正常沉积。

由于镀铬的电流效率很低，镀液中铬酸的浓度对电流效率有着较明显的影响。当铬酸浓度升高时，电流效率反而下降。但是当铬酸浓度较低时，则镀液的导电性下降。

三价铬也是镀铬中不可或缺的成分。标准镀铬液中的三价铬的含量应在 2～5g/L。三价铬含量低，镀铬的沉积速度慢，镀层软，覆盖能力也差；三价铬含量过高时，镀层发暗、粗糙，光亮度变差，光亮电流密度范围缩小。如果镀液的三价铬含量过高，可以用铁丝等小面积的金属材料作阴极，使阳极的面积约为阴极面积的 10～30 倍，以 $1.5～2A/dm^2$ 的电流密度电解到正常范围为止。在电镀过程中，保持阳极面积：阴极面积＝2：1，可以保持三价铬的含量基本稳定。

7.5.2.2　稀土镀铬

由于镀铬的电流效率很低，覆盖能力差，镀液需要加温而对环境的污染又比较严重。因此对镀铬进行改善的努力一直都没有停止。从 20 世纪 80 年代起，人们发现了稀土金属的盐类可以作为镀铬的添加剂，从而开发了稀土镀铬新工艺，迅速获得了推广，至今都还被许多企业所采用。

用于镀铬添加剂的稀土元素是镧、铈或混合轻稀土金属的盐，也可以是其氧化物，比如硫酸铈、硫酸镧、氟化镧、氧化镧等。可以单一添加，也可以混合添加。稀土的加入，使镀铬过程有了某些微妙的改变，镀铬液的分散能力有了改善，电流效率也有了提高等。综合起来，稀土镀铬有如下特点。

（1）做到了"三低一高"

添加有稀土添加剂的镀铬工艺，一是降低了铬酸的用量，铬酸的含量可以在 $100 \sim 200 g/L$ 的范围内正常工作；二是降低了工作温度，可以在 $10 \sim 50℃$ 的宽温度范围下工作；三是降低了沉积铬的电流密度，可以在 $5 \sim 30 A/dm^2$ 电流密度范围正常生产，同时明显地提高了电流效率，使镀铬的阴极电流效率由原来的不到 15%，升高到 $18\% \sim 25\%$。

（2）提高了效率，降低了消耗

稀土镀铬明显地提高了效率：其中分散能力提高了 $30\% \sim 60\%$；覆盖能力提高了 $60\% \sim 85\%$；电流效率提高了 $60\% \sim 110\%$；硬度提高了 $30\% \sim 60\%$；节约铬酸 $60\% \sim 80\%$。

（3）改善了镀层性能

稀土镀铬的镀层光亮度和硬度都有明显地改善，并且在很低的电流密度下都可以沉积出铬镀层，最低沉积电流密度只有 $0.5 A/dm^2$，使分散能力和覆盖能力都大为提高。

7.5.2.3　镀硬铬

我们对电铸模腔所要进行的镀铬是镀硬铬。这样可以提高镍模腔内表面的硬度，提高模具的耐磨性和抗腐蚀性能，使其使用寿命大大提高。镀过铬的模具寿命一般是不镀铬的 3 倍以上。

镀硬铬的工艺可以采用标准镀铬工艺，也可以采用有稀土添加剂或其他添加剂的镀铬工艺。

（1）稀土镀硬铬

铬酸	$120 \sim 180 g/L$	铬雾抑制剂	$0.5 g/L$
硫酸	$1 \sim 1.8 g/L$	温度	$50 \sim 60℃$
铬酸：硫酸	$(90 \sim 100):1$	电流密度	$60 \sim 90 A/dm^2$
碳酸铈	$0.2 \sim 0.3 g/L$	阳极	铅锡合金（铅 90%）
硫酸镧	$5 \sim 1 g/L$		

（2）标准镀铬

铬酸	$250 g/L$	温度	$55 \sim 60℃$
硫酸	$2.5 g/L$	电流密度	$30 \sim 75 A/dm^2$
铬雾抑制剂	$0.5 g/L$	阳极	铅锑合金（铅 90%，锑 10%）

已经有标准镀铬工艺的企业，可以沿用标准镀铬工艺。如果新建立镀铬工艺，则建议采用较低浓度的稀土镀铬，同时加入铬雾抑制剂，对于改善工作现场的环境状况是有利的。

镀铬的电流效率低是大家已经知道的。正是由于其电流效率低，大量的电流用在了氢气的析出。对于一个普通的镀铬液，80%的电用在了析氢上，即使经过改进的镀液，也有60%以上的电是在析出氢气。这使得镀铬过程中有大量气体从阴极析出，高速冲出液面，带着镀液形成飞沫，对周边环境造成严重的污染，对操作者和其他镀液都带来危害。因此，在镀铬的现场一定要有强力的排气装置，才能正常工作。但是，即使采用了排气装置，铬酸雾也还是有逸出的现象，并且排出的酸雾对大气仍有污染，对设备也有严重腐蚀。为此，电镀科技工作者开发出了一种叫作铬雾抑制剂的产品，添加到镀铬液中以后，在电镀过程中，很快在初期气体的作用下形成大量极小的气泡并迅速布满了液面，形成了一层厚厚的气泡层，完全抑制了酸雾的逸出。

这种铬雾抑制剂实际上是一种高效的氟表面活性剂，如全氟烷基磺酸，在镀液中的添加量为0.01~10g/L。已经有商品化的铬雾抑制剂供用户选用。

7.5.3　电铸模腔的镀铬

对于电铸完成后的塑压模腔，为了提高生产过程中的脱模性能，同时也为了提高模具的使用寿命，需要在模腔内镀上一层硬铬。这层硬铬的厚度可以在5~10μm，也可以采用前述的镀硬铬工艺。但是电铸模腔的镀铬不同于机械制品的镀硬铬，有一些特别需要加以注意的地方，要付出一定匠心。

7.5.3.1　镀铬挂具的选用

由于镀铬的电流效率低而工作电流很大，所以挂具的选用非常重要。一个是要能充分承载所镀物件的重量和保证有良好的导电性，挂具的主导电杆的截面一定要能通过最大的允许电流。避免在电镀过程中发热而额外地消耗本来就效率不高的电流。

挂具上不与制件连接的导电部分都要进行绝缘处理，最好是用绝缘涂料将其完全填充后再剥出与电铸模腔连接的部位。挂具的主杆上还要设置有安装辅助阳极的结构，以方便电镀过程中的下槽和出槽操作。所有腔体模在挂具上的安装方式必须保证模腔的开口向上，以让电镀过程中产生的大量气体可以顺利地排出。

7.5.3.2　电铸模腔的局部绝缘

电铸模腔需要镀铬的只是模腔的内表面，整个外表面和料道或辅助部位都不需要镀铬。但是，恰恰这些外表面和不需要镀铬的部位是容易镀上镀层的部位，而内表面则是难以镀上铬的部位。要解决这个难题，最佳的办法是对外表面等不需要镀上铬的部位进行绝缘处理，只让需要镀铬的部位接受电镀层。这也是镀硬铬中经常用的方法，目的就是集中电流到需要的部位，可以提高电镀的效率和节约资源。

对于腔内电镀而言，即使采用了局部绝缘措施，就这样拿去电镀铬，腔内也是难以完全镀上合格的铬层的。原因是镀铬液的分散能力太差，加上析气的量又非常大，在腔内容易形成气室，镀液被排挤出来，使得腔内难以镀上镀层。这时就要采用辅助阳极的办法。

7.5.3.3　模腔镀铬的辅助阳极

对于模腔的镀铬，在采用了局部绝缘以后，还要采用辅助阳极才能够顺利进行。辅助阳极在镀铬中也叫仿形阳极，是经常用到的一种电镀工艺措施。这是根据一次电流分布对镀层分布影响的原理，采用让阳极与阴极各部位基本保持距离一致的办法来获得相对均匀的镀层。这种方法不仅仅只用于镀铬，一些分散能力差的镀种或形状过于复杂的制品的电镀或电铸，都要用到辅助阳极。

电铸模腔内镀铬的辅助阳极如图 7-1 所示。

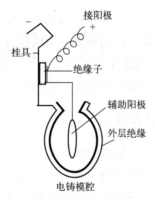

图 7-1　电铸模腔内镀铬的辅助阳极

第8章
铁 电 铸

8.1 铁电铸简介

8.1.1 铁的物理化学性质

铁是人们最为熟悉的金属。铁也是一直伴随着人类文明进步和发展、用量最大、用途最广而又最为便宜的金属。无论是古代还是现代，铁都是军事武器、工业生产最重要的原材料。在人类文明史中，铁一直都扮演着重要的角色，为人类生产力的不断发展做出了重要贡献。以至于直到现在，一个国家的钢铁产量，还都是衡量一个国家经济实力的重要指标。而随着我国综合国力的增强和世界加工中心地位的确立，我国的钢产量也终于雄踞世界第一，实现了几代人为之奋斗的理想。

铁也是银白色金属，只是由于容易生锈而总是难以经常看到本色。所有能见到的铁要么就是经过各种表面处理后的，要么就是生锈的棕黑色。因此，金属的表面防护技术有相当大的比重是在对付铁的生锈。有统计显示，每年因生锈而导致的金属铁制品的报废量，占所有钢铁产量的1/10。如果不采取有效的防护措施，损失的比例还要增加。

铁的元素符号是Fe，原子序数是26，相对原子质量55.8，化合价为2和3，相对密度是7.9。铁的熔点是1535℃，沸点为3000℃。纯铁充磁和退磁都极快。有良好的延展性。铁溶于大多数无机酸，只是在浓硫酸中是钝态的。

铁由于容易生锈，耐磨性也较差，所以用来进行电铸的话，其性能不能与铜和镍相比。但是，它有一个很大的优点是成本非常低，资源也很丰富，因此，在机械修复、成型模具等领域，都还有广泛的应用。另外，在制造特殊合金时，所需要的高纯度铁也要用电沉积的方法来制取。

8.1.2 铁电铸的历史

与其他镀种不同的是，电沉积铁从一开发出来就主要是用于电铸加工。这是因为铁虽然有很好的力学性能，可以用于各种机械设备和日用五金，但是其抗腐蚀性能却比较差。如果不加以表面处理或防护，本身就很容易生锈，不大可能用来作为表面处理用的镀层。但是作为有良好力学性能的金属，能够从电解液中获得镀层，一定还是有它的用途的。

铁电铸的另一个重要用途是对钢铁磨损件的修复，由于电铸铁的硬度比纯铁高 10 倍左右，已经接近铬的硬度，而沉积速度比铬要快得多，因此用来修复汽缸、轴等易磨损件并提高其表面的耐磨性能是很有效的。现在，大型远洋海船传动轴的修复，都是采用电铸铁的方法。

8.1.3 铁的电沉积及其分类

铁作为铁族元素的代表，与同族元素钴和镍有很多相似的电化学性质。它们的阴极电沉积电位和阳极溶解过程都伴随有明显的极化。这些金属的阴极电沉积过程都受离子放电过程的控制。

铁离子的阴极还原过程需要明显的过电位。比如在硫酸盐和氨基磺酸盐镀液中，测试表明，在通电的一瞬间，是 H^+ 先放电，随后才是铁离子的还原。尽管铁族元素的标准电极电位是铁最负（铁 $-0.44V$、钴 $-0.277V$、镍 $-0.250V$），但当它们组成合金共沉积时，却是铁离子的过电位小一些，这与它们在元素周期表中处于不同的周期是一致的，即它们在阴极上还原的过电位次序为：Fe＞Co＞Ni。

从不同铁电铸工艺中获得的镀铁层的性质有较大的差异。这与镀液的 pH 值、温度、电流效率、添加物的性质等都有很大的关系。不同铁电铸工艺获得的金属铁的组织结构也有所不同，特别是电流密度对金属组织的结构有明显影响。通过对铁电铸沉积物的横断面的金相观测表明，当阴极电流密度为 $5\sim15A/dm^2$ 时，结晶为柱状；而当电流密度为 $1\sim2A/dm^2$ 时，镀层结晶为层状。显然，随着电流密度的升高，镀层的硬度也会增加。这与镀层的组织结构发生变化是有关的。

常用的镀铁液有氯化物型、硫酸亚铁型、氟硼酸型、氨基磺酸盐型等。这些不同的镀铁工艺都各有其特点，我们将分别加以详细介绍。同时，随着电镀添加剂技术的进步，镀铁技术还会有一定的发展空间，特别是铁合金的电沉积，应该受到更多的重视。这在有色金属材料日趋紧张的时代，是很重要的课题。

8.2 铁电铸工艺

8.2.1 硫酸盐镀液

硫酸亚铁镀液的腐蚀性低，较稳定，但分散能力比较差，低温型的沉积速度慢，不适合用作电铸液。高温型可用较大电流密度，沉积速度可以适当提高。

其工艺配方如下：

硫酸亚铁	500g/L	pH 值	2.6～3.5
硫酸钾	200g/L	温度	80～90℃
硫酸锰	3g/L	电流密度	2～15A/dm²
草酸	3g/L		

配制硫酸盐镀铁时，先在水中加少量硫酸，可防止硫酸亚铁水解。然后再将其他成分分别溶入镀液中即可以试镀。

工作液要经常过滤，以保持镀液的整洁。同时，要保持硫酸亚铁的高浓度和高含量的硫酸钾。这样镀液比较稳定，镀层也较细致。

镀液的 pH 值大于 3.5 时，可加入硫酸进行调整。如果 pH 值小于 2.5，则可以用通电处理的方法进行调整。这时可将报废的铁件作阴极进行电解析氢处理。氢气的大量析出会使镀液的 pH 值有所上升。

电镀时，制品要带电入槽，先以小电流进行电镀，镀一定时间后再调整到正常的电流密度。硫酸盐镀铁的沉积速度较快，当电流密度为 $10A/dm^2$ 时，电镀 1h 可以得到大约 0.1mm 厚的镀层。

8.2.2 氯化物镀液

8.2.2.1 高温型氯化物镀铁

（1）工艺

氯化物镀铁也有低温型和高温型两种。高温氯化亚铁镀铁采用浓度和大电流密度，沉积速度快，镀层纯度高、硬度低、韧性好、内应力小。但镀液稳定性较差，主要是二价铁容易氧化成三价铁而使镀液失调，镀层质量变差。工艺配方如下：

氯化亚铁	300g/L	pH 值	1.5～2.5
氯化铵	80g/L	温度	65～70℃
二氯化锰	150g/L	电流密度	8～12A/dm²

镀液中加入氯化铵可提高硬度和减慢亚铁的氧化速度；二氯化锰有细化结晶的功能，同时也可抑制亚铁的氧化。注意要经常测调 pH 值，一定要控制在 2.5 以内，pH 值升高将会使三价铁生成胶状物而导致镀层脆性增加、电流效率下降等。

另有一种高温氯化物镀铁工艺为：

二氯化铁	205g/L	温度	90～95℃
氯化钠	25g/L	阴极电流密度	20A/dm²
pH 值	1.0		

（2）配制方法

氯化物镀铁的主要成分就是氯化亚铁。如果可以采购到氯化亚铁，配制就比较简单。但是有时采购不到氯化亚铁，就需要自己制备氯化亚铁。制备的方法如下。

先将过量的铁屑清洗干净，然后将其放入按 2∶1 稀释的盐酸中进行化学溶解。当盐酸与铁全部作用完成时，溶液应显示中性。对溶液进行过滤，然后分析其中氯化亚铁的含量，并调整到镀液所需要的浓度；再加入其他辅助成分，然后进行通电处理。

通电处理的阴极电流密度为 $8\sim10A/dm^2$，阴极与阳极的面积比为 1∶4。pH 值为 $0.5\sim1$，电解到溶液转为亮绿色为止。可用 1% KCNS 溶液检验不呈明显红色，表示无三价铁。同时可以观察电解阴极板上的高电区毛刺呈有光泽的小珠状，即表示电解处理合格，镀液可以用于生产。

（3）工艺参数的影响

① 主盐　氯化亚铁是镀液的主盐，其浓度可以在很大范围内变化。随着主盐浓度的升高，可允许的电流密度也随之升高，沉积速度可以加快，但是镀层的硬度下降，同时镀层易发生粗糙结晶。但是主盐的浓度下降，不仅使沉积速度下降，硬度增加，脆性也会增加。亚铁的含量可以用化学分析的方法进行，也可以通过测试镀液的密度进行管理。

亚铁在空气中容易氧化成三价铁，温度升高和 pH 值升高，会使氧化加剧。这样，采用低 pH 值和低温有利于镀液的稳定。

② 辅助盐　氯化物镀铁中往往加入一些碱金属或碱土金属的盐，以提高镀液的电导。比如氯化铵可提高镀层硬度和减慢亚铁的氧化速度；二氯化锰有细化结晶的功能，同时也有抗氧化的作用；钾盐则可以明显地提高电导。

③ pH 值　由于镀铁的阳极电流效率达 100%，而阴极的电流效率低于 100%，也就是镀液中的氢离子会随着电镀时间的延长而降低，镀液的 pH 值将升高。因此，在镀铁过程中要经常测定 pH 值，并用盐酸进行调整。pH 值的升高会加速亚铁的氧化和产生氢氧化铁沉淀，导致镀层质量下降。

④ 温度　温度升高可以使工作电流密度增大。这样可以提高电沉积的速度。同时，随着温度的升高，镀层的硬度也将下降，脆性也会降低，但是镀液的稳定性也会降低。

⑤ 阴极电流密度　在工艺范围内，随着电流密度的升高，镀层的硬度也增高。但是在硬度达到一定值后，再增加电流密度也不会增加硬度，但镀层会变得粗糙。

⑥ 阳极　镀铁的阳极应该采用纯铁或含碳量不大于 0.1％ 的钢材，由于镀铁的阳极的电流效率接近 100％，因此，阳极的面积要比阴极的面积小一些为好，这与大多数其他镀液的阳极面积要求是相反的。阳极与阴极的面积比可取 (0.5~0.7)：1，并且应该加阳极袋。在镀液不工作时，还应该将阳极从镀槽中取出来。

⑦ 杂质　杂质对镀铁有较大影响，比如锌、铜、镍杂质等都对镀铁有害。其中锌杂质的含量达到 0.2g/L 以上，就会使镀层的内应力增大；铜的含量达到 0.2g/L 时，则会产生海绵状镀层，镀层的韧性降低。铜和铅的浓度大于 0.1g/L，镍和钴大于 0.2g/L，在高温镀铁槽中会造成低电流区镀层粗糙和分散能力下降。金属杂质的去除方法是可以用 $0.5A/dm^2$ 的阴极电流密度进行电解处理。

少量的有机杂质会使镀层发脆和出现针孔。发现有机物杂质影响可用活性炭处理。

8.2.2.2　低温氯化物镀铁

低温镀铁可以节省能源，同时又具有沉积速度快、电流效率高、镀层硬度高等特点。由于镀液温度低，亚铁氧化速度也就慢一些，有利于镀液的稳定。因此，低温镀铁的应用比高温型的要多一些。几种低温镀铁的工艺如下。

（1）单盐型

氯化亚铁	350~450g/L	温度	20~40℃
pH 值	1~2	阴极电流密度	$15~30A/dm^2$

（2）典型工艺

氯化亚铁	350~400g/L	pH 值	1~2
氯化钠	10~20g/L	温度	30~55℃
二氯化锰	1~5g/L	阴极电流密度	$15~30A/dm^2$
硼酸	5~8g/L		

也有只加氯化钠增加导电性而不添加二氯化锰和硼酸的方案。由于低温镀铁的内应力大（拉应力高达 $2000kg/cm^2$），如果直接进行电镀而不进行一定的预处理，镀层会脱皮或开裂。为了避免这种情况，在低温镀铁时采用三段给电的方法。

① 预镀段　采用不对称交流预镀。阴极电流密度在正半周为 $8\sim10A/dm^2$，负半周为 $7\sim8A/dm^2$。电镀 $5\sim10min$，生成一层低应力铁。

② 过渡段　在过渡段，在 $10\sim15min$ 内，固定正半周电流，逐渐调节负半周电流，直到负半周的电流等于正半周电流的 1/10，即可转入直流镀。

③ 直流段　直流镀可按照工艺要求的范围给电，并可根据以下公式计算所需要电镀的时间。

$$电镀时间(h) = \frac{镀层厚度(mm)}{0.02 \times 阴极电流密度(A/dm^2)}$$

镀铁液中混入锌、铜、镍等的离子都将是有害的。杂质的影响见表 8-1。

表 8-1　氯化物镀铁中杂质的影响

杂　质	有害杂质含量/(g/L)	对质量的影响	消　除　法
锌	0.2	内应力增大	1. 在配制镀液时采用纯度较高的化学原料 2. 使用高纯度阳极 3. 对已经进入镀液的金属杂质以 $0.5A/dm^2$ 的电流电解
铜	$0.1\sim0.2$	镀层粗糙,分散能力下降,韧性下降,达到 0.2g/L 时出现海绵状镀层	
铅	0.1	镀层粗糙,分散能力下降	
镍	0.2	镀层粗糙,分散能力下降,韧性下降	
钴	0.2	镀层粗糙,分散能力下降,韧性下降	
有机物	少量	镀层发脆,出现针孔等	活性炭处理、过滤

8.2.3　氟硼酸盐镀铁

氟硼酸盐镀铁可获得细致均匀的铁镀层，镀液的稳定性和抗氧化性能都比较高，因而不需要经常电解和调整镀液。并且分散能力和获得厚镀层的能力都比氯化物镀液要好。其工艺配方如下：

氟硼酸亚铁	$280\sim320g/L$	温度	$40\sim60℃$
硼酸	$18\sim20g/L$	电流密度	$5\sim15A/dm^2$
pH 值	$3.2\sim3.6$		

当工作的电流密度较高时，镀液要进行强烈的搅拌，否则镀层的结晶将会变得粗糙甚至于疏松。提高主盐的浓度可以使阴极电流密度提高，硼酸也相应增加，但超过 30g/L，其溶解性能将下降。

由于氟离子存在环保问题，现在更多的是采用氨基磺酸盐镀液。

8.2.4　氨基磺酸盐镀铁

氨基磺酸盐镀液是在电铸中用得较多的一种工艺，因此对这类镀液的研究也较为充分。镀铁也是如此。以氨基磺酸盐为主的镀液在添加不同的辅助盐类或添加剂时，可以组成不同的工艺。几种主要的氨基磺酸盐铁电铸的工艺配方如下。

（1）氨基磺酸盐工艺

氨基磺酸亚铁	470g/L	pH 值	3
氟化氢铵	10g/L	温度	60℃
糖精	0.2g/L	阴极电流密度	$3\sim15\text{A}/\text{dm}^2$

这是标准的氨基磺酸盐电铸工艺。电解液在配制完成后最好先用 2g/L 的活性炭进行处理，然后再在 $5\text{A}/\text{dm}^2$ 的电流密度下电解处理 $2\sim4\text{h}$。本工艺的最主要特点是加入了通常是在光亮镀镍中使用的糖精。

加入糖精的目的是降低镀层内应力，在不加糖精时，测得镀层的内应力约为 0.17GPa；当加入 0.2g/L 糖精后，其镀层的内应力降为 0.02GPa。这与镀镍有相似之处。当糖精的浓度再提升时，内应力的下降就不再那么快了。当糖精超过 0.5g/L 时，镀层变得灰暗。

电镀液的分散能力与酸性硫酸铜镀铜液相近。镀层均匀无麻点，且脆性也不会增加。这与氟化氢铵的添加有关。氟化氢铵对镀层的内应力也有影响。当不加氟化氢铵时，镀层的内应力为 0.06GPa；当含有 2g/L 氟化氢铵时，内应力就降为 0.01GPa。氟化氢铵更重要的作用是抑制三价铁的影响。电解液 pH 值一旦超过 3，就会出现 $Fe(OH)_3$ 沉淀。这会给镀层带来脆性等。当有一定量的氟化氢铵存在时，可以掩蔽一部分 3 价铁离子。这是因为氟化氢铵可以与三价铁生成络合物。

$$Fe(OH)_3 + 3NH_4HF_2 = (NH_4)_3FeF_6 + 3H_2O$$

氨基磺酸亚铁的浓度对沉积物的影响不是很大。随着其浓度的增加，铁层的硬度和内应力略有下降。但较高的浓度对提高阴极电流密度是有利的。

本镀液的电流效率也随电流密度的升高而增高。当阴极电流密度从 $3\text{A}/\text{dm}^2$ 升到 $15\text{A}/\text{dm}^2$ 时，其阴极电流效率也从 78% 升至 95%。但是镀层的内应力也相应增加，从 0.01GPa 升到了 0.25GPa。

电流密度还明显影响镀层的金属组织结构，随着电流密度的升高，镀层的结晶由层状向柱状转变。在同一电流密度下，温度升高会使晶粒变粗。

pH 值也影响晶粒尺寸，随着 pH 值升高，晶粒尺寸降低。

（2）氨基磺酸-氯化物工艺

氨基磺酸亚铁	450g/L	表面活性剂	0.1mL/L
氯化钠	20g/L	pH 值	$2\sim3$
硼酸	30g/L	温度	$60\sim80℃$
糖精	2g/L	阴极电流密度	$5\sim10\text{A}/\text{dm}^2$

本工艺可用于获得更厚的镀层，镀层的含硫量约为 0.2%。X 射线对组织结构的观测表明，这种电解液得到的金相组织为两相结构。并且 γ 相显著多于 α 相。对于 α-Fe，$a=0.2858\sim0.2910\text{nm}$；对于 γ-Fe，$a=0.368\text{nm}$。

对其横断面观察表明，镀层结晶为层状结构。

（3）氨基磺酸盐-尿素工艺

氨基磺酸亚铁	140g/L	pH 值	2.2
硼酸	25g/L	温度	50℃
尿素	180g/L	阴极电流密度	4～5A/dm²

从本镀液可以获得无孔、无裂纹且光亮的铁沉积层。这主要是要维持电沉积过程的高电流效率。因为当电流效率下降时，意味着阴极析氢量的增加，不仅影响电沉积的速度，而且会导致镀层出现针孔或增加因氢的渗入带来的脆性。

主盐浓度和 pH 值对电流效率有明显影响。当 Fe^{2+} 从 25g/L 升至 95g/L 时，阴极电流效率从 82％提高到 97％。当 pH 值从 1.8 升至 2.2 时，阴极电流效率从 65％提高到 92％。但是温度的升高会使电流效率下降。尿素含量增加也会使电流效率下降。尿素的含量从 0 变化到 180g/L 时，电流效率将从 86％下降到 65％。

三价铁在镀液中属于有害杂质，过量的三价铁的存在会使镀层质量下降和结合力不好。

（4）氨基磺酸铵盐工艺

氨基磺酸亚铁	124g/L	温度	40℃
氨基磺酸铵	20g/L	阴极电流密度	3～7A/dm²
pH 值	2		

这是基本的氨基磺酸盐镀铁工艺。加了氨基磺酸铵可以改善镀层的均匀性。不加氨基磺酸铵则是最基本的镀液，即使在最基本的镀液中，也可以获得铁镀层。

氨基磺酸亚铁	50g/L	阴极电流密度	15A/dm²
pH 值	1.4	强烈搅拌	
温度	20℃		

这里强烈搅拌是很重要的条件，否则不但得不到光亮的镀层，还会镀出粗糙和疏松的镀层。当然如果在低电流密度下，采用适当搅拌也可以，但沉积的速度会下降。

从以上对氨基磺酸盐的介绍中可知，这种工艺是以氨基磺酸亚铁为主盐，通过添加其他辅助剂或添加剂组成的一种新工艺。我们可以根据实际需要选择不同的添加物来改善或获取某种性能的镀层。表 8-2 列举了不同添加物对氨基磺酸盐镀铁外观和镀层内应力的影响。

表 8-2　不同添加物对氨基磺酸盐镀铁外观和镀层内应力的影响

添 加 物	含量/(g/L)	内应力变量①/GPa	镀层外观
硫酸锰	0～0.5	−0.060	均匀
氨基磺酸镍	2～20	+0.017	光亮
硫酸铬	0.25～1.00	0	发暗、有裂纹

添加物	含量/(g/L)	内应力变量[①]/GPa	镀层外观
氧化锌	0.25~1.00	+0.1	平滑
氨基磺酸铜	0.25~1.00	0	发黑、粗糙
氯化亚锡	0.05~0.25	+0.06	灰色
硼酸	4.76~28.55	0	—
氯化铵或氯化亚铁	0~15	+0.02	
硫酸铵或硫酸亚铁	0~20	+0.008	
尿素	10~40	−0.025	光亮
氨基磺酸钠	1~5	+0.03	
氨基磺酸铵	1~5	0	
氨基磺酸钾	1~5	+0.06	
硫酸钴	0~20	+0.022	
氨基磺酸镍	0~60	+0.12	
氨基磺酸亚铁	95~35		
氧化镉	0~0.15	+0.12	—
钨酸钠	0~0.5	+0.033	—
钼酸铵	0~0.15	+0.027	发黑
硫酸铝	0~1.0	+0.027	—
氟硼化铵	0~0.5	+0.021	—
氟钛酸钾	0~0.35	+0.020	—
氟钛酸钠	0~0.25	+0.017	—
氟锆酸钾	0~0.1	+0.008	—
氟铍酸钾	0~1.0	+0.020	—
草酸铵	0~1.0	+0.025	平滑、细结晶
酒石酸钾	0~0.5	+0.038	光亮、发黑
柠檬酸钠	0~0.1	0	粗糙、发黑
对苯二酚	0~10	+0.010	细结晶
乙二胺四乙酸二钠	0~1.0	−0.009	平滑、发黑
次亚磷酸钠	0~0.5	+0.037	

① 内应力变量中，数据前的＋表示增加，－表示降低。

8.3 铁电铸的阳极

8.3.1 铁电铸阳极的特性

由于铁的标准电极电位 Fe^{2+}/Fe（25℃，相对于氢标准电极）为−0.44，属于易氧化的活泼金属。因此，铁阳极的特性与它的这种活泼性有着直接的关系，尤其铁电铸液几乎都是酸性体系，在酸性介质中的铁阳极实际上是处在一个典型的腐蚀介质环境中。了解钢铁的氧化过程，对了解铁阳极的特性是很重要的。

钢铁的氧化也即腐蚀过程，一般可以分化学腐蚀和电化学腐蚀两类。钢铁与其周围的气态或液态的介质，直接发生化学反应而引起的腐蚀，叫作化学腐蚀。钢铁在常温的干燥空气中并不腐蚀。但在高温下就容易被氧化，生成疏松易脱落的氧化层（由 FeO、Fe_2O_3 和 Fe_3O_4 组成）。

钢铁与电解质溶液相接触，由电化学作用而引起的腐蚀，叫作电化学腐蚀。形成原电池是电化学腐蚀的特征。电化学腐蚀在常温下亦能发生，不仅在金属表面，而且会发生在金属组织的内部，因此，比化学腐蚀更快，更普遍。电铸中的阳极即使不通电工作时，也会发生这种腐蚀。发生这种腐蚀的原因是钢铁中杂质与铁之间形成了腐蚀电池。

钢铁中常含有石墨和碳化铁，它们的电极电位代数值相对于铁的电极电位为正。当钢铁暴露在潮湿空气中，表面吸附并覆盖了一层水膜时，由于水电离出的氢离子，加上溶解于水的 CO_2 或 SO_2 所产生的氢离子，增加了电解质溶液中 H^+ 的浓度。

$$CO_2+H_2O \rightleftharpoons H_2CO_3 \rightleftharpoons H^+ + HCO_3^-$$

$$SO_2+H_2O \rightleftharpoons H_2SO_3 \rightleftharpoons H^+ + HSO_3^-$$

因此，铁和石墨或杂质与周围的电解质溶液形成了微型原电池。在这里，铁为阳极，石墨（或杂质）为阴极，发生析氢腐蚀如图 8-1 所示。

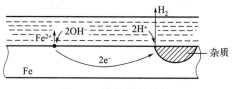

图 8-1　铁的析氢腐蚀

其电极反应为

阳极（铁）　　　　　　$Fe-2e^- \rightleftharpoons Fe^{2+}$

阴极（碳等杂质）　　　$2H^+ + 2e^- \rightleftharpoons H_2 \uparrow$

氢气在杂质上的析出，促进了铁的不断锈蚀。这种腐蚀过程中有氢气放出的叫作析氢腐蚀。铁的析氢腐蚀一般只在酸性溶液中发生，而电铸液恰恰就是酸性溶液。

在一般情况下，由于水膜接近于中性，H^+ 浓度较小，这时在杂质上还原的不是 H^+ 而是溶解于水中的氧，因此，电极反应是

阳极（铁）　　　　　　$Fe-2e^- \rightleftharpoons Fe^{2+}$

阴极（杂质）　　　$O_2+2H_2O+4e^- \rightleftharpoons 4OH^-$

两极上的反应产物 $2Fe^{2+}$ 和 $4OH^-$ 相互结合成 $2Fe(OH)_2$，然后 $Fe(OH)_2$ 同样被空气中氧气氧化成 $Fe(OH)_3$，进而形成疏松的铁锈。因此金属在含有氧气的电解质溶液中也能引起腐蚀，这种腐蚀叫作吸氧腐蚀，其过程如图 8-2 所示。

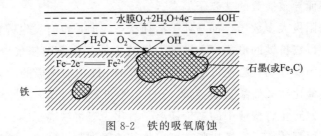

图 8-2　铁的吸氧腐蚀

由此可知，要想使电铸铁的阳极只在外电场作用下才发生离子化过程，从理论上说，就必须使用完全不含有任何杂质的纯铁。

8.3.2　适合作铁阳极的材料

根据铁电铸阳极的特性，我们已经知道，铁电铸的阳极应该采用纯铁而不能采用普通钢板，这样可以避免其他杂质的混入。要想获得完全不含任何杂质的纯铁几乎是不可能的。但是，用于电工学的电工纯铁却可以保持较高的纯度（参见表 8-3）。

表 8-3　电工纯铁的组成

牌　　号		主 要 用 途	化学成分(不大于)/%								
			C	Si	Mn	P	S	Al	Cr	Ni	Cn
电工纯铁	DT₄							0.15			
	DT₄A	无磁时效	0.004	0.01	0.20	0.013	0.007		0.10	0.002	
	DT₄E	电磁元件						0.50			
	DT₄C										

如果没有纯铁可用，则只能采用低碳钢板。这时，所用钢材的含碳量不能大于 0.1%。

8.3.3　铁电铸阳极的管理

用于铸铁的阳极应该是纯铁或者含碳量不大于 0.1% 的低碳钢，并且最好是经过轧制的厚度约 1.5mm 的铁板。如果采用了不纯的阳极，将会在电解过程中出现开始溶解过快而最后形成大量黑色阳极泥的现象，导致阳极钝化，槽电压升高。即使采用了纯度很高的铁板，也会因为铁阳极溶解的特性而生成不溶性阳极膜，需要经常对阳极进行刷洗，以保证阳极处于活化状态。

由于镀铁的阳极电流效率接近 100%，因此，阳极的面积可以与阴极的面积一样，甚至小一些为好。阳极与阴极的面积比可取 $(0.5\sim0.7):1$，这样可以防止阳极的过快溶解。同时，为了防止阳极泥渣落入镀液内，要在阳极外加装阳极袋。很重要的一个管理要点是在镀液不工作时，要将阳极从镀槽中取出来，以防止电化学溶解而导致镀液的铁离子偏高。

尽管镀铁阳极大多数场合都是处于活性状态，但是也有发生钝化的情况。而钝态的阳极将以三价铁的形式溶入镀液。镀液中的三价铁即使很少也是有害的，不仅导致镀层粗糙，而且会使镀层变脆。镀液的 pH 值对阳极的活化状态有较大影响，特别是氯化物和硫酸盐型镀液，pH 值不可以超过 1.8。另外镀液不要采用空气搅拌，以防止将槽液中的二价铁离子氧化为三价铁离子。

有一种还原型的离子交换树脂，可以将其放置到阳极袋中。这样，当阳极上有三价铁溶解时，在穿过还原型离子交换树脂后，可以被还原成有用的二价铁离子。这种带有离子交换树脂的阳极，也是功能性阳极的实例。

第9章
合金与稀贵金属电铸

9.1 合金与稀贵金属电铸简介

9.1.1 合金电铸概况

合金是已有金属不能完全满足工业需要而开发出来的新材料。当然合金的开发还有一个重要的意义就是以量大价低的金属替代一部分贵重或稀少的金属。

人类熟练地应用合金已经有几千年的历史。最好的证明当然是大家熟知的青铜，也就是铜合金。很多文明古国都有过令子孙自豪的青铜时代。这在前面已经有过介绍。而今天的合金技术，早已经不是我们的祖先所能料到的。在当代，合金已经是金属应用的主要形式。并且品种和数量之多，早已经大大超过了元素周期表中的所有金属的总数，成为国民经济中不可或缺的重要资源。除了我们熟知的钢铁合金、铜合金、铝合金、锌合金、镍合金以外，现在已经有更多应用在各种领域，特别是高科技领域的新型合金材料，并且进一步发展出复合材料和纳米材料，这些新材料已经成为后工业化时代的标志。

但是，合金的制取至今仍然主要依靠冶炼的方法。所以，当可以从电解液中电沉积出合金时，这是一个重要的创举。合金电镀不仅在表面装饰中大显身手，而且在功能性表面处理中有更为重要的价值，当然也包括在电铸中获得的应用。

现在利用电沉积的方法已经可以获得的合金多达几百种，其中已经在工业中应用的合金镀层和复合镀层见表9-1。

表 9-1　已经在工业中应用的合金镀层和复合镀层

类　别	可获得的合金镀层		备　注
合金镀层	铜锌、铜锡、铜锡锌、锡钴、锡镍、镍铁、锌镍、锌铁、锌钴、锡锌、镉钛、锌锰、锌铬、锌钛、镉锡、锌镉、锡铅、镍钴、镍钯、镍磷、铬镍、铁铬镍、铬钼、镍钨、银镉、银锌、银锑、银铅、金镉、金镍、金银、金铜、金锡、金铋、金银钴、金锡铜、金锡镍、金银锌、金银镉、金铜铜、金铜镉银		这里只主要列举了二元合金和少数三元合金。而现在已经有四元及四元以上的合金镀层出现
复合镀层	载体镀层	复合材料	载体镀层也就是复合镀层的金属基质,复合材料分散在镀液中,通过电镀与载体镀层共沉积
	镍	三氧化二铝、三氧化二铬、氧化铁、二氧化钛、二氧化锆、二氧化硅、金刚石、碳化硅、碳化钨、碳化钛、氮化钛、氮化硅、聚四氟乙烯、氟化石墨、二硫化钼等	
	铜	三氧化二铝、二氧化钛、二氧化硅、碳化硅、碳化钛、氮化硼、聚四氟乙烯、氟化石墨、二硫化钼、硫酸钡、硫酸锶等	
	钴	三氧化二铝、碳化钨、金刚石等	
	铁	三氧化二铝、三氧化二铁、碳化硅、碳化钨聚四氟乙烯、二硫化钼等	
	锌	二氧化锆、二氧化硅、二氧化钛、碳化硅、碳化钛等	
	锡	刚玉	
	铬	三氧化二铝、二氧化铯、二氧化钛、二氧化硅等	
	金	三氧化二铝、二氧化硅、二氧化钛等	
	银	三氧化二铝、二氧化钛、碳化硅、二硫化钼	
	镍钴	三氧化二铝、碳化硅、氮化硼等	
	镍铁	三氧化二铝、三氧化二铁、碳化硅等	
	镍锰	三氧化二铝、碳化硅、氮化硼等	
	铅锡	二氧化钛	
	镍硼	三氧化二铝、三氧化二铬、二氧化钛	
	镍磷	三氧化二铝、三氧化二铬、金刚石、聚四氟乙烯、氮化硅等	
	镍硼	三氧化二铝、三氧化二铬、二氧化钛	
	钴硼	三氧化二铝	
	铁磷	三氧化二铝、碳化硅	

　　合金往往是改变了原来单一金属的某些性质,或使某些性能得到了加强,特别是力学性能,这对于电铸是很重要的。电铸针对不同的用途,对铸型的力学性能有不同的要求,包括机械强度、延展性、耐蚀性、热性能等。而有些性能只有利用合金才能达到。这时采用合金电铸就是必要的了。

9.1.2　稀贵金属电铸简介

　　以传统的眼光来看,采用稀贵金属电铸简直是不可思议的事。这倒不是技术上做不到。在技术上没有任何问题,而是没有这种必要。因为成本太高,以商业的眼光来看是很不合理的。

但确实是有稀贵金属电铸这回事。至少在两个领域现在要用到稀贵金属的电铸，并且其中的一个应用已经产业化，这就是金银饰品电铸加工业。

金银饰品的电铸加工能够产业化，主要是随着我国改革开放带来的经济发展，提供了金银制品需求的一个很大的市场。给沉寂了很久的金银制品业带来了很多商机，推出了许多新的产品。

稀贵金属电铸的另一个应用是特殊领域和科研的需要。有些领域，比如航天、航海、医学和生命科学等领域要用到稀贵金属电铸的制品。包括稀贵金属异形电极（如异形铂金电极）、航天精密仪器齿轮和异形结构件、牙齿、心脏等医用配件等。对于这些制品，采用电铸加工方法，反而成了最为经济的方法。因为电铸几乎是没有任何切削损耗的精确加工方法。基本上可以做到需要多少材料就只消耗多少材料。这对于稀贵金属加工成了重要的优点。其他机械加工方法都会有边角料的问题。虽然对于稀贵金属不存在丢弃的问题，但却存在加大了原料的损耗和投入量的问题，显然是不经济的。

至于科研，就更容易理解了。很多科研都会涉及应用稀贵金属的问题，其中当然不乏要用到稀贵金属电铸制品的问题，包括前面已经提到的特殊电极、航天器的零件、星际工作站的构件和零件等。

9.2 合金电铸工艺

9.2.1 合金电铸的原理

9.2.1.1 基本原理

合金电铸的基本原理是有着相近电沉积电位的不同金属离子同时按比例在阴极还原并进入金属晶格，形成合金镀层。

从冶金学的角度，金属形成合金有三种可能的形式。

一是机械混合物。构成合金成分的元素基本保持原来的结构和性质。两种元素只是机械地混合，金属之间不发生作用。

二是形成固溶体。这时可以将两种元素中的一种看作溶剂，另一种看作溶质。将溶质原子溶入溶剂的晶格中，而仍然保持溶剂晶格类型的金属晶体，称为固溶体。大多数电镀合金层属于单相固溶体，或以固溶体为基础的多相合金。

三是金属间化合物。金属间化合物是合金组分之间发生相互作用而生成的一种新相。其晶格类型和性能完全不同于合金组分中的任一个元素的类型。一般以分子式表示其组成。它与普通化合物不同，除了离子键和共价键以外，金属键也起着相当的作用。这种化合物具有金属的性质，所以称为金属间化合物。金属间化合物一般具有较为复杂的晶体结构。熔点较高，硬度也高，但是一般也都有很大脆性。有一部分电镀合金属于金属间化合物，比如银镉、铜锡、镍磷、铁锌等。

合金电镀的理论研究明显地落后于实践。因为无论是在生产还是在科研中，都已经有大量合金镀层出现，并且出现了不少三元合金或四元合金。但是关于这些不同金属共沉积的原理和电结晶的精确过程，还没有统一和权威的解释。

这里仅以二元合金为主来简单介绍合金共沉积的某些条件。

① 共沉积的两种合金，至少要有一种是可以从水溶液中实现电沉积的。当然两种金属都可以从水溶液中沉积更好。有些金属不能单独从水溶液中电沉积，但是在合金状态下，则可以作为合金的组分之一与可沉积金属共沉积。比如钨、钼等，单独不能从水溶液中电沉积，但是与铁、钴、镍等共沉积时，则可以获得合金镀层。为什么会这样，需要电极过程动力学和电镀工艺学界加以探索。

② 如前所述，两种金属共沉积的基本条件是两种金属的电沉积析出电位要相近或相等。

据此，可以根据单金属的标准电极电位初步判断哪些金属可以在简单盐的镀液中共沉积。比如铅（$-1.26V$）与锡（$-1.36V$）、镍（$-0.25V$）与钴（$-0.27V$）、铜（$0.34V$）与铋（$0.32V$）等。但是，大部分金属的电位相差都较远，如果不采取相应的措施，是不可能让这些金属共沉积的。

但是，我们通过对电极过程的研究可知，同一种金属离子，当它在镀液中处于不同的化学状态时，其电沉积的电位有较大的变化，原来电位较正的金属离子，可能在较负的电位下才发生电沉积。这就是利用络合剂等的作用，让金属离子的还原电位发生偏移，也就是产生阴极极化而使沉积电位发生变化。比如，在简单盐溶液中，银的沉积电位比锌要高 $1.5V$，但是在氰化物镀银中，银的电沉积电位比锌还低。

当然获得合金共沉积的方法不只是利用络合物。

9.2.1.2　电沉积合金的特点

金属共沉积的特点是受扩散过程控制。合金镀层中电位较正的金属的含量与阴极扩散层中金属离子的总量成正比。电镀工艺参数对合金组成的影响最终都是与扩散过程的影响有关。因此，凡是影响扩散过程的工艺参数，都会对电位较正的金属的含量有影响。

但也有的镀液不遵守扩散控制理论。络合物镀液多属于这种情况，这时沉积电位的影响是主要的，只有达到其析出电位的金属，其离子才会在阴极上还原为金属。

还有一些合金镀属于异常共沉积的合金。这种镀液中电位较负的金属反而会比电位较正的金属先沉积。比如铁族金属的合金沉积就属于这种类型。针对这些不同的合金共沉积的特点，电镀工艺学根据合金的不同共沉积形态对合金的共沉积进行了分类。表 9-2 列举了这种分类。

表 9-2　电沉积合金的类型和特点

合金类型		特　　点	合　金　例
正常共沉积	正则共沉积	总是电位较正的金属优先沉积。合金共沉积的特点是受扩散过程控制。工艺参数的影响可以由阴极扩散层中金属离子的浓度来预测 提高金属离子含量、减小阴极电流密度、提高镀液温度和加强搅拌等，都有利于电位较正的金属的沉积	镍钴合金、铜铋合金、铅锡合金等
	非正则共沉积	这类共沉积的特点是受阴极电位控制。电镀工艺参数对合金沉积组成的影响没有正则共沉积那么大 络合物电镀液多属于这一类。平衡电位比较接近且易于形成固溶体的镀液，也可以出现非正则共沉积	氰化镀铜锌合金等
	平衡共沉积	在低电流密度下，合金中各组分的比等于镀液中各金属离子的浓度比。属于这一类的合金不多	酸性镀铜铋合金等
非正常共沉积	异常共沉积	异常共沉积的特点是电位较负的金属反而优先沉积。对于具体的合金镀，只有在一定的浓度和某工艺条件下，才会出现异常共沉积。即使同一个镀液，当条件变化以后就不一定出现异常共沉积	含铁族金属的合金，镍钴、铁钴、铁镍、锌镍、铁锌和镍锡等
	诱导共沉积	对于有些单独不可能电沉积的金属，在合金离子存在的条件下，可以与这些合金离子形成共沉积的过程，就是诱导共沉积。如钛、钼、钨等只有组成合金才能实现电沉积	镍钼、钴钼、镍钨、钴钨等

由这些分类我们可以了解到，电沉积合金的过程与单一金属离子的电沉积过程是有明显区别的，这主要是存在所谓非正常共沉积现象。并且大多数合金的共沉积不同程度地存在这些现象。在有两种以上金属离子可以在阴极上同时或先后还原时，这时的电极过程往往不再遵循单一金属离子的电沉积规律，出现了诸如负电位的反而先沉积出来，或者原来不可能单独电沉积的金属离子在合金中可以与其他金属一起共沉积出来等。出现这些异常共沉积现象的机理还不是很清楚。

9.2.1.3　获得电沉积合金的方法

我们已经知道，影响金属离子在阴极电化学还原的因素比较多。只要采取相应的措施，其中的一种因素就可能成为控制因素，从而可以控制这一因素来改变其电沉积的电位。一般而言有以下几种方法是常用的。

（1）改变金属离子的浓度

当合金金属之间的电极电位接近的时候，改变金属离子的浓度是调整电沉积合金成分的主要和重要的方法。在一般情况下，镀液中合金成分中金属离子的浓度与镀层中金属离子的浓度有着线性的相关性。并且镀层合金的组分对镀液中金属离子浓度的变化也很敏感。镀液中金属离子浓度的变化马上就会在镀层的合金成分的比例上有所反映。找到不同镀种的这种溶液浓度与镀层中合金成分的相关性，就可以控制电沉积物的合金成分趋于稳定。但是，在很多时候，镀液中金属离子浓度的比值，并不等于镀层中金属成分的比值。但是仍然存在相关性，因此，改变镀液中金属离子的浓度比，可以改变镀层中金属成分的比值。还有一种办法是提高镀液中金属离子的总浓度，可以使其中某一成分的比率增加，但是这种增加是有限的。还有一种方法是单独改变一种金属离子的浓度，这时总量也有所改变，会给镀液带来不稳定。因此，在总量不变条件下调整比例是较好的管理办法。

但是，有一些金属之间的标准电位相差很大，在电位相差很大的情况下，再用控制离子浓度来达到合金的共沉积就比较困难了。这种时候要采用络合剂调整。

（2）采用络合剂

采用络合剂使不同电位的金属共沉积是非常有效的方法。对于合金电铸液中几种金属离子之间的标准电位差值较大的，可以采用络合剂将其中电位较正的金属离子加以络合，使其还原电位向更负的方向移动。络合剂使被络合的金属离子在阴极上析出时产生较大的极化，可以调节金属离子的还原电位，使两种电位相差较大的金属离子在阴极的实际还原电位相互接近，从而达到共沉积的目的。络合剂还能保持镀液的稳定性和保证镀层结晶细致。

合金电镀的络合剂有单一型，也有混合型。以氰化物为络合剂的合金电镀基本上是单一络合剂型。这是因为氰化物是最好的通用络合剂，对大多数金属都能形成稳定的络合物。对于一些无氰镀合金的镀液，则往往需要用到混合型络合剂，即对合金成分中的每一种金属离子采用一种特定的络合剂。这时游离的络合物对金属离子的沉积有明显的影响。

在氰化物镀铜锡合金的镀液中，通常会认为氰化物是铜和锡的络合剂，将这种合金当作单一络合剂型，而实际上，镀液中的氢氧化钠是锡的络合剂。当镀液中的氰化物含量增加，合金中铜的成分下降，但是锡不受其影响（当然在合金中的比例反而会增加）。而当氢氧化钠增加时，将使锡的电位变负，而铜则不受其影响。因此，混合络合物型镀液中络合剂的含量的变化会对合金的成分产生影响。

（3）加入添加剂

添加剂也可以改变金属离子沉积时的阴极过程。由于添加剂多数是有特定表面活性的物质，并且对某种金属离子有着明显的作用，则使用这种添加剂，就会影响这种金属离子的共沉积行为。现在用于电镀或电铸的添加剂大多数是有机高分子合成物，并且多数是多种成分的混配物。这类物质的一个主要特点是具有明显的表面活性。可以在一定的电流密度下在阴极表面吸附而对金属离子的还原产生影响。这种阻滞作用有利于让还原电位正的金属的沉积受到一定控制，从而可以提高合金中另一组分的相对含量。

也有的添加剂可以直接促进金属离子的沉积，比如在铅锡合金电镀中，只加入明胶，合金中锡的含量只占约 1.6%，但是当加入间苯二酚后，合金中锡的含量可增加到 6%。在焦磷酸盐和锡酸盐镀铜锡合金中，加入苯并咪唑等，可以提高锡的含量。

（4）其他影响合金共沉积的因素

其他影响合金共沉积的因素主要是工艺参数。这些因素包括镀液的 pH 值、阴极电流密度、镀液的温度和搅拌等。

pH 值对金属共沉积的影响，主要是镀液的酸碱度的变化改变了金属离子的化合状态。有许多络合物的稳定性是 pH 值的函数。不同的镀种和不同的金属离子，受 pH 值变化的影响是不同的。

阴极电流密度对合金成分的影响是非常明显的。通常，电流密度的增加使阴极电位变负，这有利于合金成分中电位较负的金属的含量增加。但是在不同的合金沉积过程中，电流密度的影响也是不同的。

温度和搅拌与以上因素一样，都对合金的共沉积有着不同的影响。我们将在讨论具体的合金电铸液时，再对这些工艺参数的影响针对具体的电铸过程加以介绍。

9.2.2　铜系合金

铜合金是应用最早、用途广泛的合金，常用的铜合金有铜锌合金、铜锡合金、铜镍合金等。这三类合金分别被称为黄铜、青铜和白铜。当然，当青铜的含锡量较高时，也会得到白铜的效果。这三种合金都可以从镀槽中获得，并且其合金的成分也基本上是可控制和加以调节的。

9.2.2.1　铜锌合金

铜锌合金在电镀中用作仿金镀层。在光亮的铜或镍打底的镀层上镀上一层很薄的铜锌合金，可以获得与金子一样的黄金色。并且同样可以通过调节锌与铜的比例来仿制出 24K 或者 18K 的金色。而电铸所用的黄铜镀液实际上就是电镀中的仿金镀液。

（1）铜锌合金电铸

电镀铜锌合金（黄铜）是最早开发的合金电镀工艺之一。一价铜的标准电位为0.52V，二价铜的标准电位为0.34V，而锌的标准电位则是－0.76V，两种金属的电位相差1V以上。在简单盐镀液中是不可能形成合金共沉积的。但是在以氰化物为络合剂的镀液中，两种金属的电极电位都向负的方向移动，都在－1.2V左右，两者的电位差缩小，从而有利于两种金属的共沉积。事实上，现在工业中广泛采用的镀铜锌合金仍然主要是氰化物镀液。

① 高速镀黄铜

氰化亚铜	75～105g/L	pH值	12.5
氧化锌	3～9g/L	温度	75～95℃
氰化钠	90～135g/L	阴极电流密度	2.5～15A/dm²
游离氰化钠	4～19g/L	阳极	Cu 95%，Sn 5%
氢氧化钾	40～75g/L		

② 白铜

氰化亚铜	16～20g/L	氢氧化钠	30～37g/L
氰化锌	35～40g/L	温度	20～30℃
氰化钠	52～60g/L	阴极电流密度	3～5A/dm²
游离氰化钠	5～6.5g/L	阳极	Cu 35%，Sn 65%
碳酸钠	35～40g/L		

③ 仿金

氰化亚铜	53g/L	pH值	10.3～10.7
氰化锌	30g/L	温度	43～60℃
氰化钠	90g/L	阴极电流密度	0.5～3.5A/dm²
游离氰化钠	7.5g/L	阴阳面积比	2：1
碳酸钠	30g/L	阳极	Cu 70%，Sn 30%

（2）镀液成分的影响

① 主盐　主盐是镀液中提供金属离子的主要来源。合金镀液中主盐的浓度和它们的比例影响金属的沉积速度和镀层合金的组成。在黄铜镀液中，铜锌的比为（10～15）：1。如果是镀白铜，则铜锌的比为1：（2～3），在仿金合金中铜锌比则是（2～3）：1。

② 氰化钠　氰化钠是铜和锌的络合剂，它与铜和锌都能形成非常稳定的络离子。当在溶液中含有适量的游离氰化物时，不仅对络合物的稳定性有好处，而且非常有利于阳极的正常溶解。当溶液中的游离氰化物浓度较低时，镀层中铜的含量增加。但过高的游离氰化物会使电流效率下降。

③ 碳酸钠　碳酸钠可以提高镀液的导电性。尽管氰化物镀液在工作一定时间后，会自行生成碳酸盐，但新配镀液时，一般还是加入适量的碳酸盐为好。当

碳酸盐的含量过高时，会影响阳极的电流效率。一般应控制在 70g/L 以下。

④ 氢氧化钠（钾） 在镀液中加入一定量的氢氧化钠或钾，可以改善镀液的导电性和分散能力。但过多的碱会引起镀液的 pH 值升高，这时会增加镀层中锌的含量。因此在镀白黄铜时，要采用较高的 pH 值。

⑤ 添加剂 为了改善镀层的性能，有时要往镀液中加入某些添加剂。比如少量的砷化物和亚砷酸，可以得到有光泽的白色铜合金。添加量一般在 0.01～0.02g/L。过量会使镀层发白，且阳极溶解也不正常。

添加 0.04～0.08g/L 的酚或 0.5～1.0g/L 的甲酚磺酸，也可以得到光亮致密的镀层。添加少量的其他金属离子，也能改善镀层的性质。比如加入 0.01g/L 的镍，可以起到类似光亮剂的作用。

其他如天然胶或有机添加剂也可以用来改善镀层，但是对于电铸，有机物的引入会增加镀层的脆性，因此要慎用。

（3）工艺参数的影响

① 电流密度 大多数黄铜镀液的电流密度都是很低的，只有高速黄铜的电流密度可以达到十几 A/dm^2。电流密度对合金成分的影响是较大的，在低电流密度下，铜的含量会增加，极低的电流下会只得到纯铜的镀层。因此，对于合金电镀来说，电流密度要保持在较高的水平。

② 温度 温度升高，镀层中的含铜量会增加，尤其是在电流密度较低时，含铜量会明显增加。在高电流密度下，每升高 10℃，镀层中的铜的含量增加 2%～5%，但到达一个温度值后也不会再增加多少。过高的温度会引起氰化物的分解，增加镀液中的碳酸盐。一般应控制在 50℃ 以下。

③ pH 值 镀液的 pH 值主要影响镀液的导电性和主盐金属离子的络合状态。较高的 pH 值有利于锌成分的增加。调整 pH 值时要注意，调高可以用氢氧化钠或氢氧化钾，但是调低时不能直接用任何一种酸，以防止产生剧毒的氰氢酸逸出而危及操作者的生命安全。调低氰化物镀液的 pH 值只能采用重碳酸钠或重亚硫酸钠等弱酸性溶液来调整，并且要在良好排气条件下缓慢加入，充分搅拌。

④ 搅拌 搅拌可以提高镀液的工作电流密度，增加镀液的分散能力。特别是对于电铸加工，由于电流密度大大高于普通镀液，如果没有强力的搅拌或镀液的循环，在高电流密度下几乎不能正常工作。

（4）阳极

阳极材料的组成和阳极的物理状态对镀液的稳定性和镀液的正常工作有着非常重要的影响。电镀黄铜一般不采用混合阳极而是采用合金阳极，因为如果对铜和锌进行分挂，会在锌阳极上发生置换反应，不利于锌阳极的正常工作。因此，铜锌合金的电镀都是采用的合金阳极，并且其合金成分的比例与镀层的比例是一样的。不过当需要得到含铜量为 70%～75% 的黄铜镀层时，阳极合金的含铜量可以在 80%，这样有利于阳极的正常溶解，减少阳极泥的产生。

目前工业上采用的合金阳极，基本上是通过轧制的方法得到的。经过轧制的阳极的溶解比较均匀，且溶解效率高。不过经过轧制的阳极最好能在 500℃ 进行退火后再使用。如果是铸造阳极，则要去除表面氧化皮后再投入使用。

合金阳极的质量不仅取决于合金组成及铸造工艺，还取决于合金中夹杂的杂质的种类和含量。合金阳极中的有害杂质主要有铅、锡、砷、铁等。铜锌合金阳极中杂质的允许含量见表 9-3。

表 9-3　铜锌合金阳极中杂质的允许含量

杂 质 金 属	允许量/%	杂 质 金 属	允许量/%
锡	＜0.005	锑	＜0.005
镍	＜0.005	砷	＜0.005
铅	＜0.005	铁	＜0.01

（5）无氰镀黄铜

焦磷酸盐镀黄铜是可供工业化生产的无氰电镀工艺。焦磷酸钾对铜和锌都能形成较稳定的络合物。不过铜还是容易优先析出，特别是在低电流区。因此要选择适当的辅助络合剂，这对改善镀液性能是有益的。采用这种工艺，镀层中的含铜量可以控制在 70%～81%。

硫酸铜	25g/L	pH 值	11
硫酸锌	29g/L	温度	50℃
焦磷酸钾	200g/L	阴极电流密度	0.5A/dm^2
四甲基乙二胺	12g/L		

在这个工艺里所用的辅助络合剂是四甲基乙二胺（简易分子式为 $C_6H_{16}N_2$，也叫 N,N,N',N'-四甲基乙二胺），可以增加铜的极化，从而抑制铜的过量析出。

9.2.2.2　铜锡合金

铜锡合金也就是常说的青铜。这是曾经被当作代镍镀层而在我国电镀业中有广泛应用的镀种，至今仍然还有一些电镀厂商将这一镀种用于防护装饰性镀层的中间层。

铜锡合金用于制作塑压模具时，有比钢材更好的性能。首先是具有足够的强度和硬度，对于用来进行塑料加工是不成问题的。其次是具有良好的导热性能，有利于控制塑料加工中模具的温度。与钢制模具相比，青铜模具的平均温度可以降低 20%，冷却时间可以节省 40%，这对于节约能源有着重要的意义。青铜良好的导热性能还对提高模具的热穿透率有利，当模具的热穿透率低下时，模具的各部位温差较大，有时会导致塑料制品报废。

（1）镀铜锡合金工艺

① 低锡青铜（含锡 6%～15%）　铜锡合金中含锡量在 6%～15% 的，称为低锡青铜。当含锡量达到 14%～15% 时，镀层呈金黄色。这种镀层的耐腐蚀性好，孔隙率低。可作为代镍镀层。

氰化亚铜	11～21g/L	十二烷基硫酸钠	0.01～0.03g/L
锡酸钠	9～13g/L	pH 值	12.5～13.5
氰化钠	35～50g/L	温度	50～60℃
氢氧化钠	8～12g/L	阴极电流密度	2～4A/dm²

② 中锡青铜（含锡 15%～20%）

氰化亚铜	11～28g/L	pH 值	13～13.5
锡酸钠	7～9g/L	温度	55～60℃
氰化钠	45～66g/L	阴极电流密度	1～3A/dm²
氢氧化钠	22～26g/L		

③ 高锡青铜（含锡 40%～45%）

氰化亚铜	8～14g/L	酒石酸钾钠	30～37g/L
锡酸钠	42～46g/L	pH 值	13.5
氰化钠	27～37g/L	温度	65℃
氢氧化钠	95～103g/L	阴极电流密度	3A/dm²

（2）镀液成分及工艺条件的影响

① 镀液成分的影响

a. 主盐　合金离子的总浓度对镀层组成影响不大，主要影响电流效率。两种金属离子的比例与金属镀层中两组分的比例有关。在低锡青铜中，铜与锡的比以（2～3）:1 为宜，而高锡镀液中，则以 1:（2.5～4）为宜。

b. 游离氰化物　氰化钠是铜的稳定络合剂，在有游离氰化钠存在的情况下，铜离子络合盐是非常稳定的，只有在强电场作用下才会在阴极还原，因此电流效率也较低。游离氰化物的量增加会使铜的含量下降，而对锡没有多大影响。

c. 游离氢氧化钠　氢氧化钠是锡盐的络合剂。镀液中游离氢氧化钠增加，会使锡络离子的稳定性增加，同时增大锡析出的阴极极化，镀层中的锡含量会减少。

② 工艺条件的影响

a. 温度的影响　镀液的温度对合金镀层的组成、质量和镀液的性能等均有影响。升高温度，镀层中的含锡量增加，阴极电流效率提高。但是温度过高会加速氰化物的分解，镀液的稳定性会受影响。而当温度偏低时，阴极电流效率下降，阳极溶解不正常，所以要选择合理的镀液温度。兼顾到各方面的需要，一般控制在 60℃ 左右为好，最好是采用温度自动控制系统。

b. 电流密度的影响　电流密度的变化对镀层合金成分的影响较小，主要是影响阴极的电流效率和镀层的质量。电流密度提高，电流效率下降，镀层粗糙，阳极容易发生钝化。电流密度太小，镀层沉积缓慢，镀层发暗。

c. 阳极的影响　氰化物镀青铜的阳极，可以用铜锡合金阳极，也可以采用单纯的铜阳极而添加锡盐，再就是采用锡、铜混挂阳极。镀低锡青铜多采用铜阳极或合金阳极。在只用铜阳极时，可以定期补加锡酸钠。合金阳极中的锡含量为10%～20%，为了使之在镀液中溶解正常，在铸出来以后要在700℃退火2～3h。镀液中的二价锡这时是有害成分。当过多时会引起镀层粗糙、发暗。当镀液中二价锡过多时，要加入双氧水进行氧化处理。

当电镀高锡青铜时，可以采用铜锡混挂阳极，也可以采用合金阳极。电镀结束后，应将阳极从镀液中取出来。

（3）无氰镀青铜

能成功用于生产的无氰镀青铜，仍然是焦磷酸盐镀铜锡合金。但只能获得含锡量较低的镀层。镀液中锡酸钠的含量对镀层中锡含量并没有显著影响。但控制锡在镀液中有较高的含量，有利于稳定镀层中的锡含量（通常在10%左右）。

焦磷酸铜	20～25g/L	pH 值	10.8～11.2
锡酸钠	45～60g/L	温度	25～50℃
焦磷酸钾	230～260g/L	电流密度	2～3A/dm²
酒石酸钾钠	30～35g/L	阳极	含锡 6%～9%的
硝酸钾	40～45g/L		铜锡合金阳极
明胶	0.01～0.02g/L		

9.2.3　镍系合金

9.2.3.1　镍钴合金

由氨基磺酸盐电沉积、以铁族金属为基的镍钴、镍铁和镍磷等合金是当代应用电化学中发展较快的工艺，其中对氨基磺酸盐电解液的兴趣主要就在于它可以沉积出现代技术，主要是电铸领域中需要的合金。除氨基磺酸盐电解液以外，其他类型的电解液在电铸中很少用来得到上述合金。尤其是镍钴合金，其在电铸中的优良性能，已经在电铸，特别是微型电铸中有着重要的应用。

（1）镍钴合金工艺

镍和钴的析出电位很接近，因此很容易实现共沉积。比如在 0.5mol/L 的硫酸盐中，在 15℃时，镍的析出电位是 −0.57V，而钴的析出电位是 −0.56V。含钴量在 40%以内的镍钴合金有良好的耐蚀性和较高的硬度、良好的耐磨性。

表 9-4 列举了常用的以氨基磺酸盐为主的电铸镍钴合金的工艺参数。除了氨基磺酸盐镀镍钴，硫酸盐镀镍钴合金也是常用的工艺（表 9-5）。

表 9-4 镍钴合金电铸液的操作条件和沉积物外观

序号	成 分	含量/(g/L)	pH 值	温度/℃	阴极电流密度/(A/dm²)	搅拌	外观	其他
1	氨基磺酸镍 硼酸 氯化镍 镍钴比	3mol/L 30 15 0~1	4.3~5.3	35~80	0.5~1.5	机械搅拌15r/s	无光泽	—
2	镍离子 钴离子 硼酸 氟化钠	20~120 4~45 30 4	5.2	35~60	20	—	灰色光亮	阳极镍钴（Ni 30%）
3	氨基磺酸镍 氨基磺酸钴 硼酸 氯化镁 防麻点剂	225 225 30 15 3mg	2~4	25	1.6~3.2	机械搅拌		阳极镍钴（Ni 20%）
4	钴离子(氯化物) 镍离子(碳酸盐) 氨基磺酸	5~25 15 59	1.5~7	20	0.48~0.52	—	—	—
5	氨基磺酸镍 氨基磺酸钴 镍钴总量 氟化钠 硼酸	85~510 21~170 80~520 4 30	5.3	25~60	1~20	机械搅拌(3.3~20r/s)	无光泽	—
6	镍离子 钴离子 氨基磺酸 氯离子 硼酸	0.9mol 0.1mol 1.8mol 0.2mol 30g	4.5	60~80	—	—	—	—
7	氨基磺酸镍 氨基磺酸钴 氯化镍 硼酸	600	4.0	60	1~21	空气搅拌		—
8	氨基磺酸镍 氨基磺酸钴 溴化镍 硼酸	73.5 8 3.7 30	—	50	2.6			
9	氨基磺酸镍 氨基磺酸钴 硼酸 氯化镍	195~440 25~195 35~40 2~4	3.5	40~60	2~5	—		

表 9-5 硫酸盐镀镍钴合金工艺

镀液组成和工艺	组分含量/(g/L)			
	1	2	3	4
硫酸镍	200~220	240	200	240
氯化镍	—	45		45
硫酸钴	5~8	15	19	15

镀液组成和工艺	组分含量/(g/L)			
	1	2	3	4
氯化钠	10～15	—	15	—
硼酸	25～30	30	30	30
萘二磺酸钠	5～8	—	—	—
甲酸钠	8～22	—	—	35
甲酸	—	30mL/L	—	—
甲醛	1～1.2	2.5	—	—
硫酸钠	—	—	—	—
pH 值	5.6～6	4.0～4.2	5.6	4.5
温度/℃	28～30	55～60	20～25	57
电流密度/(A/dm²)	1～1.2	3～8	1.8～2.5	4.3～8.6

（2）影响镍钴合金成分的因素

① 温度　镀层中的钴含量随着镀液温度的升高而增加。几乎所有的镍钴合金镀液都有这种倾向。

② pH 值　pH 值的变化对镀层中钴的含量有一定影响。当 pH 值低于 3.5左右时，镀层中的含钴量随 pH 值的升高而降低；当 pH 值高于 3.5 时，对镀层中含钴量的影响不是很明显。

③ 电流密度和其他工艺参数　随着钴盐浓度的上升和搅拌强度的加大，合金成分中的钴含量升高。但是当阴极电流密度超过 $5A/dm^2$ 时，钴含量反而下降。硼酸含量的变化对合金成分没有影响。

9.2.3.2　镍铁合金

镍铁合金用于电铸已经有 100 多年的历史。早期的镍铁合金电镀液是没有添加剂的简单盐镀液，现在已经开发出多种用于镍铁合金的添加剂。除了用于电铸，镍铁合金电镀在装饰、防护等诸多方面已经有较广泛的应用。因为这种镀液有良好的整平作用，镀层硬度高而韧性比光亮镍好，可以二次加工。同时镀液的成本较低，可以节省 15%～50% 的金属镍。

（1）硫酸盐电镀镍铁合金

硫酸镍	200g/L	十二烷基硫酸钠	0.05g/L
硫酸亚铁	25g/L	糖精	2g/L
氯化钠	35g/L	pH 值	3.5
柠檬酸钠	25g/L	温度	60℃
硼酸	40g/L	电流密度	2.5A/dm²
苯亚磺酸钠	0.3g/L	阳极	混挂阳极（镍∶铁＝4∶1）

（2）镀液成分与工艺条件的影响

① 主盐的影响　镍铁合金的析出属于异常共沉积。尽管铁离子在合金镀液中的电极电位比镍还要负 200mV，但是铁会优先在阴极上析出。即使镀液中铁离子的浓度很低，铁仍然会优先析出。由此可知，在实际电镀中控制好镀液中铁离子的浓度，是获得镍铁合金镀层的关键。

② 稳定剂的影响　镍铁合金中所采用的铁盐是二价铁，由于二价铁在空气中和在阳极上容易被氧化为三价铁，而三价铁的溶度积又很小，在 pH>2.5 的条件下，会生成氢氧化三铁沉淀，对镀液的稳定性和镀层的质量都带来一些问题。在大电流密度下工作时，由于氢的大量析出，即使在 pH 值很低的情况下，也会在电极表面出现 pH 值升高的情况，这时镀层中难免会杂入氢氧化物而给镀层带来脆性等问题。因此，一定要有让铁离子保持稳定的措施。通常是用络合剂来将铁离子络合起来。常用的是柠檬酸、葡萄糖酸、EDTA 等，并且与多羧酸混合使用时，效果会更好。

③ 添加剂的影响　对于装饰性的镍铁合金，必须添加光亮剂。有些添加剂则有整平镀层的作用。目前使用的光亮剂有糖精和苯并萘磺酸类的混合物，也有用磺酸盐和吡啶类盐的衍生物。一些新的镀镍中间体都可以用在镍铁合金镀液中。可以根据需要选用这些中间体来组成添加剂。

④ pH 值的影响　在简单盐镀液中，pH 值对镀层的组成及阴极电流效率都有比较大的影响。随着镀液 pH 值的升高，镀层中铁的含量增加，但同时也会产生氢氧化铁的沉淀而影响镀液稳定性和镀层性能。当 pH 值过低时，阴极电流效率会下降。这是因为析氢量增加的原因。

⑤ 温度的影响　随着镀液温度的升高，镀层中的含铁量会有所增加。不过温度对电流效率的影响很小。镀液温度每升高 10℃，电流约提高 1%～2%。镀液温度过高，会使二价铁加速氧化为三价铁。但是温度过低时，则高电流密度区会出现烧焦，整平性能也下降。因此采用恒温控制系统将温度控制在工艺规定的范围，是比较可靠的方法。

⑥ 电流密度的影响　随着电流密度的增加，镀层中的含铁量会下降。因为铁的电沉积受扩散步骤控制，电流密度越高，扩散步骤的影响也会越大，铁的含量也就会下降。电流密度对电流效率的影响并不是很明显，当电流密度增加时，电流效率略有提高。

⑦ 搅拌的影响　搅拌对镀层中铁的含量有明显影响，当采用强力搅拌时，镀层中的含铁量可达到 27% 左右，而当减弱搅拌时，含铁量就会降低至 24% 以下，当停止搅拌，含铁量会降到 11% 左右。因此镍铁合金电镀要求有较强的搅拌装置。但是，考虑到二价铁氧化的问题，不要采用空气搅拌，而以镀液循环加

机械搅拌效果较好。

（3）阳极

在硫酸盐镀液中镀镍铁合金，可以用合金阳极，也可以用镍铁合金分控阳极或混挂阳极。使用合金阳极时，操作方便，不需要其他辅助设备，但是不容易控制镀液中主盐离子的浓度比。要想较准确地控制主盐浓度比，则要采用分别控制的阳极或混装阳极。在采用混装阳极时，要防止铁的过量溶解。因为铁阳极的溶解性要好于镍，这时只能减少铁阳极的面积。当要求镀层的含铁量为 20%～30% 时，镍阳极和铁阳极的面积比以（7～8）∶1 为好。

镍和铁阳极的纯度也很重要，特别是铁阳极，一定要用高纯铁。阳极都要使用聚丙烯或纯涤纶制成的阳极袋套起来，以防止阳极上的泥渣掉入到镀槽中。

（4）镀液的维护

镍铁合金的现场管理和维护很重要，特别是主盐离子的浓度比，要经常加以控制。要根据镀液中主盐浓度与合金中成分的对应关系找到相应的规律，再根据对合金成分的需要来定出管理的比值。

防止二价铁的氧化也是镀镍铁合金的关键之一。为了防止二价铁的氧化，应当注意以下几点。

① 严格管理镀液的 pH 值，尤其要注意在使用过程中 pH 值的变化。要将镀液的 pH 值控制在 3.6 以下。

② 阳极面积适当增加，以防止阳极发生钝化。

③ 镀液在停止工作后要将温度降下来。

④ 不要采用空气搅拌。

⑤ 对镀液要经常过滤，最好是采用循环过滤，并定期进行活性炭处理。

9.2.3.3 镍磷合金

（1）工艺配方

电镀镍磷合金是 1950 年诞生的，由于具有良好的性能，很快就获得了应用。常用的电镀镍磷合金有氨基磺酸盐、次磷酸盐和亚磷酸盐等，各有优点。

① 氨基磺酸盐型

氨基磺酸镍	200～300g/L	pH 值	1.5～2g/L
氯化镍	10～15g/L	温度	50～60℃
硼酸	15～20g/L	电流密度	2～4A/dm^2
亚磷酸	10～12g/L		

这个工艺的特点是工艺稳定，镀液成分简单，镀层韧性好。可获得含磷量为 10%～15% 的镍磷合金镀层，但镀液成本较高。

② 次磷酸盐型

硫酸镍	14g/L	硼酸	15g/L
氯化钠	16g/L	温度	80℃
次磷酸二氢钠	5g/L	电流密度	2.5A/dm²

用这一工艺获得的镀层含磷量为9%，分散能力较好，镀层细致，但镀液不够稳定。

③ 亚磷酸盐型

硫酸镍	150~170g/L	添加剂	1.5~2.5mL/L
氯化镍	10~15g/L	pH 值	1.5~2.5
亚磷酸	10~25g/L	温度	65~75℃
磷酸	15~25g/L	电流密度	5~15A/dm²

这是近年来用得比较多的工艺，可以有较高的电流密度，镀层光亮细致，容易获得含磷量较高的镀层，但分散能力较差，最好加入可以络合镍的络合剂加以改善。

（2）各组分作用

① 硫酸镍　硫酸镍是镀液的主盐，其含量对镀层中的磷含量、沉积速度和镀层的外观等均有影响。含量过高时可以获得高的沉积速度，但是镀层结晶粗糙，镀层中的含磷量会相对降低。

② 氯离子　氯离子主要用来活化阳极，可以防止镍阳极发生钝化，促进阳极的正常溶解。用氯化镍可以适当补充主盐的金属离子，但不宜过高。否则镀层的应力会有所增加，且成本较高。

③ 亚磷酸和磷酸　亚磷酸是镀层中磷的主要来源，随着亚磷酸的增加，镀层中的含磷量也会增加。磷酸主要是起到稳定镀液中亚磷酸的作用，使镀液中亚磷酸不至于下降太快，便于镀液的维护。磷酸还可以起到 pH 值稳定剂的作用。

④ 添加剂等的影响　加入添加剂为的是改善镀层性能，比如增加光亮度，提高韧性等。加入络合物可以络合镍离子，提高镀液分散能力，还可以提高电流密度。

（3）工艺参数的影响

① pH 值　电沉积镍磷合金，pH 值的管理很重要，因为镀层中的含磷量主要与电极表面的氢原子有关。随着镀液 pH 值的升高，镀层中含镍量增加，含磷量下降。过高时还会生成亚磷酸镍沉淀。当然过低的 pH 值也会使阴极的电流密度下降。

② 温度　温度对镍磷合金电沉积的影响不是很大，但对沉积速度有影响。当镀液的温度低于50℃时，沉积速度将会变得很慢。温度过高则会增加镀液的蒸发，能耗也会有所增加。这是要加以避免的。

③ 电流密度 一般而言，镀层中的含磷量会随着电流密度的增加而有所下降。不同体系镀液的允许电流密度相差较大。对电铸来说，当然是采用允许电流密度高的镀液，以提高生产效率。

④ 阳极 镍磷合金电沉积时的阴极电流效率低于阳极的电流效率。如果完全采用可溶性阳极，则镀液中的镍离子会积累过快，对镀液稳定性有影响。因此，最好采用可溶性阳极与不溶性阳极混用的方法，以减小阳极溶解过快的影响。理想的不溶性阳极是镀铂的钛阳极，但成本太高，可以用高密度石墨阳极，用丙纶布包好以防污染镀液。可溶性阳极与不溶性阳极的比例在1：（3～5）之间。

9.2.4 钴系合金

9.2.4.1 钴镍合金

含有20％镍的钴镍合金有优良的磁性能，在电子工业中有着广泛的应用，在微电子工业和微型铸造中也有应用价值。

（1）镀钴镍合金工艺

① 硫酸盐型

硫酸镍	135g/L	温度	45℃
硫酸钴	108g/L	pH值	4.5～4.8
硼酸	20g/L	电流密度	3A/dm^2
氯化钾	7g/L		

② 氯化物型

氯化镍	300g/L	温度	60℃
氯化钴	300g/L	pH值	3.0～6.0
硼酸	40g/L	电流密度	10A/dm^2

③ 氨基磺酸盐型

氨基磺酸镍	225g/L	润湿剂	0.375mL/L
氨基磺酸钴	225g/L	温度	室温
硼酸	30g/L	电流密度	3A/dm^2
氯化镁	15g/L		

④ 焦磷酸盐型

氯化镍	70g/L	温度	40～80℃
氯化钴	23g/L	pH值	8.3～9.1
焦磷酸钾	175g/L	电流密度	0.35～8.4A/dm^2
柠檬酸铵	20g/L		

（2）镀液成分的影响

① 主盐 各种体系的镀钴镍合金，其主盐都是相应的可提供镍离子和钴离

子的金属盐。这两种金属离子的浓度比直接影响到镀层中的镍含量，也影响镀层的磁性能。作为磁性镀层，这两种金属离子的浓度比在 1∶1 左右，这时镀层中的钴含量达 80%。镀层的磁性能随着镍含量的增加而减少。要想得到磁感应强度较低的镀层，可适当提高镀层中镍的含量。

② 其他辅助盐　镀液中基本上都加有硼酸，可以起到一定稳定 pH 值的作用。有些工艺中也添加适当的磷离子，比如加入次磷酸钠。稳定镀液的 pH 值，对于保证含磷量在工艺要求的范围内十分重要。含磷量对于提高镀层的磁性有一定作用，但是过高反而会降低镀层磁性。

氯离子则是为了活化阳极。通常都是选用主盐金属的氯化物，也有用其他金属盐的，比如镁盐，兼有改善镀层性能的作用。

也有的镀液选用柠檬酸铵作 pH 缓冲剂，认为在含硼酸的镀液中不易得到高磁性镀层。

（3）工艺参数的影响

① pH 值　镀液中的 pH 值对镀层的磁性有很大影响。随着镀液 pH 值的增加，镀层中的钴含量下降，而磁场强度增加。当 pH 值大于 3 时，镀层的磁场强度增加很明显。有人认为是 pH 值的变化引起镀层成分变化所致。但也有人认为是结晶结构发生了某种变化造成的。

② 温度和电流密度　温度和电流密度都对镀层的磁场强度有一定影响。一般情况是随着镀液温度的升高和电流密度的增加，磁场强度也会随之有所增加。但是当增加量达到一个最大值后，如果再增加，磁场强度反而会有所下降。

③ 叠加交流电的影响　如果想提高磁场强度而降低磁感应强度，在电沉积过程中叠加交流电流有明显的效果。但其作用的机理尚不很清楚。

9.2.4.2　锡钴合金

（1）焦磷酸盐镀锡钴合金

焦磷酸亚锡	20g/L	温度	60℃
氯化钴	24～72g/L	电流密度	0.7～2.0A/dm²
焦磷酸钾	140～340g/L	镀层含钴量	2%～15%
pH 值	9.5～9.9		

（2）镀液成分与工艺的影响

① 主盐　镀液中的主盐可以用氯化钴、硫酸钴或醋酸钴等。锡盐则可以用焦磷酸盐或氯化亚锡。不改变镀液中的其他成分，而只改变钴盐时，随着钴离子浓度的增加，镀层中的钴含量会有所增加。但是在实际生产控制中，钴盐的浓度不宜过高，否则镀层的脆性也会增加。并且当钴含量超过 30% 时，镀层的颜色也会出现变化，将出现发黑或暗褐色。镀液中钴离子与锡离子的比，最好控制在

$(0.6\sim0.9):1$。

② 络合剂的影响　焦磷酸钾是较好的络合剂，可以与锡和钴都形成稳定的络合物，并且锡离子在焦磷酸盐中的稳定性更高。因此，当镀液中的焦磷酸钾增加时，镀层中钴的含量会有所增加。络合剂的浓度与金属离子总浓度的比值以$(2\sim2.5):1$为好。有利于镀液的稳定和获得合理的合金镀层。

③ 添加剂　用于装饰性的锡钴合金一定要加入光亮剂，否则只能得到白色镀层。可以用作添加剂的是胶体和有机化合物，如动物胶、明胶、胨等。但现在已经多半采用有机化合物，如聚胺类化合物，其中聚乙烯亚胺的光亮效果较好。还可以加入乙二醇配合使用，它们的用量分别为：聚乙烯亚胺 $0.5\sim30g/L$，乙二醇 $1\sim10g/L$。

④ 电流密度　阴极电流密度对镀层组成的影响很大。随着电流密度的增加，镀层中的钴含量明显增加。在高电流密度下，电流密度对镀层组成的影响比在低电流密度时更大。要获得良好的合金镀层，对阴极电流密度要加以控制。

9.2.5　其他合金

9.2.5.1　银锌合金和银锑合金

（1）银锌合金

① 氰化物镀银锌

氰化锌	100g/L	氢氧化钠	100g/L
氰化银	8g/L	镀层含锌量	18%
氰化钠	160g/L	电流密度	$0.3A/dm^2$

② 硝酸盐镀银锌

硝酸银	17g/L	温度	45℃
硝酸锌	30g/L	电流密度	$0.4A/dm^2$
硝酸铵	24g/L	需要搅拌	
酒石酸	1g/L		

③ 工艺条件的影响

随着电流密度上升，镀层中锌含量明显上升。搅拌对合金的组成也有很大影响。在氰化物镀液中，搅拌会使锌的成分在镀层中降低，属于正则共沉积。对金属结构的研究表明，电镀所获得的银锌合金组织结构与热熔合金的晶格参数是一致的。

（2）银锑合金

银锑合金主要用作电接点材料。这种镀层比纯银的力学性能好，硬度比较高，因此也叫作镀硬银。只含 2% 锑的银锑合金的硬度比纯银高 1.5 倍，而耐磨性则提高了 10 倍。不过电导率只有纯银的一半。用作接插件的镀层，可以提高其插拔次数和使用寿命。用于银饰品，电铸同样可以大大提高其耐磨损性能。

硝酸银	46～54g/L	碳酸钾	25～30g/L
游离氰化钾	65～71g/L	酒石酸锑钾	1.7～2.4g/L
氢氧化钾	3～5g/L	硫代硫酸钠	1g/L

（3）影响银锑合金的因素

① 主盐　电镀银锑合金的主盐多半使用氰化银或氯化银。为减少氯离子的影响，最好使用氰化银。银离子含量高，有利于提高阴极电流密度的上限，提高银的沉积速度，可以提高生产效率，同时还能改善镀层质量。过高的银盐浓度要求有更多一些的络合物，否则电镀层会变得粗糙起来。而偏低的银含量则会使极限电流密度下降，高电流区的镀层容易出现烧焦或镀毛。

② 氰化物　氰化物不仅要完全络合镀液中的主盐金属离子，而且还要保持一定的游离量。这样可以增加阴极极化，使镀层结晶细致，镀液的分散能力好。同时还能改善阳极的溶解性能，提高光亮剂的作用温度范围。如果游离氰化物偏低，镀层会粗糙，阳极出现钝化。但是游离氰化物也不能过高，否则会使电流效率下降，阳极溶解过快。

③ 碳酸钾　镀液中有一定量的碳酸钾对提高镀液的导电性能是有利的。导电性增加可以提高镀液分散能力。由于镀液中的氰化物在氧化过程中会生成一部分碳酸盐，因此，镀液中的碳酸钾不可以加多，甚至可以不加或少加。当碳酸盐的含量达到 80g/L 时，镀液会出现混浊，当达到 120g/L 时，镀层就会变得粗糙，光亮度也明显下降。这时可以采用降低温度的方法让碳酸盐结晶后从镀液中滤除。

④ 酒石酸锑钾　酒石酸锑钾是合金中的另一主盐，是提高镀层硬度的合金成分，所以也叫硬化剂。随着镀液中酒石酸锑钾含量的增加，镀层中的锑含量也增加，同时镀层的硬度升高。有资料显示，当锑含量在 6% 以下时，电沉积的银与锑形成的合金是固溶体，大于 6% 时，镀层中会有单独的锑原子存在，锑原子的半径较大，夹入镀层中会引起结晶的位移而增加脆性。锑在有些镀液中有时可作无机光亮剂用，在镀银中也有类似作用。由于锑盐的消耗没有阳极补充，因此要定期按量补加。在镀液中同时加入酒石酸钾钠可以增加锑盐的稳定性，添加时可以按与酒石酸锑钾 1∶1 的量加入，可以防止酒石酸锑钾水解。补充锑盐可以按 100g/1000（A·h）的量进行补充。

⑤ 光亮添加剂　用于各种镀银锑合金的光亮剂虽然各不相同，但其基本原理是一样的，就是在阴极吸附以增加阴极极化和细化镀层结晶。光亮剂的加入同时增加了镀层的硬度。但是这类添加剂不能使用过量，否则也会使高电流区的镀层变得粗糙。可以根据镀层的表面状态，如光亮度和硬度等进行管理，从中找到添加规律。商业光亮剂一般都会有较细的使用说明，并注明添加剂的千安培小时

消耗量，可以根据镀液工作的安培小时数来补加添加剂。

⑥ 温度 镀液的温度对镀层的光亮度、阴极电流密度和镀层的硬度等都有较大影响。温度低，镀层结晶细致，镀层硬度高。但是温度低时，电流密度上限也低。当镀液温度偏高时，则结晶变粗，低电流密度区镀层易发雾，光亮度差，硬度也下降。

⑦ 电流密度 提高电流密度有利于锑的沉积。随着电流密度的上升，镀层中锑含量的百分比增加。随着电流密度的升高，硬度会达到一个最高值。说明电流密度还对镀层的组织结构有影响。过高的电流密度会使镀层粗糙，所以要控制在合理的范围。

⑧ 搅拌 搅拌可以提高电流密度的上限，加快电沉积的速度。同时有利于镀层的整平和获得光亮镀层。

9.2.5.2 金钴和金镍合金

贵金属电镀中，金及金的合金应用最为广泛。无论是电子工业还是首饰、工艺品行业以及铸币、高级钟表、文具等都有采用金或金合金来作防护装饰镀层的。由于纯金的耐磨性差、硬度低，使其应用受到一定限制。为了适应市场的需要，已经开发出许多金合金来改善金的表面硬度和耐磨性。同时，合金成分的加入还减少了纯金的消耗，从而可以降低成本和节约资源。

（1）金钴合金镀液

金和钴共沉积能够明显地提高金镀层的硬度。电镀纯金镀层的显微硬度大约为 HV70，而采用镀金钴合金得到的镀层显微硬度大约为 HV130。

① 柠檬酸型

氰化金钾	10～12g/L	pH 值	3.0～4.2
硫酸钴	1～2g/L	温度	25～35℃
柠檬酸	5～8g/L	电流密度	0.5～1.5A/dm²
EDTA 二钠	50～70g/L		

② 焦磷酸型

氰化金钾	0.1～4.0g/L	pH 值	7～8
焦磷酸钴钾	1.3～4.0g/L	温度	50℃
酒石酸钾钠	50g/L	电流密度	0.5A/dm²
焦磷酸钾	100g/L		

③ 亚硫酸型

亚硫酸金钾	1～30g/L	pH 值	＞8.0
硫酸钴	2.4～24g/L	温度	43～50℃
亚硫酸钠	40～150g/L	电流密度	0.1～5.0A/dm²
缓冲剂	5～150g/L		

（2）镀液成分与工艺条件的影响

① 氰化金钾　氰化金钾是镀金合金的主盐。当含量不足时，电流密度下降，镀层颜色呈暗红色。提高金含量可以扩大电流密度范围，提高镀层的光泽。当金含量过高时金镀层发花。金含量从 1.2g/L 升高到 2.0g/L 时，电流效率增加一倍。当金含量达到 4.1g/L 时，电流效率可以达到 90%。如果固定金的含量不变，增加镀液中的钴含量，电流效率反而下降。由于金钴合金的主盐不能靠阳极补充，所以要定时分析镀液成分并及时补充至工艺规定的范围。

② 辅助盐　柠檬酸盐在镀液中具有络合剂和缓冲剂的作用，同时能使镀层光亮。含量低时，镀液的导电性能和分散能力差，含量过高时阴极电流效率会降低。在以 EDTA 为络合剂的镀液中，柠檬酸主要发挥调节 pH 的作用，采用磷酸二氢钾也可以保持镀液的 pH 值稳定、扩大阴极电流密度范围和保持镀层金黄色外观。

③ 钴盐　钴盐是金钴合金的组分金属，也是提高金镀层硬度的添加剂。其含量的多少对镀层的硬度和色泽以及电流效率都有很大影响。

金是面心立方体结构，原子的排列形成整齐的平面，取向为 [110] 面。由于这些平面可以移动，在负荷的作用下，点阵很容易变形，表现为良好的延展性。所以金可以制成几乎透明的金箔。但是当有少量的异种金属原子进入金的晶格后，会给金的结晶带来一些变化，宏观上就表现为硬度和耐磨性的增加。当钴的含量为 0.08%～0.2% 时，镀层的耐磨性最好。

④ 电流密度　提高电流密度有利于钴的析出，也有利于镀层硬度的提高。

⑤ 温度　温度主要影响电流密度范围。温度高时允许的电流密度范围宽。但是太高的温度会使氰化物分解和增加能耗。

⑥ pH 值　pH 值对镀层的硬度和外观等都有明显影响。当 pH 值过高或过低时，硬度有所下降，并且还会影响外观质量。因此在工作中一定要保持镀液的 pH 值在正常的工艺范围内。

⑦ 阳极　电镀金合金多数采用不溶性阳极。以前广泛采用铂电极，现在几乎不用了。石墨阳极由于存在吸附作用，现在也不多用。较多采用的阳极是不锈钢阳极、镀铂的钛阳极和纯金阳极。

（3）金镍合金镀液

氰化金钾	8g/L	pH 值	3～6g/L
镍氰化钾	0.5g/L（以金属计）	温度	室温
柠檬酸	100g/L	电流密度	0.5～1.5A/dm^2
氢氧化钾	40g/L		

电镀金镍合金的镀液组成与体系基本与金钴合金相似。因此镀液的配制与维护与金钴合金基本是一样的，有时只要将钴盐换成镍盐，就可以获得金镍合金镀层。

9.2.5.3　金银合金镀液

随着电子工业的发展和民间对金饰制品需求的增长，世界黄金的消费越来越多，以至于在工业中不得不开始采取节约用金和替代用金的技术。而镀金银合金就是很重要的节金工艺。从氰化物的镀液中很容易得到金和银共沉积物，并且是固溶体。不过当银的含量超过 25％时，则形成金银合金与银的共存体系，这时镀层容易变色。

（1）金银合金的镀液及工艺

氰化金钾	$16\sim20g/L$	pH 值	$11\sim13$
氰化银钾	$5\sim10g/L$	温度	$25\sim30℃$
氰化钾	$50\sim100g/L$	电流密度	$0.5\sim1A/dm^2$
碳酸钾	$30g/L$	阴极移动	
光亮剂	适量		

（2）镀液配制

① 按配方计算所需要的硝酸银的量，并将称好的硝酸银用蒸馏水溶解，然后加入氰化钾溶液生成氰化银沉淀。

$$AgNO_3 + KCN \Longrightarrow AgCN\downarrow + KNO_3$$

用倾斜过滤法获得沉淀，再用蒸馏水冲洗几次后，再加入氰化钾溶液，使沉淀完全溶解。这时就生成了银氰化钾络合物。

$$AgCN + KCN \Longrightarrow KAg(CN)_2$$

② 加入游离氰化钾（或者总氰的剩余部分）。

③ 加入计量的添加剂。

④ 加入溶解好的氰化金钾，加蒸馏水至规定的体积。

（3）镀液成分及工艺条件的影响

① 镀液中金、银含量的影响　当镀液中金的含量为 8g/L、银的含量为 2g/L 时，镀层中的金含量为 50％。降低镀液中金的含量，合金中金含量显著减少，反之镀层中金含量增加。镀液中的银含量增加，极易导致镀层中银含量的增加，相应金的含量就会减少。

② 电流密度的影响　电流密度对镀层中金含量的影响很大，降低电流密度会使镀层中的金含量下降。

③ 温度和搅拌的影响　在一定范围内提高镀液的温度和加强搅拌，都会使镀层中的含银量增加。

9.3 稀贵金属电铸工艺

对于稀贵金属电铸，由于资源上的原因和成本上的考虑，所采用的工艺基本上是电镀工艺。电镀工艺对镀层的要求比电铸精细一些，在厚度不是主要追求指标时，用精细工艺对节约资源是有利的。

9.3.1 钴电铸

9.3.1.1 钴的物理化学性质

钴的化学元素符号为 Co，是银灰色有光泽的金属，熔点 1495℃，沸点 2870℃，相对密度 8.9。有延展性和铁磁性，钴 60 是应用广泛的放射源。钴在硬度、抗拉强度和机械加工性能等方面比铁优良。

从标准电极电势看，钴是中等活泼的金属。化学性质与铁、镍相似，主要表现在以下几个方面。

① Co 的主要氧化态是 +2 和 +3。常温下钴不与水和空气作用，高温下发生氧化作用。极细的粉末状钴在空气中会自燃。

② 钴溶于稀酸，在发烟硝酸中由于生成一层氧化物薄膜而被钝化。钴会缓慢地被氢氟酸、氨水和氢氧化钠浸蚀。钴是两性金属。

③ 加热时，钴与氧、硫、氯、溴等发生剧烈反应，生成相应化合物。

④ 钴易生成络合物，钴在络合物中的配位数为 6，钴络合物的数量在金属中仅次于铂。

9.3.1.2 钴电铸工艺

钴电铸主要用于特殊的场合，比如对磁性能有特殊要求的制品，对内应力有严格要求的微电铸制品等。其镀液主要有硫酸盐、氯化物和氨基磺酸盐三类。其中以氨基磺酸盐用得较为广泛。氨基磺酸铵有明显的增加镀层光亮的作用。

（1）氨基磺酸盐镀钴

① 配方一

氨基磺酸钴	260g/L	温度	20～50℃
氨基磺酸铵	50g/L	电流密度	0.5～2A/dm²
氨基磺酸	调整 pH 值至 1		

② 配方二

氨基磺酸钴	450g/L	pH 值	2.5～5.5
甲酰胺	30mL/L	温度	20～50℃
表面活性剂	3mL/L	电流密度	1.5～15A/dm²

③ 配方三

氨基磺酸钴	280g/L	温度	20～60℃
硼酸	30g/L	电流密度	12A/dm²
氟化钠	4g/L	pH 值	5.3

④ 配方四

氨基磺酸钴	430g/L	pH 值	2
氯化钠	15g/L	温度	60℃
硼酸	30g/L	阴极电流密度	>2A/dm²
糖精	1g/L	表面活性剂	0.5mL/L

钴镀层的硬度比较高，可达 5.0GPa。其中单晶钴的平均硬度为 2.1GPa，说明钴镀层中的内应力较大。对钴层结构的研究显示，单晶钴按 [1010]、[1120] 和 [0001] 晶面进行取向。而按 [1010] 和 [1120] 晶面取向的镀层，比如从配方二中，当 pH＝5 时，获得的钴镀层在较宽的电流密度和较厚的镀层下，仍然能获得光亮的单晶镀层。而多晶钴则主要是以 [1120] 和 [1010] 的方向进行取向。镀层结晶晶面取向的完整程度与沉积条件有关。多晶钴镀层为晶粒尺寸不大的光亮、浅灰色镀层。pH 值对晶面取向有明显影响，同样是配方二，当 pH＝2 时，显示为立方体的 [110] 结构的改变。这种变化随着阴极电流密度的升高和温度的降低而增加。镀层为无光泽的灰色。

从配方四可以获得 100～250μm 的厚镀层。但电流密度要求大于 2A/dm²，否则镀层的质量明显变差，甚至得不到合格的镀层。

由表 9-6 可以看出，随着 pH 值的升高，α-Co 的数量增加了。

表 9-6　pH 值对钴镀层组织结构的影响

pH 值	2.5	3.0	4.5	5.5
金相组织	α-Co≥β-Co	α-Co＞β-Co	α-Co	α-Co
晶面指标	无	[1120]+[1010]	[1010]+[1120]	[0001]

（2）硫酸盐镀钴

硫酸钴	300～500g/L	温度	20～40℃
硼酸	40～45g/L	电流密度	4～10A/dm²
氯化钠	15～20g/L		

（3）氯化物镀钴

氯化钴	300～400g/L	温度	55～70℃
硼酸	30～45g/L	电流密度	5.0～6.5A/dm²
盐酸调 pH 值至 2.3～4.0			

9.3.2 银电铸

现在很多银饰品采用电铸法进行加工。特别是一些小型圆雕工艺品,例如十二生肖、圣诞人物、立体象棋等,都用电铸法来加工成银制品。当然也有工业用电极材料或科研用制件的制备要用到银的电铸工艺。

9.3.2.1 银的物理化学性质

银也是大家熟悉的贵金属,化学元素符号为 Ag,原子序数 47,相对原子质量 107.9,熔点 960.8℃,沸点 2212℃,化合价为 1,相对密度 10.5。银和金一样富于延展性,是导电导热极好的金属。因此在电子工业,特别是接插件、印制板等产品中有广泛应用。银很容易抛光,有美丽的银白色。化学性质稳定,但其表面非常容易与大气中的硫化物、氯化物等反应而变色。金属银粒对光敏感,因此是制作照相胶卷的重要原料。

银也大量用于制作工艺品、餐具、钱币、乐器等,或者作为这些制品的表面装饰镀层。为改善银的性能和节约银材,也开发了许多银合金,如银铜合金、银锌合金、银镍合金、银镉合金等。

最早提出氰化钾络合物镀银的是英国的 G. Flikingtom,他于 1838 年就发明了这种镀银的方法。此后为美国的 S. Smith 所改进,在此后的二三十年间一直用在餐具、首饰等的电镀上。随着电子工业的进步和发展,镀银成为重要的电子功能性镀层,在印制板、接插件、波导产品等电子和通信产品中扮演了重要角色,也是电铸功能性制品或工艺制品的重要镀种。

银的标准电极电位(25℃,相对于氢标准电极,Ag/Ag^+)为 $+0.799V$,因此,银镀层在大多数金属基材上是阴极镀层,并且在这些材料上进行电镀时要采取相应的防止置换镀层产生的措施。

9.3.2.2 镀银前的处理

这里所说的镀银前的处理,不是通常意义上的镀前处理。由于银有非常正的电极电位,除了电位比它正的极少数金属,如金、白金等外,其他金属如铜、铝、铁、镍、锡等大多数金属在镀银时,都会因为银的电位较正而在电镀时发生置换反应,使镀层的结合力出现问题。

为了防止发生这种影响镀层结合力的置换镀过程,在正式镀银前,一般都要采用预镀措施。这种预镀液的要点是有很高的氰化物含量和很低的银离子浓度。加上带电下槽,这样在极短的时间内(一般是 30s～1min),预镀上一层厚度约 0.5μm 的银镀层,从而阻止了置换镀过程的发生。

这种预镀过程由于时间很短，也被叫作闪镀。这种镀液一般分为两类，其标准的组成如下。

（1）钢铁等基材上的预镀银

氰化银	2g/L	温度	20～30℃
氰化亚铜	10g/L	电流密度	1.5～2.5A/dm²
氰化钾	15g/L		

（2）铜基材上的预镀银

氰化银	4g/L	温度	20～30℃
氰化钾	18g/L	电流密度	1.5～2.5A/dm²

对于铁基材料，在实际操作中进行两次预镀，第一次在上述铁基预镀液中预镀，第二次再在铜基预镀液中预镀。这样才能保证镀层的结合力。

如果是在镍基上镀银，可以采用铜基用的预镀液。但是在镀前要在50%的盐酸溶液中预浸10～30s，使表面处于活化状态。也可以采用阴极电解的方法让镍表面活化，这样可以进一步提高镀层的结合力。

对于不锈钢，可以采用与镍表面一样的处理方法。对于一些特殊的材料，都可以采用前述的两次预镀的方法，比较保险。

9.3.2.3　镀银工艺

目前使用最为广泛的镀银工艺仍然是氰化物镀银工艺。因为这种工艺有广泛的适用性，从普通镀银到高速电铸镀银都可以采用，并且镀层性能也比较好。近年也有一些无氰镀银工艺用于工业生产，研发中的无氰镀银工艺就更多。但这些无氰镀液的稳定性和镀层的性能与氰化物镀银比起来，还存在一定差距。开发出可以取代氰化物镀银的新工艺仍然是电镀技术领域的一个重要课题。

（1）普通镀银

氰化银	35g/L	光亮剂	适量
氰化钾	60g/L	温度	20～25℃
碳酸钾	15g/L	阴极电流密度	0.5～1.5A/dm²
游离氰化钾	40g/L		

（2）高速镀银

氰化银	75～110g/L	光亮剂	适量
氰化钾	90～140g/L	pH 值	>12
碳酸钾	15g/L	温度	40～50℃
氢氧化钾	0.3g/L	阴极电流密度	5～10A/dm²
游离氰化钾	50～90g/L	阴极移动或搅拌	

高速镀银与普通镀银的最大区别是主盐的浓度比普通镀银高1～2倍。镀液的温度也高一些。因此，可以在较大电流密度下工作，从而获得较厚的镀层，特

别适合于电铸银的加工。镀液的 pH 值要求保持在 12 以上,这是为了提高镀液的稳定性。同时对改善镀层和阳极状态都是有利的。

(3)无氰镀银

氰化物是剧毒化学品。采用氰化物镀液进行生产,对操作者、操作环境和自然环境都存在极大的安全隐患。因此,开发无氰电镀新工艺,一直是电镀技术工作者努力的目标之一。并且在许多镀种已经取得了较大的成功。比如无氰镀锌、无氰镀铜等,都已经在工业生产中广泛采用。但是,无氰镀银,则一直都是一个难题。无氰镀银工艺所存在的问题主要有以下三个方面。

一是镀层性能不能满足工艺要求。尤其是工程性镀银,比起装饰性镀银有更多的要求。比如镀层结晶不如氰化物细腻平滑;或者镀层纯度不够,镀层中夹杂有机物,导致硬度过高、电导率下降等;还有焊接性能下降等问题。这些对于电子电镀来说都是很敏感的问题。有些无氰镀银由于电流密度小,沉积速度慢,不能用于镀厚银,更不要说用于高速电镀。

二是镀液稳定性问题。许多无氰镀银镀液的稳定性都存在问题,无论是碱性镀液还是酸性镀液或是中性镀液,不同程度地存在镀液稳定性问题,给管理和操作带来不便。同时令成本也有所增加。

三是工艺性能不能满足电镀加工的需要。无氰镀银往往分散能力差,阴极电流密度低,阳极容易钝化,使得在应用中受到一定限制。综合考查各种无氰镀银工艺,比较好的至少存在上述三个方面问题中的一个,差一些的存在两个甚至于三个方面的问题。正是这些问题影响了无氰镀银工艺实用化的进程。

尽管如此,还是有一些无氰镀银工艺在某些场合中有着应用。特别是在近年对环境保护的要求越来越高的情况下,一些企业已经开始采用无氰镀银工艺。这些无氰镀银工艺的工艺控制范围比较窄,要求有较严格的流程管理。

以下介绍的是有一定工业生产价值的无氰镀银工艺,包括早期开发的无氰镀银工艺中采用新开发的添加剂或光亮剂。

① 黄血盐镀银　黄血盐的化学名是亚铁氰化钾,分子式为 $K_4[Fe(CN)_6]$,它可以与氯化银生成银氰化钾的络合物。由于镀液中仍然存在氰离子,因此,这个工艺不是彻底的无氰镀银工艺。但是其毒性与氰化物相比,已经大大减少。

氯化银	40g/L	碳酸钾	80g/L
亚铁氰化钾	80g/L	pH 值	11~13
氢氧化钾	3g/L	温度	20~35℃
硫氰酸钾	150g/L	阴极电流密度	0.2~0.5A/dm²

这个镀液的配制要点是要将铁离子从镀液中去掉。而去掉的方法则是将反应物混合后加温煮沸,促使二价铁氧化成三价铁从溶解中沉淀而去除。

$$2AgCl+K_4[Fe(CN)_6]=\!=\!=K_4[Ag_2(CN)_6]+FeCl_2$$

$$FeCl_2+H_2O+K_2CO_3 \Longrightarrow Fe(OH)_2+2KCl+CO_2\uparrow$$

$$2Fe(OH)_2+\frac{1}{2}O_2+H_2O \Longrightarrow 2Fe(OH)_3\downarrow$$

具体的操作（以 1L 为例）如下。

先称取 80g 亚铁氰化钾、60g 无水碳酸钾分别溶于蒸馏水中，煮沸后混合。再在不断搅拌下将氯化银缓缓加入，加完后煮沸 2h，使亚铁完全氧化成褐色的氢氧化铁并沉淀。过滤后弃除沉淀，得滤液为黄色透明液体。再将 150g 的硫氰酸钾溶解后加入上述溶液中，用蒸馏水稀释至 1L，即得到镀液。

这个镀液的缺点是电流密度较小，过大容易使镀件高电流区发黑甚至烧焦。温度可取上限，有利于提高电流密度。其沉积速度在 $10\sim20\mu m/h$。

② 硫代硫酸盐镀银　硫代硫酸盐镀银所采用的络合剂为硫代硫酸钠或硫代硫酸铵。在镀液中，银与硫代硫酸盐形成阴离子型络合物 $[Ag(S_2O_3)]^{3-}$。在亚硫酸盐的保护下，镀液有较高的稳定性。

硝酸银	40g/L	pH 值	5
硫代硫酸钠（铵）	200g/L	温度	室温
焦亚硫酸钾	40g/L（采用亚	阴极电流密度	$0.2\sim0.3A/dm^2$
	硫酸氢钾也可以）	阴阳极面积比	1:(2～3)

在镀液成分的管理中，保持硝酸银：焦亚硫酸钾：硫代硫酸钠＝1：1：5 最好。

镀液的配制方法如下：

a. 先用一部分水溶解硫代硫酸钠（或硫代硫酸铵）；

b. 将硝酸银和焦亚硫酸钾（或亚硫酸氢钾）分别溶于蒸馏水中，在不断搅拌下进行混合，此时生成白色沉淀，立即加入硫代硫酸钠（或硫代硫酸铵）溶液并不断搅拌，使白色沉淀完全溶解，再加水至所需要的量；

c. 将配制成的镀液放于日光下照射数小时，加 0.5g/L 的活性炭，过滤，即得清澈镀液。

配制过程中要特别注意，不要将硝酸银直接加入到硫代硫酸钠（或硫代硫酸铵）溶液中，否则溶液容易变黑。因为硝酸银会与硫代硫酸盐作用，首先生成白色的硫代硫酸银沉淀，然后会逐渐水解变成黑色硫化银。

$$2AgNO_3+Na_2S_2O_3 \Longrightarrow Ag_2S_2O_3\downarrow(白色)+2NaNO_3$$

$$Ag_2S_2O_3+H_2O \Longrightarrow 2AgS\downarrow(黑色)+H_2SO_4$$

新配的镀液可能会显微黄色，或有极少量的浑浊或沉淀，过滤后即可以变清。正式试镀前可以先电解一定时间。这时阳极可能会出现黑膜，可用铜丝刷刷去，并适当增加阳极面积，以降低阳极电流密度。

在补充镀液中的银离子时，一定要按配制方法的程序进行，不可以直接往镀液中加硝酸银。同时，保持镀液中焦亚硫酸钾（或亚硫酸氢钾）的量在正常范围也很重要。因为它的存在，有利于硫代硫酸盐的稳定。否则硫代硫酸根会出现析出硫的反应，而硫的析出对镀银是非常不利的。

③ 磺基水杨酸镀银　磺基水杨酸镀银是以磺基水杨酸和铵盐作双络合剂的无氰镀银工艺。当镀液的 pH 值为 9 时，可以生成混合配位的络合物，从而增加了镀液的稳定性。这样镀层的结晶比较细致。其缺点是镀液中含有的氨容易使铜溶解而增加镀液中铜杂质的量。

磺基水杨酸	100～140g/L	总氨量	20～30g/L
硝酸银	20～40g/L	氢氧化钾	8～13g/L
醋酸铵	46～68g/L	pH 值	8.5～9.5
氨水（25%）	44～66mL/L	阴极电流密度	0.2～0.4A/dm^2

总氨量是分析时控制的指标，指醋酸铵和氨水中氨的总和。例如总氨量为 20g/L 时，需要醋酸铵 46g/L（含氨 10g/L）；需要氨水 44mL/L（含氨 10g/L）。

镀液的配制（以 1L 为例）的方法如下：

a. 将 120g 的磺基水杨酸溶于 500mL 水中；

b. 将 10g 氢氧化钾溶于 30mL 水中，冷却后加入到上液中；

c. 取硝酸银 30g 溶于 50mL 蒸馏水中，再加入到上液中；

d. 再取 50g 醋酸铵，溶于 50mL 水中，加入到上液中；

e. 最后取氨水 55mL 加到上液中，镀液配制完成。

磺基水杨酸是本工艺的主络合剂，同时又是表面活性剂。要保证镀液中的磺基水杨酸有足够的量，低于 90g/L，阳极会发生钝化，高于 170g/L，则阴极的电流密度会下降，以保持在 100～150g/L 为宜。

硝酸银的含量不可偏高，否则会使深镀能力下降，镀层的结晶变粗。

由于镀液的 pH 值受氨挥发的影响，因此要经常调整 pH 值，定期测定总氨量。用 20%氢氧化钾或浓氨水调整 pH 值到 9，方可正常电镀。并要经常注意阳极的状态，不应有黄色膜生成。如果有黄膜生成，则应刷洗干净，并且要增大阳极面积，降低阳极电流密度，也可适当提高总氨量。

（4）镀银光亮剂

最早的镀银光亮剂是二硫化碳，这是 19 世纪 40 年代出现的专利，至今还在使用，但这种光亮剂的作用并不明显。1913 年，有报道介绍二硫化碳与乙醚、各种酸、氰和亚硫酸的混合物可以作为硫氰酸盐镀银的光亮剂。同时发现砷、锑、锡的硫化物也是有效的光亮剂。到 1939 年，出现了硫代硫酸钠镀银工艺，认为硫代硫酸钠就有光亮作用。此后不断有关于镀银光亮剂的报道，包括硒化物、动物胶、聚乙烯吡咯烷酮等各种有机物或无机物添加剂。现在已经确定可以用于镀银的光亮剂有如下几类物质。

① 无机硫化物　常用的对镀银有光亮作用的含硫化合物有硫代硫酸盐、硫

氰酸盐、亚硫酸盐等。

② 无机硒、碲化物　硒化物和碲化物的还原电位比硫化物正，可以在 $[Ag(CN)_2]^-$ 或其他银络合物离子放电的同时被还原，因此是无机添加剂中较好的一类光亮剂。

③ 无机锑、铋化物　锑和铋化物的还原性质与硫化物和硒化物等相似，也属于易还原的物质。锑、铋的络合物与长链有机物及碱金属氢氧化物配合也是一种有效的光亮剂。同时这类添加剂还对提高镀层的硬度有帮助。

④ 有机硫化物　氢硫基或硫酮类化合物在氰化物镀银中可以用作光亮剂。如丁基异丙基黄原酸盐、2-苯并硫氮茂磺酸、烯丙基硫代尿素、硫代水杨酸以及氨基硫代尿素等。

⑤ 含不饱和键的有机物及其缩合物　醛类、酮类、含有双键或三键的有机物，如各类染料等也在镀银中有光亮作用。典型的醛类有糠醛、茴香醛、肉桂醛、苯甲醛。

⑥ 载体光亮剂　载体光亮剂是与光亮剂配合起作用的辅助光亮剂，早期用得较多的是磺化油类。最常用的是商品名为土耳其红油的磺化蓖麻油。现在则有各种合成或缩合的有机表面活性物质用作辅助添加剂。各种专利资料显示，用得最多的是磺酸型阴离子表面活性剂。

9.3.3　金电铸

9.3.3.1　金与镀金

金是人类最为熟悉的贵金属。金的元素符号是 Au，原子序数 79，相对原子质量 197.2，相对密度 19.3，熔点 1063℃，沸点 2966℃，化合价为 1 或 3。

由于金具有极好的化学稳定性，与各种酸、碱几乎都不发生反应，因此在自然界也多以天然金的形式存在。自从被人类发现并加以应用以来，金一直都被当作最重要的货币金属和身份地位的象征，至今都没有什么改变。金本位制更是各国财政和全世界银行都在遵循的货币政策。黄金储备成为一个国家经济实力的重要标志。

金不仅具有重要的经济、政治价值，而且是重要的工业和科技材料。

金质地很软，有非常好的延展性，可以加工或极细的丝和极薄的片，薄到可以透光。金在空气中极其稳定，不溶于酸，与硫化物也不发生反应，仅溶于王水和氰化碱溶液。因而在电子工业、航天、航空和现代微电子技术中都扮演着重要角色。

但是，金的资源是有限的，不能像用常规金属那样大量广泛采用。为了节约这一贵重资源，经常用到的是金的合金，即平常所说的 K 金。K 金中金的含量见表 9-7。

表 9-7　K 金中金的含量

K	24	22	20	18	14	12	9
含金量/%	100	91.7	83.3	75	58.3	50	37.5

对于许多制品来说，即使采用 K 金也显得很奢侈。因此，早在古代，就有了包金、贴金等技术，只在制品的表面一层使用金，这就是所谓的金玉其表的来源。因此，在电镀技术发明以后，镀金就成为了一项重要的工艺。

经过一系列科技工作者的努力，现在镀金已经成为成熟和系统化的技术。镀金液也因所使用的配方不同而分为碱性镀金、中性镀金和酸性镀金三大类。由于镀金成本昂贵，除了电铸和特殊工业需要，大多数镀金层都是很薄的。镀金层的厚度与用途参见表 9-8。

表 9-8　镀金层的厚度与用途

镀金类型	厚度/μm	用　　途
工业镀厚金	1000 左右	工业纯金主要用在电铸、半导体工业,以酸性镀液为主,也有用中性镀液的 也有为了提高力学性能而镀金合金,主要是碱性液,分为加温型和室温型,也有用酸性液的
装饰厚金	2～100	可以镀出 18～23K 成色的金,主要用在手表、首饰、钢笔、眼镜、工艺品等方面
装饰薄金	0.5 左右	用在别针、小五金工艺品、中低档首饰等方面
着色薄金	0.5 左右	可以镀出黄、绿、红、玫瑰色等彩金色,用于各种装饰品

9.3.3.2　镀金工艺

（1）碱性镀金

标准的碱性镀金电解液的配方如下：

氰化金钾	1～5g/L	温度	50～65℃
氰化钾	15g/L	电流密度	0.5A/dm²
碳酸钾	15g/L	阳极	金或不锈钢
磷酸氢二钾	15g/L		

本镀液的主盐是氰化金钾，以 $KAu(CN)_2$ 的形式存在，参加电极反应时将发生以下离解：

$$KAu(CN)_2 = K^+ + Au(CN)_2^-$$

$$Au(CN)_2^- = Au^+ + 2CN^-$$

金盐的含量一般在 1～5g/L 之间，如果降至 0.5g/L 以下，则镀层会变得很差，出现红黑色镀层，这时必须补充金盐。

游离氰化钾对于以金为阳极的镀液可以保证阳极的正常溶解，这对稳定镀液的主盐是有意义的。应该保持游离氰化钾的量在 2～15g/L 之间，这时镀液的

pH 值在 9.0 以上。

碳酸钾和磷酸钾组成缓冲剂，并增加镀液的导电性。碳酸盐在镀液工作过程中会自然生成，因此配制时可以不加到 15g/L。

如果要镀厚金，则在镀之前先预镀一层闪镀金，这样不仅是为了增加结合力，而且可以防止前道工序的镀液污染到正式镀液。闪镀金的配方和操作条件如下：

金盐	0.4～1.8g/L	电压	6～8V
游离氰化钾	18～40g/L	时间	10s
温度	43～55℃		

氰化物镀金的电流密度范围在 0.1～0.5A/dm² ，温度则可以在 40～80℃的范围内变动，镀液温度越高，金的含量也就越高。电流密度也可以高一些，电流密度低的时候，电流效率接近 100%。镀液的 pH 值一般在 9 以上，在有缓冲剂存在的情况下，可以不用管理 pH 值。如果没有缓冲剂，则要加以留意。镀金的颜色会因一些因素的变动而发生变化。

（2）中性镀金

镀液的 pH 值在 6.5～7.5 之间调节的镀金，最早是为瑞士钟表业开发的。用于这种镀液的 pH 值缓冲剂主要是像亚磷酸钠、磷酸氢二钠类的磷酸盐、酒石酸盐、柠檬酸盐等。由于将氰化物的量降至最低，因此这些盐的添加量都比较大，同时也起到增加电导率的作用。其典型的工艺如下：

氰化金钾	4g/L	pH 值	7.0
磷酸氢二钠	20g/L	温度	65℃
磷酸二氢钠	15g/L	阴极电流密度	1A/dm²

中性镀金因为要经常调整 pH 值，在管理上比较麻烦。但对印刷线路板镀金或对酸碱比较敏感的材料（例如高级手表制件等）的镀金，还是采用中性镀金比较好。为了提高中性镀金的稳定性，也可以在镀液中加入螯合剂，比如三亚己基四胺、乙基吡啶胺等。推荐的配方如下：

氰化金钾	8g/L	EDTA 二钠	10g/L
氰化银钾	0.2g/L	pH 值	7.0
磷酸二氢钾	5g/L	电流密度	0.3A/dm²

（3）酸性镀金

酸性镀金是随着功能性镀金层的需要而发展起来的技术。在工业领域已经有广泛的应用，是现代电子和微电子行业必不可少的镀种。这主要是酸性镀金有着较多的技术优势，比如光亮度、硬度、耐磨性、高结合力、高密度、高分散能力等。

酸性镀金的 pH 值一般在 3～3.5 之间，镀层的纯度在 99.99%以上。镀层的硬度和耐磨性比碱性氰化物要高，且可以镀得较厚的镀层。

典型的酸性镀金工艺如下：

氰化金钾	4g/L	温度	60℃
柠檬酸铵	90g/L	pH 值	3～6
电流密度	1A/dm²	阳极	碳或白金

改进的酸性镀金工艺：

氰化金钾	8g/L	硫酸钴	0.05g/L
柠檬酸钠	50g/L	温度	32℃
柠檬酸	12g/L	电流密度	1A/dm²

用于酸性镀金的络合剂除了柠檬酸盐，还有酒石酸盐、EDTA 等。调节 pH 值则可以采用硫酸氢钠等。也有添加导电盐以改善镀层性能的，比如磷酸氢钾、磷酸氢铵、焦磷酸钠等。选择好适当的络合剂和导电盐，可以获得较好的效果。

金盐的浓度可以在 1～10g/L 的范围内变化。电流密度的范围则在 0.1～2.0A/dm² 。在温度为 60～65℃ 的条件下，进行强力搅拌，可以获得光亮的镀金层。

（4）镀金液的配制

镀金所用的金盐，主要是三氯化金和氰化金钾。酸性镀金可以使用三氯化金，也可以使用氰化金钾。而中性镀金和碱性镀金则只能使用氰化金钾。在实际生产中，多数是采用氰化金钾。

氰化金钾有市售的，也可以自己配制。由于配制过程中有雷酸金生成，而干燥的雷酸金受轻微的震动即会发生爆炸，非常危险。因此现在很少有人自己配制金盐，而是购买成品金盐。将氰化金钾溶于按量溶解了的氰化钾溶液中，再溶于其他辅助剂，即可以用于生产。

9.3.4　其他稀贵金属电镀

9.3.4.1　镀铂

铂与黄金一样，在自然界也有其金属态的物质存在。在许多河流的积层砂中，就有天然的铂粒被发现。但是它不像黄金那样有名，所以也无法从古籍中找到有关铂的记载。直到 18 世纪初叶，才有人注意到铂的存在。

铂俗称白金，是一种银白色金属。质地软，延展性好。铂的化学元素符号为 Pt，相对原子质量为 195.09，相对密度 21.45，熔点 1773.5℃。铂有很高的化学稳定性，不溶于酸和碱，不受一般试剂和潮湿空气的影响。溶于王水和熔融的碱。二价铂的电化当量为 3.64g/（A·h），标准电位 $Pt^{+2}/Pt = +0.73V$。

铂是重要的化学反应催化剂和电极材料，因此大多数铂的电镀是用于制作铂电极。

镀铂最早出现在 1933 年，主盐是氯化铂酸（H_2PtCl_6），以磷酸钠和磷酸铵为络合剂。但是，由于铂的价值太高，始终都没有像其他金属电镀那样得到更多的研究和在工业中广泛应用。现在常用的镀液有硝酸盐和磷酸盐两类。

（1）镀铂工艺

① 硝酸盐工艺

亚硝酸二氨铂 [Pt(NH₃)₂(NO₂)₂]		氨水	50mL/L
	10g/L	温度	90～95℃
硝酸铵	100g/L	阴极电流密度	1～1.5A/dm²
硝酸钠	10g/L	阴极电流效率	10%

这一工艺的电流效率很低，因此要维持较高的工作温度。同时在主盐达 5g/L 以上，就要对镀液进行充分搅拌，才能得到较好的镀层。采用 5A/dm² 的电流密度，电镀 1h，可以获得 5μm 的镀层。

② 磷酸盐工艺

氯化铂酸（H_2PtCl_6）	4g/L	温度	50～70℃
磷酸氢二铵	20g/L	电流密度	1A/dm²
磷酸氢二钠	100g/L		

还有一个高浓度的磷酸盐镀铂工艺如下：

氯化铂酸（H_2PtCl_6）	34g/L	pH 值	4～7
磷酸氢二铵	30g/L	温度	70℃
磷酸氢二钠	300g/L	电流密度	2.5A/dm²

（2）镀液的配制

将铂屑溶于王水中，用水浴蒸干；再用浓盐酸湿润沉淀，蒸干，重复三次。最后溶于 10% 的盐酸中，形成四氯化铂 $PtCl_4$。每 1L 镀液需要 11g 氯化铂与 28g 硝酸钾。然后将四氯化铂溶液与 10 倍体积的亚硝酸钾溶液混合，加热至 60℃，形成亚硝酸铂钾，放出二氧化氮。再加氨水形成亚硝酸二氨铂结晶沉淀。用蒸馏水清洗三次，溶于 5% 的氨水中，再加入其他成分，煮沸 2h 即成。

9.3.4.2 镀钯

钯是 1803 年由前面已经介绍过的英国化学家和物理学家武拉斯顿博士发现的，他将钯命名为 palladium，为纪念当时刚发现的一颗小行星 Pallas（武女星）。由此可以窥见武拉斯顿博士的兴趣广泛，也确实获得他同时代人的赞誉。被他同时发现的还有铑。

钯是银白色金属，化学元素符号为 Pd，相对原子质量 106.4，相对密度 12.02。钯的化学性质稳定，不溶于冷硫酸和盐酸，溶于硝酸、王水和熔融的碱中。在大气中有良好的抗蚀能力。二价钯的电化当量为 1.99g/(A·h)，标准电极电位 $Pd^{+2}/Pd^{+}=0.82V$。

钯镀层的硬度较高，这与金属钯本身的性质有较大差别。另外，钯的接触电阻很低且不变化，因此广泛用于电子工业。

（1）镀钯工艺

① 铵盐型

二氯化四氨钯（$Pd(NH_3)_4Cl_2$）		pH 值	9
	10～20g/L	温度	15～35℃
氢氧化铵	20～30g/L	阴极电流密度	0.25～0.5A/dm^2
游离铵	2～3g/L	阳极	纯石墨
氯化铵	10～20g/L		

② 磷酸盐型

氯钯酸（H_2PdCl_3）	10g/L	pH 值	6.5～7.0
磷酸氢二铵	20g/L	温度	50～60℃
磷酸氢二钠	100g/L	阴极电流密度	0.1～0.2A/dm^2
苯甲酸	2.5g/L	阳极材料	纯石墨

（2）镀液的配制

① 铵盐型　将二氯化钯溶于 60～70℃ 的盐酸中。按每升镀液需要 33g 二氯化钯和 50mL 10% 的盐酸计算，反应式如下

$$PdCl_2+2HCl \Longrightarrow H_2PdCl_4$$

在搅拌下加入 26mL 浓氨水，生成红色沉淀，再将沉淀溶于过量的氨水中，形成绿色二氯化四氨钯。

$$H_2PdCl_4+6NH_4OH \Longrightarrow Pd(NH_3)_4Cl_2+2NH_4Cl+6H_2O$$

过滤溶液，除去氢氧化铁等杂质，再加入 10% 的盐酸，直到形成红色沉淀。

$$Pd(NH_3)_4Cl_2+2HCl \Longrightarrow Pd(NH_3)_2Cl_2 \downarrow （红色）+2NH_4Cl$$

用漏斗过滤沉淀，并用蒸馏水洗净，直到试纸刚好不显酸性。将洗涤液收集在容器中，并蒸发水分，回收钯盐。然后将沉淀溶于 180mL 氨水中，加氯化铵 150g/L，加水至所需要刻度，调 pH 值至 9，即可以试镀。阳极用钯或铂。

二氯化钯可以自己制备。方法如下：

将钯屑溶于王水中，蒸干。用浓盐酸润湿干燥的沉淀。每 20g 钯加 10mL 浓盐酸，再蒸干。重复 2～3 次，将干的沉淀溶于 10% 的盐酸中，即形成二氯化钯（$PdCl_2 \cdot 2H_2O$）。

② 磷酸盐型　先制备氯钯酸。精确称取金属钯屑溶解于热的王水中，待完全溶解后蒸发至干。然后缓缓加入热浓盐酸（按 10g 加入 10mL 盐酸计），润湿

干燥的沉淀物，再重复蒸发至干，将蒸干的浓缩物溶解到蒸馏水中，制成氯钯酸溶液。

将制好的氯钯酸溶液加入到磷酸氢二铵水溶液中。然后将分别溶解好的苯甲酸和磷酸氢钠加入到上述溶液中，加水至工作容积，并充分加以搅拌，即制得所需要的镀液。

（3）镀液的维护

铵盐镀钯的主盐浓度控制在 $15\sim18g/L$ 之间比较合适。含量过低或过高，对镀层质量都会有不利影响。少于 $10g/L$ 时，镀层颜色差，不均匀甚至发黑。

氯化铵在镀液中主要起导电盐的作用，同时与氢氧化钠形成缓冲剂，起到稳定镀液 pH 值的作用。

9.3.4.3　镀铑

铑也是由英国化学家和物理学家武拉斯顿博士发现的稀有金属。

铑是一种银白色的金属，化学元素符号为 Rh。铑是铂族元素中最贵重的一种金属。熔点达 1970℃，相对密度为 12.4。铑的化学稳定性极高，对硫化物有高度的稳定性，连王水也不能溶解它。同时有很高的硬度，反光性能好，因此在光学工业中有广泛应用。在电子工业也有较多应用。

最早的镀铑是在 1930 年左右出现在美国。经过第二次世界大战，自 1950 年代以后在现代工业中有了广泛应用。特别是在电子工业，为了提高电子装备的可靠性，对高频及超高频器件镀银后再镀上一层极薄的铑镀层，不仅可以防止银层变色，而且能提高接插元件的耐磨性。

常用的镀铑液有硫酸型、磷酸型和氨基磺酸型三种。

（1）镀铑工艺

① 硫酸型

硫酸铑	2g/L	阴极电流密度	$1.5\sim2A/dm^2$
硫酸	30g/L	阳极	铂丝或板
温度	50℃		

如果要获得较厚镀层，则要提高主盐浓度至 $4\sim10g/L$，硫酸也相应提高到 $40\sim90g/L$。这时镀液的温度可以提高到 60℃，电流密度也可以升高到 $5A/dm^2$。

② 磷酸型

磷酸铑	$8\sim12g/L$	阴极电流密度	$0.5\sim1A/dm^2$
磷酸	$60\sim80g/L$	阳极	铂丝或板
温度	$30\sim50℃$		

③ 氨基磺酸型

氨基磺酸铑	2～4g/L	硝酸铅	0.5g/L
氨基磺酸	20～30g/L	温度	35～55℃
硫酸铜	0.6g/L	阳极	铂丝或板

（2）镀液的配制

由于铑的盐制品不易购到，因此，配制镀铑的要点是制备铑与酸反应生成的盐。

① 先将硫酸氢钾在研钵中研细，然后按硫酸氢钾∶铑＝30∶1（质量比）的比例称取硫酸氢钾和铑粉。

② 将铑粉与硫酸氢钾均匀混合，放入干净的瓷坩埚里（坩埚内先放一层硫酸氢钾打底），然后再在表面轻轻盖上一层硫酸氢钾。

③ 待马弗炉预热到250℃时，将盛有混合物的坩埚放入炉中，升温至450℃时恒温1h，再升温至580℃恒温3h，然后停止加热，随炉冷却至接近室温取出。

④ 将烧结物从坩埚取出移入烧杯内，加适量蒸馏水，加热至60～70℃，搅拌使其溶解，得到粗制硫酸铑。

⑤ 将粗制硫酸铑溶液过滤，将沉渣用蒸馏水洗2～3次，连同滤纸放入坩埚里灰化、保存，留待下次烧结铑粉时再用。

⑥ 将滤液加热至50～60℃，在搅拌下慢慢加入10％氢氧化钠，使硫酸铑完全生成谷黄色氢氧化铑沉淀（氢氧化钠的加入量以使溶液呈弱碱性为准，即pH＝6.5～7.2。当碱过量时氢氧化铑会溶解在其中）。

⑦ 将沉淀物过滤，并用温水洗涤4～5次。

⑧ 将沉淀物和滤纸一起移入烧杯中，加水润湿，根据溶液类型滴加硫酸或磷酸至沉淀全部溶解。氨基磺酸盐镀液也先用硫酸溶解，然后加入已溶解好的氨基磺酸。

⑨ 其他材料可各自溶解后，再逐步加入，并补充蒸馏水至工作液的液面。

还有一种制备镀铑溶液的方法为电解，这种方法与上述烧制法相比要简便许多，但是却比较费时间。具体操作方法如下：

在烧杯中放入铑粉和5％的硫酸200mL，用光谱级纯炭电极作两个电极，用变压器将交变电压降至4～6V，再用可变电阻（1A100Ω以上）调节电解电流（以免两极产生过量的气体），并且开动搅拌器让铑粉浮悬于溶液中，成为瞬时的双电极，以使铑在交流电场下不断地氧化和钝化而溶解成硫酸铑。电解几天后，化验含量是否是所需要的量，如果符合要求，即可以终止电解。电解时要盖上有孔的表面器皿，以防止灰尘落入槽中和减少水分蒸发。过滤铑镀液，滤纸上的铑粉和炭粉应用蒸馏水洗干净，留待下次电解时再用。所得滤液经化验和补料后，即可进行试镀。在需要大量配制时，可用多个烧杯串联电解。整个工艺过程要有排气装置。

（3）镀液的维护

铑盐是镀液的主盐，在硫酸盐镀液中，铑的浓度范围在 $1\sim4g/L$ 之间都可以获得优质的镀层。在一定的温度和电流密度下，随着铑含量的增加，电流效率也随之上升。为了获得光亮度高、孔隙少的镀层，铑的浓度宜控制在 $1\sim2g/L$。但是，当铑的含量低于 $1g/L$ 时，镀层的颜色发红变暗，并且镀层的孔隙率增加。在氨基磺酸盐镀液中，主盐的浓度则不应低于 $2g/L$，否则，镀层会发灰并没有光泽。

9.3.4.4 镀钛

钛是银白色的金属，化学元素符号为 Ti，相对原子质量 47.9，熔点 $1960℃$。三价钛的电化当量为 $0.446g/(A\cdot h)$，标准电位为 $+0.37V$。钛的延展性好，耐腐蚀性强，不受大气和海水的影响，与各种浓度的硝酸、稀硫酸和各种弱碱的作用非常缓慢。但是溶于盐酸、浓硫酸、王水和氢氟酸。

钛镀层有较高的硬度，良好的耐冲击性、耐热性、耐腐蚀性和较高的抗疲劳强度。

镀钛的工艺如下。

① 酸性镀液

氢氧化钛	100g/L	明胶	2g/L
氢氟酸	250mL/L	pH 值	3～3.4
硼酸	100g/L	温度	20～50℃
氟化铵	50g/L	阴极电流密度	2～3A/dm²

② 碱性镀液

海绵钛	10～12g/L	双氧水	300～350mL/L
氢氧化钠	28～30g/L	平平加	微量
酒石酸钾钠	290～300g/L	pH 值	12
柠檬酸	8～10g/L	温度	70℃
葡萄糖	6～8g/L	阳极	带阳极袋的碳棒

9.3.4.5 镀铟

铟（In）是一种银白色金属，相对原子质量 114.82，标准电极电位为 $+0.33V$，电化当量 $1.427g/(A\cdot h)$。常温下纯铟不被空气或硫氧化，温度超过熔点时，可迅速与氧和硫化合。铟的可塑性强，有延展性，可压成极薄的铟片，很软，能用指甲刻痕。

铟是制造半导体、无线电器件、整流器、热电偶的重要材料。纯度为 99.97% 的铟是制作高速航空发动机银铅铟轴承的材料，低熔点合金如伍德合金中每加 1％的铟可降低熔点 1.45℃，当加到 19.1％时熔点可降到 47℃。铟与锡的合金（各 50％）可作真空密封之用，能使玻璃与玻璃或玻璃与金属粘接。金、钯、银、铜与铟组成的合金常用来制作假牙和装饰品。铟是锗晶体管中的掺杂剂，在 PNP 锗晶体管生产中使用铟的数量最大。

铟镀层主要用于反光镜及高科技产业制品，也用于内燃机巴比合金轴承等作减磨镀层。常用的镀铟有以下三种。

（1）氰化物镀铟

氰化铟	15～30g/L	温度	15～35℃
氰化钾	140～160g/L	阴极电流密度	10～15A/dm²
氢氧化钾	30～40g/L	阴极电流效率	50％～60％
葡萄糖	20～30g/L	阳极	石墨
pH 值	11		

（2）硼氟酸盐镀铟

硼氟酸铟	20～25g/L	温度	15～25℃
硼氟酸（游离）	10～20mL/L	阴极电流密度	2～3A/dm²
硼酸	5～10g/L	阴极电流效率	30％～40％
木工胶	1～2g/L	阳极	石墨
pH 值	1.0		

（3）硫酸盐镀铟

硫酸铟	50～70g/L	阴极电流密度	1～2A/dm²
硫酸钠	10～15g/L	阴极电流效率	30％～80％
pH 值	2～2.7	阳极	石墨
温度	18～25℃		

9.3.4.6　镀铼

铼（Re）是银白色的可塑金属。相对原子质量 186.2，相对密度为 20.53，为难熔金属，熔点仅次于钨。铼常温下在空气中化学性质稳定，300℃时开始氧化。铼不溶于盐酸，但可溶于硝酸和热浓硫酸中生成铼酸。

铼主要用作石油工业的催化剂，铼具有很高的电子发射性能，广泛应用于无线电、电视和真空技术中。铼具有很高的熔点，是一种主要的高温仪表材料。铼和铼的合金还可作电子管元件和超高温加热器以蒸发金属。钨铼热电偶在 3100℃ 也不软化，钨或钼合金中加 25％ 的铼可增加延展性能。铼在火箭、导弹上用作高温涂层，宇宙飞船用的仪器和高温部件如热屏蔽、电弧放电、电接触器等都需要铼。

铼镀层主要用于电子工业、热电偶和高温防腐等。

电镀铼的工艺如下。

（1）柠檬酸盐镀液

高铼酸钾	1.5g/L	电流密度	8A/dm^2
柠檬酸	50g/L	电流效率	20%
氨水	调 pH 到 9.5	温度	70℃

（2）硫酸盐镀液

高铼酸钾	15g/L	温度	90℃
硫酸	25g/L	电流密度	15A/dm^2
pH 值	1	电流效率	19%

从这一镀液可以获得致密光亮的镀层。

第10章
微系统制造中的电铸技术

10.1 微系统制造

10.1.1 微系统简介

微系统也称微电子机械系统（micro-electro-mechanical system，MEMS），是利用集成电路技术和微加工技术制造微型结构的系统，包括微传感器、执行器、控制处理电路和电源等，将它们制造在一块或多块芯片上，从而将芯片功能拓展到机、光、热、电、化学、生物等领域，集微型化、集成化、智能化于一体，并且成本低，性能好，使其在微型测量、无线通信、生物医药、国防军工、航空航天、汽车电子、家用电器等众多领域有广泛应用，将对智能化时代产生深远影响。

微系统技术其实是与集成电路技术同时出现的，其制造方法很大程度上与集成电路技术有关，二者既有紧密联系，也存在明显区别（表10-1）。

表 10-1 集成电路与微系统的对比

对比项	集成电路	微系统
构成	晶体管＋互连	微结构＋IC
尺度	纳米～厘米	微米～厘米
制造	标准 IC 工艺	微加工技术＋IC 工艺
功能	信息处理	信息感知、处理、执行
技术领域	电路的微型化	其他领域的微型化

由表 10-1 可知，二者最大的区别在于功能的不同和技术领域的不同。集成电路（芯片）是电子电路的微型化，主要功能是信息处理；而微系统（MEMS）是更多领域的微型化，其功能不只是收集信息，还要进行处理和执行。因此，微系统是芯片技术应用的扩展，有很大的发展空间。

在制造工艺方面，与芯片制造要用到电镀技术一样，微系统制造要用到电铸技术。

显微制造或者说显微机械加工（micromachining）是从半导体器件生产到集成电路制造一直在采用的高新技术。在微电子技术时代，显微制造已经是不可或缺的现代加工技术。但是，我们以往所知道的显微制造，最多的还是显微光刻和显微蚀刻，很少听说微型电铸。但是，在微型机器人等微型器件的研制进入实用化以后，微加工技术中的微型电铸很快成为一个重要的加工方法。这种方法实际上还是在微蚀方法的基础上发展起来的微加工方法。

10.1.2 微型电铸技术

LIGA 是德文 lithographie，galvanoformung 和 abformung，即光刻、电铸和注塑的缩写。LIGA 工艺是一种基于 X 射线光刻技术的 MEMS 加工技术，主要包括 X 光深度同步辐射光刻，电铸制模和铸模复制三个工艺步骤。光刻需要在导电衬底上涂厚光刻胶，一般采用甲基丙烯酸甲酯（PMMA），它经 X 射线照射后可以被显影剂溶解。制膜要利用电铸微结构的方法在导电衬底上沉积金属。为了不引起微结构变形，LIGA 电铸过程要求沉积的金属具有最小应力，且在开模的过程中不会发生粘连，导致微结构损坏。通常可用于电铸的材料包括金、铜、镍以及镍合金等。电铸得到的金属微结构模型称为型芯，注膜复制工艺就是通过型芯大批量生产微型器件的，成型的主要方法包括注射成型和热膜压印。由于 X 射线有非常高的平行度和极强的辐射强度，使得 LI-GA 技术能够制造出深宽比达 500、厚度从数百微米到毫米、侧壁光滑且平行度偏差在亚微米范围内的三维结构，这是其他微制造技术无法实现的。此外，采用 LIGA 技术结合多掩模套刻、掩模板线性移动、倾斜承片台、背面倾斜光刻等措施，还能制造含有叠状、斜面、曲面等结构特征的三维微小元器件。

射线蚀刻也就是芯片制造中的光刻技术，即 UV-LIGA 技术，涉及光刻机和光刻胶等"卡脖子"技术和产品。这一技术的拓展是可以在微结构中制造三维多层空间的 EFAB（electrochemical fabrication）技术，它是由美国南加州大学的 Adam Cohen 等人，基于 SFF（solid freeformfabrication）的分层制造原理开发出来的一种金属微结构加工技术，已有 20 多年的发展历史，具有真正的三维微加工能力。该技术实质上是金属结构层电沉积、牺牲层电沉积、平坦化3个主要工艺的组合与复用，并以层层叠加的方式来加工金属微结构和零件，每层沉积厚度在两微米到数十微米。它可以制造足够厚的三维复杂金属或合金微结构。

10.1.2.1　微蚀技术与电铸母型

微蚀技术是在极小的硅片等微面积上蚀刻出各种线路图形或区间，形成微器件和线路，以制成集成电路。微蚀加工因为是在平面上进行凹型的蚀刻，所涉及的深度只有 $1\sim10\mu m$，相对比较容易。但是获得更深的蚀刻凹型，一直是显微加工中的难题。追求高深度比的蚀刻技术被称为 HARMS（high aspect ratio micro structure），即高深度比微型构造。近年来，由于紫外激光技术在蚀刻芯片线路中的应用，这种高深度比的蚀刻技术已经获得很大发展，从而使微电铸加工成为可能。

根据微蚀可以在平面上制作各种凹型的技术特性，可以将所需要的电铸原型先在这种平面上制作出凹型，然后在这种凹型中进行微型电铸，让铸层填充这个凹型，再去掉凹型，裸露出来的就是与凹型的阳模同形的电铸制品。

电铸是在电铸原型上进行电沉积而获得电铸制品的。电铸原型多数是阳型，电铸在其上成型后获得的是阴模。那么微型电铸的原型是怎样的呢？我们在前面提到过微型电铸实际上是在阴模中成型的电铸阳型的加工方法。这种方法平常只有在制作某些浮雕类制品时才会用到，例如制造大型玻璃钢浮雕。但是在微型电铸中，则是主要的加工方法。

由于这些微电铸制品的最小直径只有数十微米，因此，只能利用已经有成熟蚀刻工艺的硅片材料来制作微电铸母型。

利用硅片材料制作微电铸母型的流程如下。

（1）铝掩膜和图形的制作

首先在硅片上蒸发铝，并按图形制成所需要的掩膜。制作完成后的硅片上的图形根据需要可能会是两种完全相反的模式——如果所要电铸的制成品是阴模方式，则掩膜保护的就是阳模部分；相反，如果电铸成型的成品是阳模方式，则掩膜保护的就是阴模部分。这一工序的关键是让下道工序可以方便地对基片进行后续加工。

（2）阴模的制作

采用等离子催化的离子扫描刻蚀技术进行图形的深孔位加工，形成阴模式母型。这一步骤与集成电路中的光刻过程大同小异。只不过加工难度比集成电路的要大一些，这是因为此时微型加工技术所要求的深度大大超过了原来硅片的光刻深度。

目前最流行的深孔加工方法是激光直写法。激光直写技术是将计算机产生的图形数据与微细加工技术结合起来，由计算机控制聚焦短波长激光直接在光刻胶上曝光形成图形。

将激光引入微加工领域，给微制造加工开辟了广阔的发展前景。由于激光加工技术与传统的加工工艺相比有着许多无可比拟的优势，所以激光技术在大规模集成电路和微型加工工艺中已得到越来越广泛的应用。激光技术在大规模集成电路中和微加工工艺中的优越性表现在以下几个方面。

① 由于激光是无接触加工，并且其能量和移动速度均可调，因此可以实现多种精密加工。

② 可以对多种金属和非金属进行加工，特别适合集成电路中高硬度、高脆性及高熔点的材料。

③ 激光加工过程中，激光束能量密度高，加工速度快，并且是局部加工，因此，其热影响区小，工件热变形小，后续加工量小。

④ 由于激光束易于导向、聚焦，实现各方向变换，极易与数控系统结合，因此它是一种极为灵活的加工方法。

⑤ 生产效率高，加工质量稳定可靠，经济效益好。

（3）湿法刻蚀

除了采用激光刻蚀方法进行微制造外，也可以采用化学方法刻蚀，化学法通常都是在溶液中进行，因此也叫湿法刻蚀。湿法刻蚀只需要刻蚀溶液、添加剂、反应容器、温度控制装置和搅拌装置，是单晶硅刻蚀最简单的方法，仍然有应用价值。

常用的硅刻蚀溶液包括氢氟酸＋硝酸、氢氧化钾、四甲基氢氧化铵、联氨的水溶液等。第一种为酸性刻蚀液，刻蚀过程为各向同性；后面几种为碱性刻蚀液，刻蚀过程为各向异性。

二氧化硅可以用氢氟酸进行刻蚀，其反应如下：

$$SiO_2 + 6HF \longrightarrow H_2 + SiF_6 + 2H_2O$$

硅可以用氢氟酸＋硝酸进行刻蚀，氮化硅则可以用热磷酸（180℃）进行刻蚀。

碱性刻蚀常用氢氧化钾。其浓度可在 $10\% \sim 22\%$ 之间选择。温度为 $80 \sim 85℃$。

10.1.2.2 阴模完成后的工序

阴模制作完成后，还需要经过一系列工序才能完成微型电铸过程，这些后续工序都很重要。分述如下。

① 制作阻挡层。在阴模加工完成后，再在阴模母型内以物理方法形成阻挡层，通常是沉积铬或铜，以便再在其上电沉积出作为牺牲层的隔离层，并防止镀层金属向模腔内扩散。

② 沉积隔离层。在已经有阻挡层的膜腔内，进行作为牺牲层的铜隔离层的电沉积，以保证其后的电铸镍或者电铸镍合金能从这个层面上生长成铸型。同时，在微电铸加工完成后，使电铸制品能从母型上顺利地脱下来，这样，模型还可以再重复使用。

③ 电铸镍。对完成隔离层的模型进行镍的电铸。为了改善电铸沉积物的物理性能，现在多数是进行镍钴合金的电铸。

④ 隔离层除去。在电铸过程完成后，要将隔离层除去，也就是牺牲掉隔离层而使电铸制品从作为原型的腔内脱出。

⑤ 取出电铸制品。在除掉隔离层后，原型模腔与电铸成型品之间已经有了很小的间隙，这样可以使镍电铸层从母型上取下，而母型可以再重复流程（1）及其后续的流程，使原型可以重复使用。

10.2 微型电铸工艺

10.2.1 适合微型电铸的合金

微型电铸由于制件非常微小，对电铸沉积层的脆性和应力非常敏感。因此，如果采用普通镍电铸工艺，会存在应力变形或硬度不够等问题，虽然可以通过在200℃进行热处理来调整电铸沉积物的力学性能，但是加热会导致生成硫化物膜，这显然是有害的。

为了避免上述问题，比较可靠的方法是采用电铸镍钴合金工艺。镍与钴在一般简单盐溶液中的析出电位很接近，比如在 0.5mol/L 的硫酸盐镀液中，在15℃时镍的析出电位是 $-0.57V$，而钴的析出电位是 $-0.56V$。仅仅从析出电位上看，镀液中镍和钴的含量比例基本上应该是镀层中的比例。但是实际并非如此，在镍钴合金镀液中，当电流通过镀液时，钴将优先析出。测试表明，镀液中只要钴的含量达到镍与钴总量的 5%，镀层中的含钴量就可以接近 50%（质量分数）。镀层的硬度也随着钴含量的增加而增加。因此，具体需要多少含量的钴，要根据产品的设计需要确定。通常将钴金属在合金中的含量控制在8%左右。

10.2.2　镍钴合金电镀工艺

以镍金属为主的镍钴合金电镀工艺根据所使用主盐的成分而分为氨基磺酸盐工艺和硫酸盐工艺。对于精密的微系统制造，建议采用氨基磺酸镍工艺。而批量制造的较为简单的结构，可以采用硫酸盐工艺，这时效率较高且成本较低。

采用氨基磺酸镍工艺的配方如下。

氨基磺酸镍	225g/L	润湿剂	0.2mL/L
氨基磺酸钴	0～110g/L	温度	室温
硼酸	30g/L	电流密度	$2～5A/dm^2$
氯化镁	15g/L		

对铸层中钴的含量和电流密度的影响试验表明，采用 $2A/dm^2$ 的阴极电流密度、铸层中钴含量为 7.5% 时，所获得的电铸镍钴合金性能最好。

也可以采用硫酸盐工艺，可以有较高的沉积速度。

硫酸镍	240g/L	pH 值	4.0～4.2
氯化镍	45g/L	温度	55～60℃
硫酸钴	15g/L	电流密度	$3～8A/dm^2$
硼酸	30g/L		

镀液的 pH 值对铸层中的钴含量有一定影响。在 pH 值低于 3.5 时，铸层中的钴含量随 pH 值的升高而降低，当 pH 值高于 3.5 时，pH 值对铸层中钴含量的影响变得小一些。

镍钴合金电铸可以采用纯镍作为阳极。只有对铸层中钴含量比例要求较大时，才要求镀液中钴含量保持相对稳定的状态。这时可以采用联合阳极，即同时挂入镍阳极和钴阳极，但是要分别给不同阳极供电以控制其正常溶解，也可以采用合金阳极。

10.3　微型电铸的应用领域

微型电铸使电铸加工进入了纳米时代。这是与微型制造和分子工艺学等一系列现代高科技的发展和进步分不开的。特别是现代医学中要用到的微测量仪器，需要有各种微型构件和异形齿轮等。这些微型构件都可采用，也只能采用微型电铸技术进行加工制作。

分子工艺学涉及分子级别结构的制作或加工。分子器件需要用到的构件要求有一定的刚性，在这么小的数量级下采用传统的机械加工方法根本做不到。而这类结构采用微电铸加工却是可以实现的。因此，微型电铸应用的主要领域是微型制造，并且将随着微型制造产业的发展而获得进一步的完善和发展。可以预期微型电铸的这种引人注目的应用将对电铸在宏观制造业中的应用起到推波助澜的作用。

10.3.1 传感器领域

传感器是智能化时代重要的微系统器件，其中硅基微传感器占据主流地位。因为硅具有极其优良的机械和半导体性能，弹性模量大，无蠕变，无滞后，能够实现高质量的信号传感，可以制作不同功能和需要的传感器。其原理是通过其敏感元件的性能将接收到的信号转变为电信号。由于是硅材料制作的，可以与 IC 实现集成，从而能够在一个芯片上实现多种不同的传感器阵列。

可以制作的传感器包括压阻式传感器、电容式传感器、压电式传感器、谐振式传感器以及压力传感器等。微型传感器在诸多领域（包括航天航空和汽车制造等行业）都有广泛应用。

现在，受益于微系统制造的应用（包括智能手机中大量智能功能应用）所需要的微器件，各种微传感器正在向智能传感等方向发展。微系统产品也正从单一芯片向复杂程度更高的系统级应用发展。其中一个显著的特点是微系统技术的发展正聚集于前沿科技创新领域，例如当代汽车制造业已经大量采用微传感器技术，特别是智能驾驶系统，需要各种传感器支持；汽车电子系统，包括卫星导航、智能驾驶、汽车控制系统等都大量采用微加工技术。这些系统要用到大量的传感器和芯片。

采用电铸技术的微系统制造在国防军工领域也有大量的应用。许多武器系统基于微系统技术实现微型化、高度集成化、智能化、轻量化。这些承载了众多高精尖技术的微系统武器将会给未来战场的作战模式带来颠覆性的变革。大力推进微系统技术在武器系统上的应用，对提升我国武器装备系统的研制能力和发展水平都具有重要的战略意义。这是在当代复杂多变的世界局势下的必然趋势。

10.3.2 生物医学领域

现代生物学、医学和化学的基础是生化分析系统。传统生化分析是在生化实验室的工作台上进行的，对生化样品进行分离、过滤、提纯等操作，再进行反应、检测等。现代微制造技术使"芯片实验室"（lab-on-a-chip，LOC）成为现实。通过微加工技术将传统基于工作台的生化实验功能集成在芯片上形成微电子分析平台。这样可以在一个芯片上实现生化领域的样品制备、生化反应、分离检测等操作。LOC 的最终目标是生化分析设备的微型化、自动化，以实现简携方便的操作。这在紧急状态下十分重要。医学领域的其他应用包括医疗检测仪器、微手术器械、微流体器件制造等。

10.3.3　微执行器领域

执行器也称驱动器或促动器，是一种将能量转换成机械动能的装置，并可借由执行器来控制驱使物体进行各种预定动作，电动机就是典型的例子。微执行器就是将传统的执行器件微型化，早在 20 世纪 80 年代就已经出现了这类产品的应用，例如压电和气动微泵。随后出现了更加复杂的执行器结构，例如弹簧、铰链、齿轮等；更典型的则是梳状叉指电容器的微执行器和微静电马达。这些应用扩大了 MEMS 的功能范围和应用领域。

静电马达是 MEMS 领域微器件的标志性产品。自发明以来已经获得世界各国大学和科研机构的广泛重视，各种样式的微型静电马达相继出现，成为微电子制造的一个典型课题。

除了旋转动力执行器，其他运动模式的执行器的应用也很普遍，包括直线步进执行器、蠕虫执行器等。除了电能，还有磁能等其他物理能的执行器等，这些都可以应用 MEMS 技术实现制造。

第11章
电铸应用举例

11.1 ABS 塑料制品模具的电铸

11.1.1 ABS 塑料及其制品

ABS 树脂是丙烯腈-丁二烯-苯乙烯共聚物，其性能受三组分的配比及每一种组分的化学结构、物理形态的影响。丙烯腈组分在 ABS 中表现的特性是耐热性、耐化学性、刚性、抗拉强度；丁二烯表现的特性是抗冲击强度，并且是电镀级 ABS 塑料粗化溶出的成分。正是这种可通过化学粗化法溶出的成分，构成了 ABS 塑料可电镀的特点。苯乙烯表现的特性是加工流动性、光泽性。这三组分的结合，优势互补，使 ABS 树脂具有优良的综合性能。ABS 具有刚性好、冲击强度高、耐热、耐低温、耐化学药品性，机械强度和电器性能优良，易于加工，加工尺寸稳定，表面光泽度好，容易涂装、着色，还可以进行喷涂金属、电镀、焊接和粘接等二次加工。因此在工业领域获得了广泛的应用。其可电镀的特性，也决定了其可以作为电铸原型材料。

汽车、日用器具和电子电器是 ABS 塑料三大应用领域。ABS 塑料是汽车中使用仅次于聚氨酯和聚丙烯的第三大树脂。ABS 塑料可用于车内和车外部外壳，如方向盘、导油管及把手和按钮等小部件，车外部包括前散热器护栅和灯罩等。此外，由于 ABS 塑料的耐热性较好，近年来开发了一些新的用途，如喷嘴、储藏箱、仪表板等。美国一辆小汽车上 ABS 塑料的平均用量为 10kg，在卡车和其他车型中平均用量高达 $18\sim23$kg。

大部分汽车部件都是用注塑成型方法加工的，与 PP 相比，ABS 塑料的优点是抗冲击性、隔音性、耐划痕性、耐热性更好，也比 PP 更美观。特别是在横向抗冲击性和使用温度较为严格的部件，PP 应用受到限制，而 ABS 因为表面光滑、抗冲击性好、耐高温和可加工性好，具有其他树脂所不具备的竞争性。ABS 塑料在家用电器方面的应用包括大型器具，如冰箱、冰柜、食品箱等和小型器具等，如食品加工机、吸尘器、吹风机、室内空调器、加湿器等。

相当一部分 ABS 塑料制件还充分利用了其可以电镀的性能，在各种装饰性配件和壳体、框架等结构中都有着广泛的应用。ABS 经电镀之后的耐冲击强度、抗张力、弹性率均明显改善，且无负荷时热变形温度高，线膨胀系数小，因而加工成型后收缩小，吸水率低，适合于制作精密的结构制品，在工业领域，特别是电子仪器仪表等产业获得好评。其后在轻工业、日用品、汽车、航空、航海等诸多工业领域都获得广泛应用。而使 ABS 塑料的应用进一步扩大的最主要原因，就是它是最先开发出来具工业化电镀加工性能的工程塑料，并且至今仍然是唯一最适合电镀的工程塑料。

ABS 塑料可以注塑、挤出或热成型。因此，ABS 塑料产品的制造离不开模具，这些模具中有相当一部分是采用电铸法制造的。由于 ABS 塑料有良好的电镀性能，因此，ABS 塑料制品本身就可以作为电铸的原型。只有在进行原创结构制造时，才会用到手工或机械加工等方式制作原型。

ABS 塑料模具的特点是能够让制品顺利脱模，也就是适合制作开合式模具。如果制作开合式模具，则要有合理的分型线，使制品在模具打开时能够比较方便地从模腔内取出完成了成型的制品。

11.1.2　ABS 塑料制品电铸模加工工艺

11.1.2.1　原型的确定

在制作 ABS 塑料模具前，先要确定在什么样的原型上进行电铸，再确定电铸的流程。用于制作 ABS 塑料注塑模腔的原型有多种材料可供选择。但是从注塑加工对塑料制件表面的要求来看，采用金属材料的原型比较合理。因为塑料加工模具要求高光洁度的表面效果。采用金属材料，可以比较方便地获得设计所需要的光洁度。比如可以采用铜合金、铝合金等，要求更高光亮度的还可以采用优质的钢材。但是考虑到塑料注塑模的结构特点，所用的原型多数是一次性原型，因此最好是采用铝合金等容易用化学法溶解脱模的材料。

根据 ABS 制品表面的不同要求，比如有些需要皮纹效果、有些是浮雕效果等。原型也会采用非金属材料制造。因为非金属材料容易表达这类有创意的特殊表面效果，这时就需要进行原型的表面金属化。

还有一类原型就是 ABS 塑料制品本身。这是 ABS 塑料模电铸的一个特点。

因为模具的功能就是重复制造同一个造型。当模具的寿命到期时，可以用这个模具生产的制品再行电铸制造出模腔。当然，对于这种情况，在新模具投入生产使用的初期，要预先从中挑选出几件完好的样品进行封样保留，在需要时就可以拿出来作原型复制电铸模。

11.1.2.2　原型的前处理

对于金属原型，可以按常规前处理流程进行，即进行除油、弱浸蚀，然后就是装挂具再进入电铸流程。对于金属原型需要注意的是在前处理过程中不能损坏表面的光洁度，特别是铝合金原型，由于其两性金属的特点，对碱和酸都比较敏感，容易出现过腐蚀现象。在除油液中不要加入氢氧化钠，也不要用较强的酸进行浸蚀。

对于 ABS 塑料原型，则需要进行表面金属化处理。

11.1.2.3　ABS 塑料制品原型的表面金属化

（1）前处理工艺

前处理工艺包括表面整理、内应力检查、除油和粗化。分述如下。

① 表面整理　在 ABS 塑料进行各项处理之前，要对其进行表面整理，这是因为在塑料注塑成型过程中会有应力残留。特别是在浇口和与浇口对应的部位，会有内应力产生。如果不加以消除，这些部位会在电镀中产生镀层起泡现象。在电镀过程中如果发现某一件产品的同一部位容易起泡，就要检查是否是浇口或与浇口对应的部位，并进行内应力检查。但是为了防患于未然，预先进行去应力是必要的。

一般性表面整理可以在 20％丙酮溶液中浸 5～10s。

去应力的方法是在 80℃恒温下用烘箱或者水浴处理至少 8 个小时。

② 内应力检查方法　在室温下将注塑成型的 ABS 塑料制品放入冰醋酸中浸 2～3min，然后仔细地清洗表面，晾干，在 40 倍放大镜或立体显微镜下观察表面，如果呈白色表面且裂纹很多，说明塑料的内应力较大，不能马上电镀，要进行去应力处理。如果呈现塑料原色，则说明没有内应力或内应力很小。内应力严重时，经过上述处理，不用放大镜就能够看到塑料表面的裂纹。

③ 除油　有很多商业的除油剂可以选用，也可以采用以下配方自制。

磷酸钠	20g/L	乳化剂	1mL/L
氢氧化钠	5g/L	温度	60℃
碳酸钠	20g/L	时间	30min

除油之后，先在热水中清洗，然后在清水中清洗干净。再用 5％的硫酸中和后，再清洗，才进入粗化工序。这样可以保护粗化液，使之寿命得以延长。

④ 粗化　ABS 塑料的粗化方法有三类，即高硫酸型、高铬酸型和磷酸型，

从环境保护的角度，现在宜采用高硫酸型。

a. 高硫酸型粗化液

硫酸	80%（质量分数）	温度	50～60℃
铬酸	4%（质量分数）	时间	5～15min

这种粗化液的效果没有高铬酸型的好，因此时间上长一些好。

b. 高铬酸型粗化液

铬酐	26%～28%（质量分数）	温度	50～60℃
硫酸	13%～23%（质量分数）	时间	5～10min

这种粗化液通用性比较好，适合于不同牌号的 ABS，对于含 B 成分较少的要适当延长时间或提高一点温度。

c. 磷酸型粗化液

磷酸	20%（质量分数）	温度	60℃
硫酸	50%（质量分数）	时间	5～15min
铬酐	30g/L		

这种粗化液的粗化效果较好，时间也是以长一点为好。但是成分多一种，成本也会增加一些，所以一般不大用。

所有的粗化液的寿命是与所处理塑料制品的量和时间成正比的。随着粗化量的加大和时间的延长，三价铬的量会上升，粗化液的作用会下降，可以分析补加。但是当三价铬太多时，处理液的颜色会呈现墨绿色，要弃掉一部分旧液后再补加铬酸。

粗化完毕的制件要充分清洗。由于铬酸浓度很高，首先要在回收槽中加以回收，再经过多次清洗，并浸 5%的盐酸后，再经过清洗方可进入以下流程。

（2）化学镀工艺

化学镀工艺包括敏化、活化、化学镀铜或者化学镀镍。由于化学镀铜和化学镀镍要用到不同的工艺，所以将分别介绍两组不同的工艺。如果电铸模要求是铜质模腔，可以采用化学镀铜工艺。如果所要求的电铸模是镍质，则以采用化学镀镍为好。

① 化学镀铜工艺

a. 敏化

氯化亚锡	10g/L	温度	15～30℃
盐酸	40mL/L	时间	1～3min

在敏化液中要放入纯锡块，可以抑制四价锡的产生。经敏化处理后的制件在清洗后要经过蒸馏水洗才能进入活化，以防止氯离子带入而消耗银离子。

b. 银盐活化

硝酸银	3～5g/L	温度	室温
氨水	加至透明	时间	5～10min

这种活化液的优点是成本较低，并且较容易根据活化表面的颜色变化来判断活化的效果。因为硝酸银还原为金属银活化层的颜色是棕色的，如果颜色很淡，活化就不够，或者延长时间，或者活化液要补料。也可以采用钯活化法，这时可以用前面已经介绍过的胶体钯法，也可以采用下述分步活化法。如果是胶体钯法，则上道敏化可以不要，活化后加一道解胶。

c. 钯盐活化

氯化钯	0.2～0.4g/L	温度	25～40℃
盐酸	1～3mL/L	时间	3～5min

经过活化处理并充分清洗后的塑料制品，可以进入化学镀流程。活化液没有清洗干净的制品如果进入化学镀液，将会引起化学镀液的自催化分解，这一点务必加以注意。

d. 化学镀铜

硫酸铜	7g/L	甲醛	25mL/L
氯化镍	1g/L	温度	20～25℃
氢氧化钠	5g/L	pH 值	11～12.5
酒石酸钾钠	20g/L	时间	10～30min

化学镀铜的最大问题是不够稳定，所以要小心维护，采用空气搅拌的同时能够进行循环过滤更好。在补加消耗原料时，以 1g 金属 4mL 还原剂计算。

② 化学镀镍工艺

a. 敏化

氯化亚锡	5～20g/L	温度	25～35℃
盐酸	2～10mL/L	时间	3～5min

b. 活化

氯化钯	0.4～0.6g/L	温度	25～40℃
盐酸	3～6mL/L	时间	3～5min

化学镀镍只能用钯作活化剂而很难用银催化。同时钯离子的浓度也要高一些。现在大多数已经采用一步活化法进行化学镀镍，也就是采用胶体钯法一步活化，并且由于表面活性剂技术的进步，在商业活化剂中，金属钯的含量已经大大降低，0.1g/L 的钯盐就可以起到活化作用。

c. 化学镀镍

硫酸镍	10～20g/L	pH 值	8～9（氨水调）
柠檬酸钠	30～60g/L	温度	40～50℃
氯化钠	30～60g/L	时间	5～15min
次亚磷酸钠	5～20g/L		

化学镀镍的导电性、光泽性都优于化学镀铜。同时溶液本身的稳定性也比较高。平时的补加可以采用镍盐浓度比色法进行。补充时硫酸镍和次亚磷酸钠各按新配量的 50%～60%加入即可。每班次操作完成后，可以用硫酸将 pH 值调低

至 3～4，这样可以较长时间存放而不失效。加工量大时每天都应当过滤，平时至少每周过滤一次。

11.1.2.4 ABS塑料模的电铸

完成化学镀后的原型即应进入电铸流程。可以在装好挂具经活化处理后直接进电铸槽电铸。也可以先进行加厚电镀后，取出调整挂具，再正式进入电铸加工。电铸工艺有铜电铸和镍电铸两类。加厚镀液也有镀铜和镀镍两类。

（1）电镀加厚

由于化学镀层非常薄，要使塑料达到金属化的效果，镀层必须要有一定的厚度。因此要在化学镀后进行加厚电镀。同时，加厚电镀也为后面进一步的电铸加工增加了可靠性。如果不进行加厚镀，很多场合，化学镀在各种常规电镀液内会出现质量问题，主要是上镀不全或局部化学镀层溶解导致出现废品。完成化学镀的原型在进入加厚镀或电铸前，要在 $1\%\sim3\%$ 的稀硫酸中进行活化。在以下加厚液中加厚镀时，可以不经过水清洗而直接入槽电镀。

a. 镍加厚液

硫酸镍	150～250g/L	pH 值	3～5
氯化镍	30～50g/L	阴极电流密度	0.5～1.5A/dm²
硼酸	30～50g/L	时间	视要求而定
温度	30～40℃		

b. 铜加厚液

硫酸铜	150～200g/L	阴极移动或镀液搅拌	
硫酸	47～65g/L	温度	15～25℃
添加剂	0.5～2mL/L	阴极电流密度	0.5～1.5A/dm²
阳极	酸性镀铜专用磷铜阳极		

（2）电铸

① 电铸铜　ABS塑料模的铜电铸可以采用添加光亮剂的硫酸盐镀铜，采用循环过滤更好。因为这不仅可以保证在大电流密度下工作，而且可以保证镀液的干净，将铜粉等机械杂质随时滤掉，镀层的物理性能得以保证。

工艺配方和操作条件如下。

硫酸铜	300g/L	温度	20～30℃
硫酸	70g/L	电流密度	5～20A/dm²
氯离子	0.02～0.08g/L	阳极	含磷量在 0.02% 左右的磷铜阳极
添加剂	0.5～2mL/L	阴极移动或镀液搅拌、循环过滤	

② 电铸镍　对于注塑模的电铸，宜采用高浓度的氨基磺酸电铸液。由于高的主盐浓度，可以允许在比平常电铸大得多的电流密度下工作，因而可以得到高的沉积速度，但是需要加大机械搅拌以加快传质过程。同时控制好工艺参数，以

降低镀层应力。

工艺配方和操作条件如下。

氨基磺酸镍	650g/L	温度	40～70℃
氯化镍	15g/L	电流密度	10～90A/dm²
硼酸	40g/L	强烈搅拌（特别是在高电流密度时）	
pH 值	3.5～4.5		

11.1.3　ABS 塑料模电铸的后处理

（1）脱模

电铸完成后，首先就是要将原型从电铸制品中脱出。ABS 塑料模基本上是一次性原型，因此可以采用破坏性方法脱模。可以将电铸完成后的模型在恒温烘箱中加温至 120～180℃（视不同 ABS 塑料的不同软化点而定），让树脂软化成流体而从模腔中脱出。

（2）模腔的整理

完成脱模后的电铸模还不能算是电铸成品，还要对电铸模腔的内壁，也即工作面进行检查和表面整理。首先是清除没有处理干净的 ABS 塑料的残余物，检查有没有电铸加工过程中留下的缺陷。对于有些对模腔内壁光洁度或产品脱模性有要求的模具，还要进行内壁的光洁度处理或内壁电镀镍或铬等脱模层。只有完成了这些工作，电铸模的电铸加工过程才能算是完成了。其后才能进入镶模和试模等流程。

11.2　软聚氯乙烯玩具模电铸

软聚氯乙烯（PVC）由于具有很好的弹性和变形后复原的性能，因此在玩具工业中广泛用于各种动物玩具和洋娃娃的头、手、足等的制作。这种玩具的制作完全是依靠铸模来完成的。这类玩具采用电铸模的优点是只用一模就能完成制造，而无需开模或分割模具。同时有很好的重现性和细部表现力，特别适合表现人物表情等曲线造型。当然现在这种类型的电铸模也用于其他工业的产品制造，比如采用 PA 和 PE 材料制作的皮艇、车座椅、服装模特等。

采用软聚氯乙烯在电铸模内制作产品的过程被称作热塑或滚塑。这是因为这种产品所用的电铸模通常由铜电铸制成，并且基本上是一种只有一个较小开口的罐形体。将浆状的 PVC 树脂注入模腔后，进行滚动使其均匀后，再加热固化成型。成型后可以让成品变形缩小后从小口中取出，然后模具再用于下一个制造。

这里以软聚氯乙烯玩具的制作为例，介绍这种电铸模的制作工艺。

11.2.1 玩具模原型的制作

这种玩具类的原型传统上需要工艺美术专业的设计人员和艺人手工制作，比如软塑玩偶或卡通人物的头、手、足等，一般是先用雕塑泥制成泥稿，经修整定型后，采用石膏翻制出模具，再用石蜡等制作成原型。

尽管有了电脑辅助设计技术，一些艺术大师或坚持自己创意的设计人员仍然经常采用手工制作原创原型。

当然，在有了 CAD 设计技术以后。现在的创意人员更多的是采用电脑进行三维造型创作，然后以快速成型的方法制作原型。

对于坚持手工制作原创原型的技术人员，也可以在手工原型定稿后，采用三维分型扫描的方法将手工原创原型转化为数字化的三维原型，再用快速成型机加工成可电铸的原型。

当然也不排除从成品上复制原型的方法。如果是对本企业的成品进行复制，不存在任何问题，如果是将市场上获得的成品进行复制，就一定要确定不存在侵权的问题以后，才能进行复制。

考虑到蜡制品表面金属化的难度，特别是导电连接和上挂具时容易碰伤原型，这时要在原型的某些部位，比如头部脖子部位加长 3～5cm 的距离，同时在蜡固化前要从开口处插入一根直径为 3mm 左右的铜丝作为电铸时装挂具的支点。

11.2.2 玩具模原型的表面金属化

软聚氯乙烯玩具的原型多半是蜡型。蜡型的优点是成型和脱模方便。但是表面金属化的难度大一些。主要是因为蜡的表面是严重疏水的。

11.2.2.1 玩具模原型的敏化和活化

（1）敏化

建议采用以下敏化液。

氯化亚锡	50g/L	温度	室温
盐酸	10mL/L	时间	5～10min

这里采用了较高浓度的亚锡盐而用了较低浓度的盐酸，主要是使敏化离子能在表面有较多的吸附。只要表面能充分亲水并且适当粗化，也可以采用经过改良的通用敏化液，其主要特点是在敏化中引入表面活性剂和乙醇，使蜡的表面亲水化。

氯化亚锡	5~10g/L	表面活性剂	2mL/L
盐酸	10~20mL/L	温度	室温
乙醇	100~200mL/L		

敏化后要注意充分清洗，防止有敏化液不小心带到下道工序活化液中，引起活化液分解而失效。

（2）活化

活化适合采用银盐活化法。

硝酸银	5~10g/L	温度	室温
氨水	加至溶液刚好透明	时间	5~10min
乙醇	50~100mL/L		

也可以采用钯盐活化或胶体钯活化，钯盐活化也可以加入乙醇。而胶体钯活化则是一步法，可以省去敏化过程。

① 钯盐的活化法

氯化钯	0.5g/L	温度	室温
盐酸	10mL/L	时间	5~10min
乙醇	50mL/L		

② 胶体钯活化法

氯化钯	0.5~1g/L	温度	室温
氯化亚锡	10~20g/L	时间	3~5min
盐酸	100~200mL/L		

③ 解胶

盐酸	(d=1.19) 30%	时间	3~5min
温度	室温		

11.2.2.2 玩具模原型的化学镀铜

经过活化后的制品要尽快进入化学镀铜工艺，进行化学镀铜。

硫酸铜	5g/L	pH 值	12.8
酒石酸钾钠	25g/L	温度	室温
氢氧化钠	7g/L	时间	视表面情况而定
甲醛	10mL/L		

对形状复杂的构件，其化学镀铜的时间要长一些，这是因为形状复杂的制品表面如果没有足够厚度的化学镀铜层，构件低电流区的导电性能难以保证，在其后的电铸加工中会在难以避免的双极现象中导致局部溶解而使电镀层不完整。因此，在化学镀铜时要有足够的厚度，化学镀的时间要在30min以上。

11.2.2.3 玩具模原型的加厚电镀和电铸

蜡型化学镀后的一个重要工序是对化学镀层进行加厚。这是因为蜡型在电铸过程中会有调整挂具或清理表面的情况。如果不在化学镀层上先加厚一定厚度的镀层，化学镀层在装挂具时容易受伤而导致失败。只有在电镀加厚后，才可以进行挂具的定位或调整，理想的加厚镀液是中性或弱酸性的镀镍，或者弱碱性的焦磷酸盐镀铜。但是由于实际生产中的软塑料模基本上是用的铜模。考虑到方便和成本，可以采用酸性光亮镀铜工艺。

硫酸铜	180～220g/L	阴极移动或镀液搅拌	
硫酸	30～40mL/L	温度	15～25℃
酸铜光亮剂	2～5mL/L	阴极电流密度	0.5～2.5A/dm²
阳极	酸性镀铜专用磷铜阳极	时间	视要求而定

这个工艺是典型的酸性光亮镀铜工艺，但是也可以用于化学镀铜的加厚过程。需要特别注意的是，对于蜡型的加厚电镀，要以小电流电镀一定时间并确定全部都有电镀层生成后，再调节到正常电流密度范围。这和金属基体电镀要用冲击电流是完全相反的，否则将会使电镀加工失败。因为蜡型表面的化学镀铜层都很薄，而电极与其接点的接触面积又较小。电流过大时，接点处很容易就会烧掉，造成不但镀不上镀层，还会使化学镀层溶解掉。镀铜用的光亮剂可以从电镀原料供应商那里买到，不要求出光快而要求分散能力好就行。金属电镀因为不存在导电问题，出于效率考虑，往往要求出光快的光亮剂。但是，这种出光快的光亮剂镀层的分散能力一般比较差。因此，要选用分散能力好（在电镀业里也有叫走位好）的光亮剂。

在加厚电镀完成以后，经过表面检验和调整挂具，就可以进行电铸加工了。对于小型的加工或非专业的电铸加工单位，当然也可以在电铸液中进行加厚后，再取出调整挂具。再在同一个镀槽内进行电铸。如果是专业的电铸加工部门，加厚与电铸不要在同一个镀液中进行。电铸工艺可以采用前一节 ABS 塑料原型中所介绍的电铸工艺。

11.3　滚塑成型模具的电铸

11.3.1　关于滚塑成型

近几年在塑胶工业中发展最快的滚塑生产工艺，又被叫作旋塑、回转成型。由于在大型塑料制品的制作上有许多传统工艺所不具备的优点而广泛应用于工程机械、汽车、医疗、军工、家电、玩具、环保等领域，特别适合于生产大型、中空、无缝的塑胶制品。

滚塑工艺对多种传统工艺具有很强的替代性和自身的工艺优势，其开发成本低，投入生产周期短，适应市场变化能力强。主要表现在以下几个方面。

（1）模具加工成本经济

由于滚塑工艺对模具的压力承受力等的要求比其他塑料成型方式要低得多，因而可以采用薄壁型模具，这是其他工艺难以做到的。同时，滚塑模大部分采用电铸加工方法，这也为模具的低成本提供了很大空间。

（2）产品综合性能好

滚塑采用整体成型，壁厚均匀且厚度可按设计要求而变化，与同种金属制件相比重量减轻许多。同时具有光洁度高和颜色多样等优点。产品抗撞击、耐腐蚀、生产周期短、效率高。

（3）应用范围广

滚塑制品从大型交通工具到小型日用器件都可以用到，特别是在汽车、轮船、飞机等现代交通工具制造业，滚塑的应用越来越多。从大型卡车顶棚到各种座椅、船体、游艇壳，从飞机行李箱到各种工业用桶、箱、槽、管等，都在采用滚塑加工制品。滚塑技术和电铸技术已经成为当前塑料加工界最为热门的技术。

11.3.2 电铸滚塑模的优点

滚塑之所以大量采用电铸法进行模具的加工制造，是因为用电铸的方法制造滚塑模具有很多优点。

（1）可以保证模具的良好导热性和耐腐蚀性

电铸法制造滚塑模所用的是电铸铜或镍，这两种金属材料在导热和耐腐蚀方面都比钢铁模具有明显的优势。

（2）可以最经济地获得壁厚相对均匀的薄型模具

滚塑制品的外形尺寸往往比较大，有些达几米乃至于十几米。如果采用机械加工方法，不仅需要准备很大体积的原材料，而且加工过程中会有大量的切削余料。同时机加工不容易制成模具内外壁厚度都基本一致的模型。因为机械加工只能保证阴模内腔或阳模的外表面的形状符合设计，对外壁是无能为力的。而对于大型的模具，如果金属模具各处的厚度不一样，其体积热效应就会不一样，这对于塑料加工是非常不利的。而电铸加工的模具由于是在原型上进行加法加工，不仅没有边角余料，而且还可以保持各个部位的厚度基本一致。这是其他任何方法都不能比拟的。

（3）可以用于复制形状复杂的制品

采用电铸制模，不仅可以按所设计制作的原型进行制模，还可以对复杂外形的成品进行复制，这是其他加工方法不可能做到的。所谓复杂形状包括复杂的外表面效果，比如皮纹、各种机理纹、花纹等。

（4）可以快速采用塑料样件、树脂原型批量地制造出相同的产品模具

在进行大批量的滚塑生产时，有时会用到多组模具。这就不仅涉及制模具的周期，还要保证这些模具的外形都保持一致。用其他方法很难在最短的时间内制出完全一样的模具。而采用电铸的方法，就可以同时对相同的原型进行快速的加工制模。只要准备好所需要的模具原型，有够用的电铸镀槽和镀液，可以在一个模具的加工周期内，同时制造出多个电铸模。

11.3.3　滚塑模的电铸

11.3.3.1　滚塑模的原型

滚塑模的原型多数是一次性原型，所采用的材料也基本上是非金属材料。这是因为滚塑加工的批量不是很大，往往是多品种小批量，很少采用反复使用的原型。同时对于大型模具，采用金属原型显然是不经济的。滚塑使用的原型材料和工艺通常有以下几种。

（1）石蜡原型

滚塑加工中有相当一部分产品是服装模特模型、医学人体模型、较大型的游乐场玩具等。这些造型由于曲面较多而又有表面机理要求，采用石蜡制造原型比较适合。

制造石蜡原型的方法是先确定所需要加工的原件。这可能是一件设计泥稿或石膏制品，也可能是一件产品的原件。在确认了原稿后，先对原稿进行阴模的复制，通常可以用石膏或者硅胶。对于表面精确度和表面效果要求较高的一定要用硅胶。再从硅胶模中制取电铸用的原型。石蜡原型的最大优点是本身的成型性能好，又是最容易脱模的原型材料。不仅可以很快制出原型，而且脱出后的石蜡原料还可以再利用。

石蜡原型的缺点是本身强度不高，原型易损坏，对于制造大型制件的原型不合适。并且表面精密度也不是很高，这也限制了其应用的范围。作为一种改进，可以在石蜡原料中加入一些增强和改性的粉料，例如石粉、颜料、金属粉等。这些粉料的粒径要求很小，以不影响表面的粗糙度为宜。如果采用纳米级的填料，其性能也许会发生一些微妙的变化。

（2）玻璃钢原型

对于大型和超长度的一类制品，显然是不可能用石蜡来制作电铸原型的。如果采用金属也很困难，不只是成本的问题，加工本身也受到了一些技术限制。这种场合适合的材料是各种增强树脂材料，即通常所说的玻璃钢材料。

采用玻璃钢作为大型滚塑电铸模的原型材料是非常合适的选择。玻璃钢是以玻璃纤维为增强材料与各种塑料（树脂）复合而成的一种新型材料（glass fiber reinforced polymer，缩写为 GFRP 或 FRP），由于其强度可与钢材媲美，并且又是用玻璃纤维作为增强材料，所以又被称为玻璃钢。广义地说，凡是由纤维材料与树脂复合的材料，都可以称作玻璃钢（FRP）。比如碳纤维-树脂复合材料（CFRP）、硼纤维复合材料（BFRP）、芳纶-树脂复合材料（KFRP）等。

玻璃钢可以采用多种方法进行加工制作，从而可以很方便地选用适合不同设计和不同要求的产品加工方法。据不完全统计，其加工方法达 30 多种。既可以手工制作，也可以机械成型加工。并且通常可以在制作过程中一次性成型，这是区别于金属材料的另一个显著特点。只要根据产品的设计，选择合适的原材料铺设方法和排列程序，就可以将玻璃钢材料和结构一次性完成，避免了金属材料通常所需要的二次加工，从而可以大大降低产品的物质消耗，减少了人力和物力的浪费。特别需要指出的是，采用玻璃钢制作电铸原型，除了其所具备的良好成型性能外，还因为它具有相对良好的表面金属化性能，是可电镀的树脂制品。因而也成为制作滚塑电铸原型的理想材料。

可以用作玻璃钢的树脂主要有环氧树脂玻璃钢和不饱和聚酯树脂玻璃钢。

环氧树脂是 20 世纪 40 年代就已经工业化生产的树脂，由于具有优良的工艺性能，至今仍然是重要的工业树脂，获得了广泛的应用。特别是在增强型和对精确度和收缩率要求较高的制品中，往往采用环氧树脂玻璃钢。

不饱和聚酯树脂是玻璃钢中应用最普遍、适用范围最广、用量最大的树脂。不饱和聚酯树脂是热固性树脂的一种，它一般是由不饱和二元酸、饱和二元酸和二元醇经缩聚而成的具有不饱和双键的低分子量聚合物，物理状态是具有黏性的可流动液体。最大的缺点可能是有特殊的臭味。

其他可以用于玻璃钢的树脂还有酚醛树脂、新酚树脂、有机硅树脂和其他复合树脂。

玻璃钢中的纤维是广义的概念，不单是指纤维丝，还包括布、带、毡等纤维制品。从力学的角度看，纤维在玻璃钢中的作用主要是承受载荷。玻璃钢的强度主要取决于纤维的性能。纤维按其组成可以分为无机纤维和有机纤维两大类。无机纤维包括玻璃纤维、碳纤维、硼纤维及碳化硅纤维等；有机纤维则有芳纶、尼龙及聚烯烃纤维等。但是，玻璃纤维到目前为止是玻璃钢中用得最广和最多的纤维。

采用玻璃钢制作滚塑电铸原型的工艺流程如下。

① 确定和制作母型　首先要确定所制作产品的设计原件，或根据设计制作出原件，这种原件可能是石膏制品、木制品、金属制品或其他树脂制品，也可能

是产品原件。如果产品原件本身是玻璃钢制品，则可以在进行表面处理和金属化后直接进入电铸程序，而不需要进行以下所介绍的再翻制流程。

② 从母型上复制出模型　在母型确定以后，需要从母型上复制出用于制作玻璃钢原型的模型。对于表面精度要求不是很高的可以采用石膏来制模，对于复杂而又有严格的表面要求时，可以采用玻璃钢树脂制模；如果模型中有的部位有死扣而不易脱模时，则需要采用硅胶来制模。无论采用哪种制模方法，都要考虑以后电铸模具使用中的产品脱模问题，以便进行合理的分型处理，比如制作前后片和上下片等。

③ 在模型内糊制玻璃钢原型　完成复模并确定模型充分固化后，可以将母型脱出，并清理干净模腔，修补可能出现的漏洞等，然后涂脱模剂，将按可镀玻璃钢配制的树脂在模内多次涂覆，加玻璃纤维，直到所需厚度。在调配玻璃钢树脂时，要根据制品需要控制树脂的量和加入的固化剂量。固化时间也不能太短，否则对于大型制件会造成还没有制作完成，树脂就会固化的后果。当然，过长的固化时间会降低工作效率。对于玻璃钢原型，还有一个重要的问题是一定要预埋挂钩和导电接点。这对于表面金属化和以后的电铸加工都是非常重要的。

④ 脱模和表面整理　在玻璃钢原型完全固化后，可以从模中取出，并对表面进行整理。要除掉所有的脱模剂，修补可能的孔洞，打磨光滑。

⑤ 表面金属化和电铸　对完成了表面整理的玻璃钢原型可以进行表面金属化流程，并且在完成表面金属化后进行电铸加工，制取电铸模。

11.3.3.2 滚塑原型的表面金属化

滚塑电铸的原型主要有石蜡和玻璃钢树脂。这两种材料都需要先进行表面金属化，使其表面能导电以后，才能进行电铸加工。

对于石蜡的表面金属化，在上一节关于软聚氯乙烯模具的电铸中已经有详细介绍，这里不再重复。本节将重点介绍可电镀的玻璃钢原型的表面金属化处理。

（1）可电镀的玻璃钢

玻璃钢的一个重要特征是在树脂中加入玻璃纤维作增强材料。除了有玻璃纤维作为增强材料外，它的另一个特点是能在合成玻璃钢的树脂中加入各种填料。正是这种加入的填料，使制作可电镀的玻璃钢成为可能。

这种结构特点使得玻璃钢制品可以仿照 ABS 塑料中因为分散有丁二烯球而具备易粗化的原理，在调配玻璃钢用树脂时，加入在粗化时易溶于酸的微粒作为填料，使之在粗化过程中由表面层中溶出，而达到表面粗化的目的。这些粗化的表面有如 ABS 塑料一样的微孔。化学镀和金属镀层从这些微孔里生长起来，产生 ABS 塑料电镀中已经介绍过的"锚效应"，使镀层与玻璃钢基体的结合力得到增强。

适合做电镀级玻璃钢填料的微粒是碱金属或碱土金属的盐，或第三、第四周期中某些金属的盐，比如钠盐、镁盐、铝盐等。

填料加入的比例，需要经过实验来确定。通常，填料与树脂的质量比为 1：（3～5）。这个比例与电镀级 ABS 塑料中的 B 成分的含量是大致相当的。填料过多，树脂脆性增加，强度会有所下降，粗化效果反而不好。填料过少，则得不到理想的粗化表面，结合力低下。因此，选取合适的填料和确定填料加入的量是制作电镀级玻璃钢的关键。需要注意的是，相对密度不同的填料在相同的质量下体积是不一样的，因此，当采用密度小的填料时，质量比要采用下限。

制作滚塑电铸模的原型，应该采用上述可电镀的玻璃钢材料，如果没有按上述方法配制可电镀树脂，则在以后的表面金属化处理中存在较多质量隐患，特别是对于较大型的制品，如果没有良好的表面可镀性能，所获得的化学镀层结合力不够，会在装挂具等各种有摩擦或碰撞的场合，引起表面化学镀层脱皮或起泡，不得不返工重来。

（2）玻璃钢原型的表面金属化

玻璃钢原型表面金属化的工艺流程如下：

表面整理→水洗→除油→水洗→化学粗化→水洗→水洗→敏化→水洗→蒸馏水洗→银盐活化→水洗→水洗→化学镀铜→水洗→表面活化→电镀加厚→水洗→表面活化→电铸

① 表面整理　这个工序是一个比较重要的工序，如果引入流程质量管理，这里就是一个管理点。这是因为玻璃钢的成型特点决定了其表面的不一致性总是存在的。固化剂与成型树脂的均匀分散性如果不够，不同区域的固化速度就会不一样，应力状态也不一样，甚至有局部的半固化或不能固化的现象。还有就是表面脱模剂的使用，胶衣的使用，都使其表面的微观状态比成型塑料的表面要复杂得多。因此，所有电镀玻璃钢在电镀前，一定要有这个工序，以排除进入下道工序前能够排除的表面缺陷。包括用机械的方法去掉表面脱模剂，挖补没有完全固化的部位，对表面进行打磨等。有些大型构件采用石膏作模具时，要将黏附在表面的石膏完全去除。只有确认表面已经清理完全，所有不利于电镀或表面装饰的缺陷排除后，才能进行以下流程。

② 除油　对于玻璃钢原型，可以采用碱性除油工艺。但是碱液的浓度不宜过高，推荐的配方和工艺如下。

氢氧化钠	10～18g/L	温度	55～65℃
碳酸钠	30～50g/L	时间	15～30min
磷酸钠	50～70g/L		

在实际加工过程中，经过除油后，还应当检查一次表面状态，看是否有在表面整理中没有发现的疵病。比如脱模剂没有完全清除，经除油才显示出来。这时要进一步清理表面，再经除油后才能进入下道工序。

③ 粗化　粗化可以有多种选择，这里介绍几种有实用价值的方法，当然最好是采用无铬粗化方法，这不仅是环保的需要，也是降低成本的需要。

a. 铬酸-硫酸法

| 铬酸 | 200～400g/L | 温度 | 60℃ |
| 硫酸 | 350～800g/L | 时间 | 1～2min |

b. 混酸法

| 硫酸 | （98%）500～750g/L | 温度 | 40～60℃ |
| 氢氟酸 | （70%）80～180g/L | 时间 | 5～15 |

c. 无铬粗化法

| 硫酸 | 300～500g/L | 时间 | 15～30min |
| 温度 | 40～50℃ | | |

无铬粗化经实践证明是有效的粗化方法。不仅去掉了严重污染环境的铬酸，也不用有争议的磷酸。温度再低时，还可以通过延长时间来达到粗化效果，加温可以强化粗化和缩短时间，但工作现场的酸雾会成为问题，所以不要加到过高的温度。当然这种粗化液要求所加工的玻璃钢一定要是按电镀级配制的树脂，否则达不到合格的粗化效果。

④ 敏化

| 氯化亚锡 | 50g/L | 温度 | 20～40℃ |
| 盐酸 | 10mL/L | 时间 | 5～10min |

⑤ 活化

| 硝酸银 | 0.5～10g/L | 温度 | 室温 |
| 氨水 | 加至溶液刚好透明 | 时间 | 5～10min |

也可以用 ABS 塑料电镀的银活化工艺，特别是对于大型结构件，只有采用银盐才比较经济。并且当采用浇淋法时，银离子的浓度可以适当低一些。

⑥ 化学镀铜　化学镀通常采用化学镀铜，成本较化学镀镍要低。特别是大型制件，采用化学镀铜不需要加温，操作也方便一些。同时，对于大型构件，要考虑镀层的延展性问题。因为大型制件在搬动过程中会有变形和应力产生，如果镀层脆性较大，会发生开裂等质量问题。要想获得延展性好又有较快沉积速度的化学镀铜，建议使用如下工艺。

硫酸铜	7～15g/L	氰化镍钾	15mg/L
EDTA	45g/L	温度	60℃
甲醛	15mL/L	析出速度	8～10μm/h
用氢氧化钠调整 pH 值到 12.5			

如果不用 EDTA，也可以用酒石酸钾钠 75g/L。另外，现在已经有商业的专

用络合剂出售，这种商业操作在印刷线路板行业很普遍。用的是 EDTA 的衍生物，其稳定性和沉积速度都比自己配制要好一些。一般随着温度上升，其延展性也要好一些。在同一温度下，沉积速度慢时所获得的镀层延展性要好一些。同时抗拉强度也增强。为了防止铜粉的影响，可以采用连续过滤的方式来当作空气搅拌。

⑦ 表面活化

硫酸	1%～3%	时间	3～5s
温度	室温		

表面活化在金属电镀中也叫作弱浸蚀，是使金属表面在进入镀液前呈现出新鲜的金属结晶面，所用的酸多数是硫酸，也有用盐酸的。在实际应用中以 1% 的浓度最合适，要点是每天使用完后倒掉重配新液，以防老化失效。不宜采用往里补加新酸的方法，否则活化效果不好，有时还会有副作用。另一个要点是，当采用硫酸铜电镀加厚和电铸时，经过这个活化液后的制品不用水洗而直接入槽加厚或电铸，效果更好。

11.3.3.3 滚塑原型的电铸

经过表面金属化处理的滚塑电铸原型，经确认表面质量符合要求后，就可以进入电铸流程。当然对于大型的制品，同样需要先进行适当的加厚处理，以便在安装和调整挂具位时不至于出现质量问题。

滚塑模具的电铸有三种工艺可供选择，这三种工艺也反映了滚塑模具需求的增长和所引起的关注。

（1）硫酸盐镀铜工艺

最早的滚塑模具的电铸采用的是酸性镀铜工艺。这是因为硫酸盐镀铜有优良的导电性和操作简便。可以在室温下工作，这对于以石蜡作原型的电铸是有利的。但是这种电解液的分散能力较差。对于复杂的制件不容易获得均匀的镀层。同时纯铜镀层的硬度较低，模具容易受到机械损伤。常用的硫酸盐镀铜工艺如下：

硫酸铜	300g/L	温度	15～25℃
硫酸	40mL/L	电流密度	5～20A/dm^2
氯离子	0.02～0.08g/L	阳极	磷铜阳极（含磷量可在
（如果采用自来水配制可不加入氯离子）			0.02%～0.1%左右）
添加剂	0.5～2mL/L	阴极移动或镀液搅拌、循环过滤	

镀液的配制和管理可以参见第 6 章中关于硫酸盐镀铜的内容。

（2）酸性镀铜-化学镀镍工艺

为了改善酸性镀铜强度不够和模腔内壁在生产过程中容易受 PVC 塑料等的

侵蚀问题，对滚塑模具的电铸工艺进行了改进。这就是先在上述硫酸盐镀铜液中镀到一定厚度后，比如1～2mm厚的酸性铜层，再镀硬度较高的铜层或铜合金，比如在含硫脲的硫酸盐中镀铜。最后在电铸完成的铜模腔内进行化学镀镍。

① 碱性化学镀镍

硫酸镍	30g/L	pH 值	8～10
次亚磷酸钠	20g/L	温度	90℃
柠檬酸铵	50g/L		

② 酸性化学镀镍

硫酸镍	25g/L	硫脲	2mg/L
次亚磷酸钠	30g/L	pH 值	5
乙酸钠	20g/L	温度	90℃
葡萄糖酸钠	30g/L		

化学镀镍液的配制要注意加料的次序，特别是碱性镀液，如果配制不当，会生成镍的氢氧化物沉淀。要先用总体积 1/3 的水加热溶解镍盐；再用另外1/3 的水溶解络合剂、缓冲剂等；然后将溶解好的镍盐边搅拌边往络合剂溶液中混合，不要一次全数倒入，而是边搅拌边倒，这样可以保证镍盐的络合反应进行得充分和完全；溶完后过滤备用。最后用 1/3 的水溶解次亚磷酸钠（还原剂），过滤备用。在需要使用时，才将次亚磷酸钠溶液与络盐溶液混合，并用稀硫酸（10%）或氢氧化铵（25%）水溶液调整 pH 值，然后加温到规定的温度进行化学镀。

无论是选用酸性化学镀镍还是碱性化学镀镍，对于铜基体来说，要启动电位催化，即用经过前处理（除油、酸蚀）的铁丝或铝丝在化学镀液中接触铜层表面，形成电池，使作为阴极的铜表面发生镍的沉积，当有镍层析出以后，镍的自催化作用使化学镀镍进一步进行。

一般而言，酸性化学镀镍镀层的柔软性比碱性镀层的要好一些。但是，由于影响化学镀镍硬度的因素较多，即使是酸性化学镀镍，有时也会镀出硬度较高的镀层。对硬度影响较大的有含磷量、杂质、pH 值、温度等。

经化学镀镍后的模腔的使用寿命有所延长，脱模性能也有所改善。但是化学镀镍层的厚度有限，经过一段时间使用后，会有磨损或脱落。

（3）电铸镍工艺

对于要求较高的制品，最好采用电铸镍来制作滚塑模。当然，全部采用镍电铸滚塑模的成本会较高。因此实际应用中是以电铸镍作为型腔，再加厚镀铜形成模壁。这样既可以保证模腔的质量，又可以适当节约金属镍。可以在完成前处理后的原型上先镀 1～2mm 厚的镍层，要保证原型的各部位全部都有至少 1mm 的镍镀层，然后再在酸性镀铜中进行加厚电镀，至少也要镀平均 2mm 厚的铜镀层。这样，一个内表面为镍，模具外型为铜的滚塑模就电铸完成了。

适合用作电铸镍的工艺，主要还是氨基磺酸镍工艺。

氨基磺酸镍	400g/L	pH 值	3.5～5
硼酸	30g/L	温度	40～60℃
抗针孔剂	0.5g/L	电流密度	2.5～30A/dm²

注意阴极需要移动，或强烈搅拌镀液，或让镀液处于循环过滤状态，并定时分析补充消耗掉的主盐或络盐，检查镀液的 pH 值，保证电铸液能持续正常地工作。

第12章
电铸液的维护、分析和电铸件的质量检测

12.1 表面金属化溶液的维护和分析

12.1.1 表面金属化前处理液

非金属电铸原型的表面金属化，当采用一个批次性的工艺时，往往是用完就回收或废弃。对这种工艺，主要策略是延长一次性使用的寿命或单位处理面积的增加，多半是采用氯化亚锡敏化加硝酸银活化的方法。

当要经常进行非金属表面金属化加工时，要求前处理液有更长的寿命和稳定性，这时通常采用类似 ABS 塑料电镀的前处理工艺。而这种工艺就需要经常加以维护。

12.1.1.1 粗化液的维护

这里是以通用的铬酸粗化液为例加以介绍。铬酸粗化液因为是强氧化性溶液，对 ABS 树脂、环氧树脂、聚酯树脂等大多数塑料制件都有一定的粗化能力。

如果粗化液的组成超出了工艺规范，或者温度不适当，就会给以后的流程带来隐患。直到化学镀时或电镀时才会显现出来。最常见的是沉积不全，最有害的是镀层结合力不够，造成镀层起泡。尤其是结合力处于临界值时，会出现延时起泡现象，就是通过检验以后在存放期或者交付以后才起泡，这造成的损失就更大了。虽然非金属电铸原型的金属化对镀层结合力的要求不是很高，但起泡仍然是不行的。结合力不好造成镀层与基体的结合不良，这样，在电铸过程中随着镀层

的增厚（通常比电镀要厚得多），镀层的内应力增大，金属层会与非金属基体出现剥离等现象而导致尺寸改变，起泡的部位更是会有相应的变形。

粗化过度也会带来问题。高硫酸型粗化液如果粗化过度，不仅外观不光亮，结合力也是下降的。而高铬酸型结合力不好，只会是粗化不够。

对于高硫酸型，由于铬酸溶解量本来就少，当三价铬增加时，粗化能力会明显下降。高铬酸型也存在三价铬增加的影响，但可以用适当增加温度和延长时间的方法来提高粗化效能。对粗化液的维护方法之一，是经常分析其有效含量。

12.1.1.2 粗化液的分析方法

（1）铬酸的分析

① 以移液管准确取粗化液 10mL 置于 500mL 的容量瓶中，用蒸馏水稀释至 500mL；

② 由上述容量瓶内取出 10mL 置于 300mL 三角瓶中，加入蒸馏水 100mL；

③ 加入 2g 酸性氟化铵，1.5mL 浓盐酸；

④ 加入 3g 碘化钾并搅拌使其完全溶解；

⑤ 用 0.1mol/L 硫代硫酸钠滴定到褐色后加入 1% 的淀粉指示剂；

⑥ 再继续用 0.1mol/L 的硫代硫酸钠滴定至透明的绿色为终点。

计算

铬酸浓度(g/L)＝消耗的滴定液的体积(mL)×16.67×硫代硫酸钠的物质的量浓度

（2）硫酸的分析

将高硫酸型粗化液的相对密度与标准含量的样品的波美度做比较，如果浓度不够，说明硫酸不足，加入至与标准液一样的波美度。

12.1.1.3 胶体钯活化液的维护

活化液中的盐酸浓度偏低时，钯和锡分解而使溶液呈现绿色，这时的活性明显下降，化学镀出现沉积不全。因此，要经常维持盐酸在正常含量范围。作为防范措施，应经常注意补加盐酸，在应急时，也可以提高温度和延长时间来增加活性。当然，当钯的含量降到工艺规范以外时，就不会有活性了。需要进行分析来进行补加。

12.1.1.4 活化液的分析方法

（1）盐酸

① 准确量取活化液 5mL 置于 300mL 三角瓶中，加水 100mL；

② 加入酚酞指示剂 2~3 滴，以 0.5mol/L 的 NaOH 滴定至溶液显红色为终点。

计算

HCl 浓度(g/L)＝消耗的 NaOH 的体积(mL)×NaOH 的物质的量浓度×3.65

（2）钯离子

钯离子的管理采用比色法。先配制出标准浓度的活化液作为母液。然后以母液∶盐酸∶水＝1∶1∶5 的比例制成 100％的标准比色液。再以 1∶1 的盐酸作稀释剂，制成分别为 80％、60％、40％、20％的比色标准液。用相同的试管取待测样，与标准比色液进行对比，根据所得的比色浓度进行补加。

标准试管	补加量	标准试管	补加量
100％	0	40％	120mL/L
80％	40mL/L	20％	160mL/L
60％	80mL/L		

（3）加速液

加速液是为了洗掉胶体钯中过剩的四价锡离子，老化以后会严重影响活化的效果。通常在作用下降时，加温可以适当提高其效力。但正确的管理还是以分析为准。现在常用的加速液是硫酸或盐酸。

① 准确取 5mL 加速液置入 300mL 三角瓶中，加水 100mL 和酚酞指示剂 2~3 滴。

② 以 0.5mol/L 的 NaOH 滴定到溶液呈红色为终点。

计算

硫酸浓度(g/L)＝0.5mol/L NaOH 的消耗量×NaOH 的物质的量浓度×4.904
盐酸浓度(g/L)＝0.5mol/L NaOH 的消耗量×NaOH 的物质的量浓度×8.076

12.1.2 化学镀液

12.1.2.1 化学镀铜液的维护

（1） pH 值

化学镀铜在实际使用中影响最大的因素是 pH 值，因此，经常注意调整 pH 值是很重要的。这是因为甲醛只有在强碱性条件下才有向铜离子提供电子的还原作用。当 pH 值在 10 以下时，铜的还原几乎会停止。利用化学镀铜的这一特点，可以在使用化学镀铜时，才将 pH 调到工艺规定的范围。而在停止使用后，一般要调到还原剂不能起作用的范围，通常是调整到 pH＝9。调整化学镀液的 pH 值一定要用稀释后的酸或碱，并在调整时边加边搅拌。特别是在用碱液调高 pH 值时应充分加以注意。因为局部的高 pH 值对镀液的稳定性是危险的。

（2）杂质

表面金属化的化学镀流程之间防止污染是维持化学镀液稳定正常工作的关键。比如非金属表面金属化流程中的活化液，绝不能够被带入到化学镀铜的槽液中，否则会引起化学镀液的自分解过程。化学镀铜的自催化性一触即发，一旦有哪怕是极少的活化物质进入化学镀铜液，也会很快引起镀液自行还原出金属粉末而导致化学镀液变得状如清水，完全失效。其他化学处理液不慎混入化学镀铜液，也都可能引起化学镀中毒而失效。因此每个工序后的清洗就显得非常重要。

除了化学处理过程中处理液对化学镀会造成污染，其他物理杂质特别是金属制件等落入化学镀液也是有害的。因此，化学镀液在不工作时应该加盖，以防异物进入镀液。同时工作中的化学镀液最好能进行循环过滤，不断清除固体类杂质等，从而保证化学镀液处于稳定良好的工作状态。

（3）温度

化学镀铜宜在室温下工作，只有当沉积速度太慢或工作环境气温过低时才考虑加温。加温的方法只能采用套槽水浴加温的方法，而不能采用直接加温的方法。这是因为直接加温在加热器附近出现的高温区不能很快扩散，这种高温也是诱导镀液自分解的因素。如果不得不直接加热时，可以将化学镀铜液的 pH 值调节到不能发生还原的范围。在温度加起来之后，再用稀碱将 pH 值调回到工艺规定的工作范围。

12.1.2.2　化学镀铜液的分析

（1）硫酸铜的测定

① 取化学镀铜液 10mL 或 50mL（视配方中铜的含量而定），加入 20mL 水和 2～3g 硫酸铵以及 PAN 指示剂数滴。

② 以 0.5mol/L 的 EDTA 滴定至溶液由青紫色变为绿色为终点。

计算

硫酸铜（五水）浓度（g/L）＝ 0.012486 × 消耗的 0.05mol/L EDTA 的体积 $\times \dfrac{1000}{(10\sim50)}$

（2）酒石酸钾钠的测定

在酸性溶液中，高锰酸钾能定量地将酒石酸钾钠中的酒石酸氧化成二氧化碳，过量一滴高锰酸钾使溶液呈红色。

试剂　20％的硫酸溶液，标准 0.1mol/L 高锰酸钾溶液。

分析方法

① 取镀液 1mL 于 250mL 锥形瓶中。

② 加水 50mL，20%的硫酸 15mL，加热至 70℃。

③ 用标准的 0.1mol/L 的高锰酸钾溶液滴定至淡红色，30s 不退色为终点（滴定时的溶液温度必须保持在 70℃左右）。

计算

$$酒石酸钾钠浓度(g/L) = \frac{V \times T \times 1000}{1}$$

式中 V——耗用标准高锰酸钾溶液的体积，mL；

T——高锰酸钾溶液对酒石酸钾钠的滴定度。

滴定度的求法

准确称取一定量的酒石酸钾钠（分析纯），按上述方法同样操作，以求出高锰酸钾溶液对酒石酸钾钠的滴定度。

（3）氢氧化钠的测定

① 取化学镀铜液 x mL，加入酚酞指示剂（用 1%的酒精溶解）数滴。

② 以 1mol/L 的硫酸标准溶液滴定，终点由紫色变蓝色。

计算

氢氧化钠浓度(g/L)=0.04×1mol/L 硫酸的体积(mL)×1000/x

这里 x 取 50～100mL。

在化学镀液中存在碳酸钠时，这个方法会不准确，可以改用 pH 计滴定法。

取化学镀铜液 y mL，用 0.5mol/L 的硫酸滴定，终点的 pH 值=11.0。

计算

氢氧化钠浓度(g/L)=0.04×1mol/L 硫酸的体积(mL)×1000/y

这里 y 取 50～100mL。

（4）甲醛的测定

试剂 1mol/L 亚硫酸钠溶液、标准 0.1mol/L 的盐酸溶液、混合指示剂（pH=9）[1 份 0.1%百里酚蓝（50%乙醇溶液），与三份 0.1%酚酞（50%乙醇溶液）混合。颜色：黄（酸色）-绿-紫色（碱色）]。

分析方法

① 取镀液 5mL 置于 250mL 烧杯中，加水 50mL。

② 加入混合指示剂 1mL，用 0.1mol/L 盐酸调至紫色转为蓝绿色。

③ 另取 1mol/L 亚硫酸钠溶液 20mL，加混合指示剂 1mL。

④ 用 0.1mol/L 盐酸滴至紫色消失呈黄绿色。

⑤ 将以上两液混合，反应产生氢氧化钠，再以标准 0.1mol/L 盐酸溶液滴定至蓝绿色为终点。

计算

$$甲醛浓度(g/L)=\frac{C\times V\times 0.030\times 1000}{5}$$

式中　　C——标准盐酸溶液的物质的量浓度；

$\qquad$ V——耗用标准盐酸溶液的体积，mL；

$\quad$ 0.030——HCHO 的相对分子质量/1000。

附：调节 pH 值时由于颜色变化不太明显，特别是在调节亚硫酸钠时，必须留意。此方法的分析结果有些偏低。

12.1.2.3　化学镀镍液的维护

化学镀镍液由于稳定性比化学镀铜液高，只要适当补充被消耗了的化学成分，通常可以工作几个周期。这对于提高效率和降低成本都是很重要的。

以次亚磷酸钠为还原剂的化学镀镍液，在反应过程中生成的亚磷酸钠对镀液带来很不利的影响。从化学镀镍的总反应式可以计算出，每沉积 1g 镍要产生约 11g 的亚磷酸钠。当亚磷酸根达到一定含量时，会与镍离子形成亚磷酸镍微粒而悬浮在镀液中，对镀液起到催化作用，使化学镀镍液发生剧烈自催化而分解失效。亚磷酸盐积累到可以导致化学镀镍液自发分解的浓度，称为极限浓度。这一浓度受镀液的 pH 值的影响较大，pH 值越高，亚磷酸盐允许的浓度越低。可以用化学镀镍液对亚磷酸盐容忍量的大小来衡量镀液的寿命。一种较长寿命的化学镀镍液对亚磷酸盐的容忍浓度最高可达 600g/L 以上。

延长化学镀液寿命的重要措施是加入络合剂和稳定剂。由于所有稳定剂实际上是有可能让镀液中毒的物质，所以通常都只能控制在极小的用量范围。而络合剂的作用则非常明显抑制亚磷酸氢镍的析出。但是，络合剂也不是万能的。当络合剂用量很大时也不能抑制沉淀的生成，同时镀速也急剧下降，这时化学镀镍液的寿命也就到头了。

化学镀镍液的寿命一般用循环周期（turn over）来表示，是指补加的镍盐量达到开缸量时为一个循环周期（MTO）。由于不同化学镀镍液的主盐浓度有所不同，用这种方法不便于对不同镀液的寿命期作出比较，因此有另一个比较通用的计算寿命的方法。这就是以每一升镀液在 1dm^2 面积上累计施镀的厚度来表示，单位是 $\mu m/(dm^2\cdot L)$。

由以上分析可知，要维护好化学镀镍液，要对镀液进行有效的管理，至少要做到以下几个要点。

（1）做好镀液工作状况的原始记录

根据 ISO 9000 管理体系的要求，为了做到镀液管理的可追溯，也为了便于对化学镀镍液进行及时和有效的维护。操作者应该对所进行的操作中的有关参数进行记录，对镀液的温度、pH 值、受镀面积、镀液分析结果或补充情况每班都要做出统计。这对于延长镀液寿命和做出最符合经济效益的管理是非常重要的。如果没有这些参数，全凭经验加以管理，失误在所难免，成本也就会增加。

（2）加强对镀液的监控

要想使镀液经常处于最佳工作状态，就要对镀液进行适时的监控。也就是对镍盐浓度、还原剂浓度和其他工艺参数，如温度、pH值等做测量，根据这些分析和监测结果进行调整。为了检测化学镀液的稳定性，可以用以下方法进行测定。

取待测化学镀镍液50mL，置于100mL试管内，然后浸于60℃的恒温槽内，待镀液温度恒定后，用移液滴管取浓度为100×10^{-6}mg/L的氯化钯溶液1mL滴于试管内，同时开始计时，至镀液出现混浊时为终点，时间单位为秒（s）。到出现混浊的时间越长，化学镀液的稳定性越高。如果出现混浊的时间变快，则说明化学镀镍液处于不稳定状态。

12.1.2.4　化学镀镍液的分析

（1）镍的测定

分析方法

① 取化学镀镍液5mL于250mL锥形瓶中，加盐酸2mL，过氧化氢2mL。

② 煮沸并蒸发至近干，加水100mL。如蒸发时有盐析出则摇动使其溶解。

③ 加入三乙醇胺2mL，氨水12mL，紫脲酸铵少许。

④ 用0.05mol/L EDTA滴至由棕黄色转为紫色为终点。

计算

$$硫酸镍(NiSO_4 \cdot 7H_2O)浓度(g/L)=\frac{C\times V\times 0.2808\times 1000}{5}$$

式中　C——标准EDTA溶液的物质的量浓度；

　　　V——耗用标准EDTA溶液的体积，mL。

（2）次磷酸钠及亚磷酸钠的测定

① 硝酸铈铵滴定法。

分析方法

a. 用移液滴管取化学镍镀液5mL，置于250mL的锥形瓶中。

b. 加入1∶5的硫酸15mL，亚铁灵试剂1滴，如溶液呈红色，表示有亚铁存在，逐滴加入0.1mol/L的硝酸铈铵溶液，至红色消失为止。

c. 从滴定管中加入0.1mol/L标准硝酸铈铵溶液25～30mL（含NaHPO₂·H₂O 1g/L，加入1mL，再过量15mL）。

d. 在60℃水浴中放置30min，冷却，加入亚铁灵丹1滴，以0.1mol/L标准硫酸亚铁铵溶液滴定至突然转为红色为终点。

计算

$$次磷酸钠(NaH_2PO_2 \cdot H_2O)浓度(g/L)=\frac{(C_1 \times V_1 - C_2 \times V_2) \times 0.053 \times 1000}{5}$$

式中　C_1——标准硝酸铈铵溶液的物质的量浓度；

　　　V_1——耗用标准硝酸铈铵溶液的体积，mL；

　　　C_2——标准硫酸亚铁铵溶液的物质的量浓度；

　　　V_2——耗用标准硫酸亚铁铵溶液的体积，mL；

0.053——$NaH_2PO_2 \cdot H_2O$ 的相对分子质量/2000。

② 碘量法。

分析方法

a. 用移液管吸取化学镀镍液 5mL，置于 50mL 容量瓶中，加水稀释至 50mL。

b. 加入 5%碳酸氢钠 20mL 及 0.1mol/L 碘液 30~40mL（含 $NaHPO_2$ 1g/L，加入 1mL，再过量 15mL）。

c. 盖好瓶盖，放置 1h，开启瓶盖，以醋酸将溶液酸化。

d. 以 0.1mol/L 硫代硫酸钠溶液滴定至淡黄色，加入淀粉溶液 3mL，继续滴定至蓝色消失达 1min 为终点。

计算

$$亚磷酸钠(Na_2HPO_3)浓度(g/L)=\frac{(C_1 \times V_1 - C_2 \times V_2) \times 0.063 \times 1000}{5}$$

式中　C_1——标准碘溶液的物质的量浓度；

　　　V_1——耗用标准碘溶液的体积，mL；

　　　C_2——标准硫代硫酸钠溶液的物质的量浓度；

　　　V_2——耗用标准硫代硫酸钠溶液的体积，mL；

0.063——Na_2HPO_3 的相对分子质量/2000。

12.2　电铸液的维护和分析

12.2.1　铜电铸液

12.2.1.1　镀铜工艺维护

（1）酸性硫酸盐镀铜

最常见的故障是由于光亮剂的使用失调导致的不光亮。用霍尔槽进行检验是最常用的方法。

镀层质量不好的表现主要有粗糙、针孔、条痕、光亮不足、烧焦等。

酸性光亮镀铜最好是在室温下工作，当镀液温度过高时，会出现光亮不足，这时可以减少产品的悬挂量，增大阳极面积，以高电流短时间来进行电镀。光亮剂过多时也用这种方法应急生产。

光亮剂过多引起阳极钝化、电流下降。如果确定是电镀光亮剂过多，应该用活性炭过滤镀液。

毛刺、凸起的斑点等可能是阳极泥，也可能是一价铜溶解导致的歧化反应生成了铜粉。要检查阳极、阳极袋是否完好。镀液最好是采用循环过滤。如果确定是歧化反应导致的铜粉性斑点，要往镀液中加入双氧水，将镀液中出现的一价铜氧化为二价铜，以阻止歧化反应的发生。

（2）焦磷酸盐镀铜

焦磷酸镀液中主要成分的允许含量范围比较宽，所以只要能做到定期分析，及时补充缺少的成分，就能够正常工作。但是杂质，哪怕是很小的量，也会给镀层的性能带来影响。因此，对于镀液的管理很重要的一个内容是对杂质的管理。

① 氰根 当焦磷酸盐镀铜中混入的氰根达到 0.005g/L 以上时，镀层就会变暗，电流密度范围缩小，严重时镀层粗糙。如果出现这种情况，可以向镀液加入 0.5～1mL/L 30％的双氧水，搅拌 30min 以使镀液恢复正常。

② 六价铬 六价铬混入镀液会使阴极电流效率下降，严重时低电流区得不到镀层，并且使阳极钝化。去除六价铬的方法是先将镀液加热至 50℃ 左右，再加入足够量的保险粉（连二亚硫酸钠），将六价铬还原为三价铬。待六价铬完全还原后，加入 2g/L 活性炭，趁热将活性炭和形成的氢氧化铬过滤除去。最后加入适量的双氧水，将过量的保险粉氧化为硫酸盐。

③ 油类杂质 油污会使镀层出现针孔或镀层分层，严重时会引起镀层起泡、脱皮。如果镀液中混入少量油污，可以先将镀液加热至 55℃ 左右，再加入 0.5mL/L 的海鸥洗涤剂，将油类杂质乳化，然后用 3～5g/L 活性炭将乳化了的油类杂质吸附去除。

④ 有机杂质 有机杂质对镀层的影响很大，不同类型的有机杂质会产生不同的影响。有些是使镀层变脆，有些是使镀层粗糙或产生针孔，还有的是让电流密度范围变小。去除有机杂质的方法是先往镀液中加入双氧水 2～4mL/L，充分搅拌并让其发挥氧化作用一定时间后，再加热镀液至 60℃ 左右，加入活性炭 2g/L，充分搅拌 2h 以上，再静置过滤。也可以在加入双氧水反应数小时后，加热赶出多余的双氧水，再以有活性炭滤芯的过滤机过滤。

⑤ 铅 镀铜液中哪怕只含有 0.1g/L 以上的铅，都会使镀层粗糙，色泽变

暗。只能用小电流电解的方法去除。这时的电流密度只能是 $0.1A/dm^2$ 以下。

⑥ 铁　镀铜对铁杂质的容忍度可达 10g/L。超过这个限度，镀层会变得粗糙，提高柠檬酸盐的含量能降低或消除铁杂质的影响。过多的铁杂质可以先用双氧水氧化成三价铁，然后提高镀液的温度（60～70℃），再用 KOH 提高镀液的 pH 值，使之生成氢氧化铁沉淀，最后加入 1～2g/L 活性炭，搅拌至少 30min 后过滤，再调整镀液成分。

12.2.1.2　酸性镀铜液的分析

（1）硫酸铜

① 准确吸取 10mL 镀铜液置入 100mL 容量瓶中，加纯水 10mL。

② 从容量瓶中取稀释的镀液 10mL，放入 300mL 三角瓶中，加水 100mL。

③ 加入酸性氟化氨 1g，1∶1 的氨水 8mL。

④ 再加入 PAN 试剂 5～6 滴，并煮沸。

⑤ 以 0.5mol/L 的 EDTA 滴定至透明的绿色为终点。

计算

硫酸铜浓度(g/L)＝EDTA 消耗量×12.48×EDTA 准确的物质的量浓度

（2）硫酸

① 取 2mL 镀液置于 300mL 三角瓶中，加水 100mL。

② 加入甲基橙指示剂 2～3 滴，以 0.1mol/L NaOH 滴定至红色变黄色为终点。

计算

硫酸浓度(g/L)＝NaOH 消耗体积(mL)×2.45×NaOH 的物质的量浓度

（3）氯离子

① 吸取镀液 5mL 置于 250mL 容量瓶中。

② 加入 2mL 硝酸，加入 10mL 乙醇。

③ 加入 0.1mol/L 的硝酸银 1mL，并加水稀释至刻度。

④ 在暗处放置 20～30min 后用 440nm 波长进行比色。

⑤ 用与上述同样的流程制取空白液，只是不要加入硝酸银。

⑥ 绘制标准曲线　先配制一个不含氯离子的酸性镀铜液（A 液）打底用，再取 5 个 25mL 的容量瓶，在其中各加入 A 液 5mL 及氯离子标准溶液 0mL、0.5mL、1mL、2mL、3mL，同上法操作，进行比色，绘制出曲线（氯离子标准溶液的配制：称取干燥的氯化钠 0.1648g 溶于水，于容量瓶中稀释至 1L，1mL 标准溶液含氯离子 0.1mg）。

计算

$$氯离子含量(g/L) = \frac{A}{5} \times 1000$$

式中　A——从标准曲线上查得的试样含 Cl^- 的质量，mg。

12.2.1.3　焦磷酸铜镀液的分析

（1）铜离子的测定（硫代硫酸钠法）

① 取 5mL 镀液于 250mL 锥形瓶中，加水 10mL；

② 加入 1：1 的盐酸 6mL，加水煮沸 2min；

③ 冷却后加水 40mL，加碘化钾 2g，摇匀使之溶解；

④ 以 0.1mol/L 硫代硫酸钠溶液滴定至淡黄色时，加淀粉指示剂 5mL 及 10% 的硫氰酸铵溶液 10mL，再滴定至蓝色消失为终点。

计算

$$含铜量(g/L) = \frac{M \times V \times 63.5}{5}$$

式中　M——标准硫代硫酸钠溶液的物质的量浓度；

　　　V——耗用标准硫代硫酸钠溶液的体积，mL；

63.5——铜的相对分子质量。

（2）总焦磷酸根的测定

本方法的要点是在镀液中加入一定量的标准醋酸锌溶液，在 pH 值为 3.8 时，与焦磷酸根形成焦磷酸锌沉淀。过量的二价锌离子可用标准 EDTA 溶液回滴，然后再计算出焦磷酸根的含量。

$$2Zn^{2+} + P_2O_7^{4-} \Longrightarrow Zn_2P_2O_7 \downarrow$$

① 用移液管取 1mL 镀液于 300mL 锥形瓶中，加水 100mL，加 PAN 指示剂数滴。

② 用 0.05mol/L EDTA 溶液滴定至由红色变绿色为止（以上是测铜）。

③ 然后加入 1mol/L 醋酸 10～15mL，使溶液的 pH 值为 3.8～4.0。

④ 准确加入 25mL 醋酸锌，此时溶液的颜色由绿变紫。煮沸，冷却后移入 250mL 容量瓶中，加水稀释至刻度，摇匀，干纸过滤。

⑤ 准确取 100mL 滤液于 250mL 锥形瓶中，加入 10～15mL 缓冲溶液，以 0.05mol/L EDTA 溶液滴定至由紫色变黄绿色为终点。

计算

$$总焦磷酸根含量(g/L) = \frac{(M_1V_1 - 2.5M_2V_2) \times 174}{2n}$$

式中　M_1——标准醋酸锌溶液的物质的量浓度；

　　　V_1——耗用标准醋酸锌溶液的体积，mL；

M_2——标准 EDTA 溶液的物质的量浓度;

V_2——耗用标准 EDTA 溶液的体积,mL;

n——镀液的体积(即 1mL);

174——焦磷酸根的相对分子质量。

采用本方法测得的是包括焦磷酸铜和焦磷酸钾的总焦磷酸根的含量,减去焦磷酸铜中的焦磷酸根的含量,则为焦磷酸钾中焦磷酸根的含量。

12.2.2 镍电铸液

12.2.2.1 镀镍的工艺维护

(1)硫酸盐镀镍的工艺维护

镀镍的日常工艺维护主要是镀液组成和 pH 值、温度、电流密度、镀液搅拌或循环的管理。容易被忽略的是阳极的管理和防止杂质积累的影响。实际上,每月电解几次就足以清除铜杂质的影响。

主盐的浓度是镀液管理中最为重要的参数。当主盐浓度下降时,高电流区很容易出现烧焦。因此要保证主盐浓度在 300g/L 以上。可以每周分析一次,并按量补加。

氯离子是保证阳极正常溶解的活性离子,最好是用氯化镍进行调整。可以与主盐一样按周进行分析补加。

硼酸在 35g/L 以下也要加以补充,以维持在 45g/L 的水平为佳。由于存在溶解比较困难的问题,可以预先溶解好后再补入镀槽,或在添加时让镀液循环过滤。

当使用光亮剂或其他有机添加剂时,要定期用活性炭处理,这样可以防止出现镀层发脆的问题。对光亮剂的管理较好的方法是经常做霍尔槽试验。

(2)氨基磺酸盐镀镍

氨基磺酸镍在较低温度和较小电流密度下操作,可以得到无应力的镀层。在常规操作条件下,其应力也比其他镀镍要小。但是其镀层性能仍然受到工艺规范变化的较大影响。在实际生产操作中,应该注意对工艺规范的管理。

氨基磺酸镍镀液的主盐浓度对镀层性能的影响不是很大。在很宽的浓度范围内都可以获得性能较好的镀层。氯化物含量增加会引起内应力的增加。

温度对氨基磺酸盐镀镍有较大影响。温度超过 70℃时,会导致氨基磺酸的分解。低于 49℃时,延伸率较高,在 43℃时可以获得最高的延伸率。

12.2.2.2 杂质对镍电铸的影响及去除方法

(1)杂质影响及其来源

杂质对镀镍应力的影响在第 7 章镍电铸中已经有详细的讨论。但是杂质的影响不只是对镀层应力有影响，对镀层的整体质量都存在不良影响。

对电铸液有害的杂质，不仅只是有机杂质，一些金属杂质和无机杂质超过一定的含量，都会对镍沉积层的性能有影响。最有害的杂质金属是铜、锌、铁、铅、铬、铝、锰、钙等。

电铸液中的金属杂质主要有三个来源，即化工原料、阳极材料和外来杂质。分别介绍如下。

① 化工原料中的杂质　大多数化工原料在生产过程中都会混入一些金属杂质，特别是金属材料的制取，在制取过程中都不同程度地会混入金属杂质或其他杂质元素。为了区别不同纯度的化工原料，化学工业规定了化学品的纯度分级，依杂质含量的多少，由少到多分为光谱纯、优级纯、分析纯、化学纯、实验试剂和工业级等级别。

配制电铸液的化工原料中的杂质，因所采用的原材料的纯度级别的不同而有所不同。如果采用分析纯级的化工原料，杂质的含量当然会很低。但是，现在有些化工原料生产企业所生产的所谓分析纯级的化学品根本就达不到分析纯的纯度。因此，即使是采用分析纯级的化工原料，电铸液中的杂质也不一定就少。还是要经过处理后再投入使用。再说分析纯的价格比起工业级要高得多，可达几倍至几十倍之多。因此，实际配制电铸液可以采用工业级材料，配制后用活性炭进行处理，再进行小电流电解十几个小时，比较保险。

② 阳极材料中的杂质　前面已经提到，所有的金属在制取的过程中，会不同程度地混入其他金属杂质，特别是同族金属杂质。因此金属材料根据纯度不同而分了纯度级别。将 99.999% 称为 0 号金属，也简称为 5 个 9 的纯度；将 99.99% 称为 1 号金属，也就是 4 个 9 的纯度；将 99.9% 称为 2 号金属，也就是 3 个 9 的纯度；将 99% 的金属称为 3 号金属，也就是 2 个 9 的纯度。低于 99% 的金属已经可以看作是这种金属与另一种杂质成分的合金。

电铸用的阳极在电铸过程中要求始终都能正常溶解，以补充电沉积中消耗了的金属离子。但是，当阳极正常溶解的同时，阳极中的杂质也会成为离子进入到镀液中，当达到这些杂质金属离子的放电电位时，也会在阴极上还原而进入镀层，影响镀层的质量。从而影响镀层的硬度、柔软性等。

由此可见，金属阳极的纯度对于电铸有着重要影响。如果在电铸中采用了 2 号或 3 号金属，镀液中的金属杂质会越积越多。因此，电铸所用的阳极至少要在 4 个 9，即使用 1 号金属。

③ 外来杂质　外来杂质主要是指不慎落入电铸槽中的挂钩等金属溶解后带入镀槽中的杂质。这种偶然因素带入的杂质主要靠加强管理来排除，比如镀槽平时要加盖保护。电铸过程中要随时观察制件在电极上的连接状况等，防止异物落入镀槽。

（2）有机杂质的影响及去除方法

① 有机杂质的来源和影响　电铸液中的有机杂质主要是影响镀层的柔软性。有机杂质多半是有机添加剂的分解产物，没有除干净的油污、蜡等非金属原型不慎落槽，在金属层溶解后蜡等高分子材料的混入。所有有机杂质由于是比金属离子半径大得多的离子，在混入到金属结晶中时，都会造成金属结晶的偏移和变形，从而明显地增加沉积物的硬度。因此有机杂质是必须及时清除的有害物质。

② 有机杂质的去除方法　有机杂质的去除方法主要是活性炭处理法，前面已经有过介绍。这里要强调的是活性炭处理必须是在镀液加温和充分搅拌下才有效果。尤其是搅拌时间，一定要坚持工艺规定的时间，不要随意减少。通常都会要求连续搅拌 2h 以上。这为的是让活性炭在镀液中与镀液有充分的接触，以发挥活性炭的最大效果，将有机杂质完全吸附并排除。

（3）金属杂质的影响及除去方法

① 铜杂质　镀镍槽中的铜杂质不应超过 0.02g/L，对于厚镀层不应超过 0.01g/L。否则镀层会出现暗灰色，特别是在低电流区，镀层会发黑和变得粗糙。

铜杂质可以用电解法从镀液中去除。可以在阴极电流密度为 0.4~0.5A/dm² 、pH 值为 3.0~3.5 的条件下进行小电流电解。阴极挂上瓦楞形铁板，这样可以保证电流密度不至于过高。对于较多的铜杂质，也可以采用化学沉淀法将其除去。这时需要将镀液加温到很高的温度，加入 5g/L 碳酸钠，使其生成不溶性碳酸盐沉淀，然后过滤。再等镀液冷却后，调节 pH 值至正常。也有用镍粉进行处理的，即采用置换的方法将铜还原出来再过滤。

后两种方法尽量不要采用。要点是不要让镀液的铜杂质积累到有害的程度。这就要求加强对镀液的管理，并定期电解处理。

② 锌杂质　少量的锌会增加镀镍层的亮度，比如 0.02g/L 的范围内。但是超过这个浓度，锌就是有害的了。当锌杂质达到 0.02g/L 以上，镀层的内应力显著增大，镀层发脆。并且当有锌的影响时，镀层会发黑，出现暗的条纹。当镀液 pH>4 时，镍层的孔隙率增加。当镀液中含有 0.2g/L 锌时，镀层硬度从 1.8GPa 升至 2.4GPa，内应力从 0.026GPa 升到 0.029GPa。

化学法去除锌很麻烦且要损失很多镍。锌杂质可用电解法去除。可在 0.2~0.4A/dm² 的电流密度下搅拌电解去除。

③ 铁杂质　铁杂质的影响也是很大的。当铁的含量达到 0.05g/L 以上时，就会使镀层发脆。可以用 0.1~0.2A/dm² 的小电流电解去除。当铁的含量过大时，可以用化学法去除。先用稀硫酸将镀液的 pH 值调节到 3 左右，搅拌下加入 30％的双氧水 1~2mL/L，充分搅拌后加温到 60℃，搅拌 1~2h，再调整 pH 值

到 5.5 以上。继续搅拌 1～2h，静置 8h 以上后过滤。调节 pH 值到正常范围即可。

12.2.2.3 镍镀液的分析

（1）镍的总量和硫酸镍

① 在 300mL 三角瓶中置入 2mL 镀液，另外取镍液（硫酸镍铵 50g/L）置于另一三角瓶中。

② 在三角瓶中加 100mL 水和 10mL 氨水，然后平行进行滴定。

③ 各加入 MX 指示剂 0.5g，搅拌。

④ 以 0.1mol/L EDTA 溶液滴至蓝紫色为终点。

计算

$$总镍量(g/L) = \frac{b}{a} \times 37.16$$

式中　a——EDTA 消耗的体积，mL；

　　　b——滴定标准镍消耗的 EDTA 的体积，mL。

$$硫酸镍浓度(g/L) = (c-d) \times 4.48$$

式中　c——镍总量，g/L；

　　　d——氯化镍，g/L。

（2）氯化镍

① 取 2mL 镀液置于 300mL 三角瓶中，加水 100mL。

② 加入铬酸钠指示剂约 1mL（铬酸钠 2g 溶入 100mL 水中）。

③ 一边剧烈搅拌，一边以 0.1mol/L 的硝酸银滴至没有沉淀的红褐色为终点。

计算

$$氯化镍浓度(g/L) = V \times f \times 5.95$$

式中　V——0.1mol/L 硝酸银溶液消耗的体积，mL；

　　　f——硝酸银的物质的量浓度。

（3）硼酸

① 取 2mL 镀液置于 300mL 的三角瓶中。

② 加水 50mL，加亚铁氰化钾 100mL。

③ 加入甘露醇 5g，酚酞指示剂 10～15 滴，充分混合。

④ 以 0.1mol/L NaOH 溶液滴定至紫色为终点。

计算

硼酸浓度(g/L) = NaOH 消耗的体积(mL)×NaOH 的物质的量浓度×3.09

12.2.3 铁电铸液

12.2.3.1 铁镀液的维护

镀铁工艺的维护主要是防止二价铁氧化为三价铁，也就是镀液的稳定性的问题。所有镀铁工艺主盐中的铁都是二价离子状态，而二价铁氧化为三价铁是一个很容易发生的过程。镀液中一旦有较多的三价铁离子产生，很容易生成氢氧化铁沉淀而影响镀层质量，增加镀层脆性。

防止二价铁氧化为三价铁的关键之一是镀液的温度不宜过高。过高的温度会促使二价铁氧化为三价铁。同时可以采用一些添加物来抑制三价铁的生成，比如加入抗坏血酸（维生素 C）等；还可以加入能与三价铁生成络合物的化合物，比如镀液中加入氯化铵可提高硬度和减慢亚铁的氧化速度；加入氟化氢铵也可以抑制三价铁的影响。三价铁的溶度积很小，电解液 pH 值一旦超过 3，就会出现 $Fe(OH)_3$ 沉淀。当有一定量的氟化氢铵存在时，可以掩蔽一部分三价铁离子。这是因为氟化氢铵可以与三价铁生成络合物 $(NH_4)_3FeF_6$。

二氯化锰也可以抑制亚铁的氧化。注意要经常测调 pH 值，一定要控制在 2.5 以内，pH 值升高将会使三价铁生成胶状物而导致镀层脆性增加、电流效率下降等。

12.2.3.2 铁镀液分析

（1）镀液中铁的测定

先用硝酸将二价铁氧化为三价铁，然后用氨水使之成为氢氧化铁沉淀。再用盐酸溶解沉淀，用亚锡盐将三价铁还原为二价铁，以二苯胺磺酸钠为指示剂，用标准重铬酸钾滴定。

所用试剂为：硝酸（相对密度 1.42）、氨水（相对密度 0.89）、1:1 的盐酸、1:3 的磷酸、1:1 的硫酸、10% 的氯化亚锡溶液、饱和氯化汞溶液、二苯胺磺酸钠指示剂、标准 0.1mol/L 重铬酸钾溶液。

分析方法

用移液管取镀液 2mL 置于 300mL 的烧杯中。

① 加水 10mL、浓硝酸 3mL，加热煮沸，稍冷，加水 50mL，滴加氨水使之生成沉淀，并过量 5mL，静置至溶液澄清后过滤。

② 用热水洗涤沉淀 4~5 次，沉淀用 1:1 盐酸溶解于原烧杯中。

③ 将溶解完全后的溶液加热到接近沸腾，滴加 10% 的氯化亚锡溶液使溶液变为无色，并过量 2 滴，冷却至室温。

④ 加饱和氯化汞溶液 5mL，摇匀后应有白色沉淀产生。加水 100mL 及

1∶3 的磷酸 10mL，1∶1 的硫酸 14mL，加二苯胺磺酸钠指示剂数滴，用标准 0.1mol/L 重铬酸钾溶液滴定至溶液显紫蓝色为终点。

计算

$$硫酸亚铁（FeSO_4）浓度（g/L）=\frac{M\times V\times 0.1519\times 1000}{n}$$

式中　M——标准重铬酸钾溶液的物质的量浓度；

$\quad\quad V$——耗用标准重铬酸钾溶液的体积，mL；

$\quad\quad n$——镀液的体积，mL；

0.1519——FeSO₄ 的相对分子质量/1000。

（2）硫酸（或盐酸）的测定

这是基于酸碱滴定的测试方法。以甲基橙为指示剂。当溶液中的游离酸全部被中和以后，甲基橙由红色转为橙色为终点（pH 值=2.9～4.6）。

试剂　0.1mol/L 的氢氧化钠溶液、甲基橙指示剂。

分析步骤

① 用移液管吸镀液 10mL 置于 100mL 容量瓶中。

② 加水稀释至刻度，摇匀，再从中吸取 10mL 置于 250mL 锥形瓶中。

③ 加水 50mL，加甲基橙指示剂 2 滴，用标准 0.1mol/L 的氢氧化钠滴定至溶液由红色刚开始转为橙色为终点。

计算

$$H_2SO_4\ 浓度（g/L）=\frac{M\times V\times 0.049\times 1000}{n}$$

$$HCl\ 浓度（g/L）=\frac{M\times V\times 0.0365\times 1000}{n}$$

式中　M——标准氢氧化钠溶液的物质的量浓度；

$\quad\quad V$——耗用氢氧化钠溶液的体积，mL；

$\quad\quad n$——所取镀液的体积，mL；

0.049——H₂SO₄ 的相对分子质量/2000；

0.0365——HCl 的相对分子质量/1000。

（3）氯化物的测定

加一定量的标准硝酸银使氯离子形成氯化银沉淀。过量的硝酸银以高铁铵为指示剂，用标准硫氰酸钾溶液进行滴定。

试剂　饱和硫酸高铁铵溶液、标准 0.1mol/L 硝酸银溶液、标准 0.1mol/L 硫氰酸钾溶液。

分析步骤

① 用移液管取镀液 5mL 置于 250mL 容量瓶中。

② 加水 50mL，用移滴管加入标准 0.1mol/L 硝酸银溶液 50mL。

③ 加水稀释至刻度，摇匀，用干滤纸过滤。

④ 用移滴管取滤液 50mL 置于 250mL 锥形瓶中，加饱和硫酸高铁铵溶液 3～5mL。

⑤ 用标准 0.1mol/L 的硫氰酸钾溶液滴定至微红色为终点。

计算

$$氯化钠(NaCl)浓度(g/L) = \frac{(M_1 \times V_1 - 5 \times M_2 \times V_2) \times 0.05845 \times 1000}{n}$$

式中　M_1——标准硝酸银溶液的物质的量浓度；

　　　V_1——耗用的标准硝酸银溶液的体积，mL；

　　　M_2——标准硫氰酸钾溶液的物质的量浓度；

　　　V_2——耗用硫氰酸钾溶液的体积，mL；

　0.05845——NaCl 的相对分子质量/1000。

12.2.4　其他电铸液

12.2.4.1　镀金液的维护和分析

杂质对镀金的颜色有较大影响，比如铜会使镀层呈现从黄色到桃红直至红色；而银或镉则会使镀层显示绿色；镍和锌会使镀层出现白色；铅则使镀层发黑并变得粗糙；铁的影响不大。从这些影响可知金的调色剂实际上多数是其他金属的离子。这些杂质的除去方法，与其他氰化物镀种大同小异。但是金也会有较大的损失。因此，对于已经污染了的镀金液，一般是采用回收金的方法加以处理。

镀液中金含量的测定方法有两种。

（1）重量法

重量法是用硫酸及过氧化氢分解氰化物，金被还原成金属状态析出，经分离后以重量法测定。所用试剂为硫酸和 30% 的过氧化氢。分析步骤如下。

① 用移液管吸取镀液 10mL 于 250mL 的烧杯中。

② 加入硫酸 10mL 和 30% 的过氧化氢 5mL。

③ 在通风柜内加热至冒三氧化硫白烟，继续冒烟 3～5min。

④ 静置冷却，加水 100mL，煮沸 2min，以无灰滤纸将沉淀过滤出来，以热水洗净。

⑤ 将沉淀与滤纸一起移置于已知质量的坩埚中，干燥、灰化，以 600℃ 灼烧半小时，在干燥器中冷却后称重。

计算

$$\text{Au 含量(g/L)} = \frac{G \times 1000}{n}$$

式中 G——灼烧后沉淀的质量；

n——镀液的体积，mL。

（2）碘量法

用盐酸破坏氰化物，加王水使金全部溶解并转化为三氯化金，与碘化钾作用析出定量的游离碘，再用标准硫代硫酸钠溶液滴定游离碘，以测定金的含量。其反应如下。

$$AuCl_3 + 3KI = AuI + I_2 + 3KCl$$
$$I_2 + 2Na_2S_2O_3 = 2NaI + Na_2S_4O_6$$

试剂 盐酸（相对密度 1.19）、1∶3 盐酸溶液、王水（3 体积浓盐酸与 1 体积浓硝酸）、10％碘化钾溶液、1％淀粉溶液、标准 0.025mol/L 硫代硫酸钠溶液。

分析方法

① 用移液管取镀金液 2mL 置于 300mL 锥形瓶中。

② 加入 20mL 浓盐酸在电炉上蒸发至干（在通风柜内进行）。

③ 加入王水 5～7mL，在 70～80℃温度下徐徐蒸发到浆状，但绝不要蒸干。

④ 再以 80mL 热水溶解并洗瓶壁，冷却后加入 1∶3 的盐酸 10mL 和 10％的碘化钾 10mL，置于暗处 2min。

⑤ 加 5mL 淀粉指示剂，用 0.025mol/L 硫代硫酸钠滴定至蓝色消失为终点。

计算

$$\text{含金量(g/L)} = M \times V \times 0.0985 \times 1000$$

式中 M——标准硫代硫酸钠的物质的量浓度；

V——耗用标准硫代硫酸钠的体积，mL；

0.0985——Au 的相对原子质量/2000。

采用本法需要注意不要将金盐蒸干，以免分解而生成不溶性沉淀。如果有不溶性分解物出现，需要加入少量盐酸和硝酸溶解后再重新蒸发。

12.2.4.2 镀银液的分析

（1）银的测定

硫氰酸钾滴定法 本法先以硫硝混合酸分解氰化物，再以硫氰酸钾滴定银，以高价铁盐为指示剂，终点生成红色硫氰酸铁。加入硝基苯，使硫氰酸银进入硝基苯层，可使终点清楚。

试剂 硫酸（相对密度 1.84）、硝酸（相对密度 1.42）、铁铵矾指示剂、硝基苯（化学纯）、标准 0.1mol/L 硫氰酸钾溶液。

分析方法

① 用移液管吸取镀液 5mL 置于 250mL 锥形瓶中；

② 加硫酸、硝酸各 5mL，加热至冒三氧化硫浓白烟，沉淀全部溶解；本操作要在有排气处理装置的通风柜中进行；

③ 冷却，缓缓加水 10mL，再冷却，加铁铵矾指示剂 2mL；

④ 再加入硝基苯 5mL，不断摇动锥形瓶，以标准 0.1mol/L 硫氰酸钾滴定至淡红色为终点。

计算

$$银含量(g/L) = \frac{M \times V \times 0.108 \times 1000}{5}$$

$$AgCN 浓度(g/L) = \frac{M \times V \times 0.134 \times 1000}{5}$$

式中　M——标准硫氰酸钾溶液的物质的量浓度；

　　　V——耗用标准硫氰酸钾溶液的体积，mL；

　0.108——Ag 的相对原子质量/1000；

　0.134——AgCN 的相对分子质量/1000。

（2）EDTA 滴定法

先用过硫酸铵分解氰化物，在氨性溶液中，加入镍氰化钾，镍被银取代出来，用 EDTA 滴定镍，可得出银的含量。

试剂　过硫酸铵（固体）、6mol/L 硝酸溶液、氨水（相对密度 0.89）、紫脲酸铵指示剂、标准 0.05mol/L EDTA 指示剂、镍氰化钾（称取特级硫酸镍 14g，加水 200mL，加特级氰化钾 13g，溶解后过滤，用水稀释至 250mL）。

分析方法

① 用移液管吸取镀液 5mL；

② 加水 10mL，加过硫酸铵 2g；

③ 加热，此时溶液生成黄白色沉淀；

④ 加数滴 6mol/L 硝酸，继续加热至有小气泡发生，溶液透明为止；

⑤ 冷却，加水 100～150mL，氨水 20mL，镍氰化钾 5mL，紫脲酸铵少许，用标准 0.05mol/L EDTA 溶液滴定至溶液由黄→红→紫色为终点。

计算

$$Ag 浓度(g/L) = \frac{M \times V \times 0.216 \times 1000}{5}$$

式中　M——标准 EDTA 溶液的物质的量浓度；

　　　V——耗用标准 EDTA 溶液的体积，mL；

0.216——2×Ag 的相对原子质量/1000。

（3）游离氰化物的测定

硝酸银和游离氰化物生成稳定的银氰络合物，滴定时以碘化钾为指示剂，当反应完全后，过量的硝酸银和碘化钾生成黄色碘化银沉淀。

试剂 10%碘化钾溶液、标准 0.1mol/L 硝酸银溶液。

分析方法

① 用移液管吸取 2mL 镀液置于 250mL 锥形瓶中；

② 加水 40mL，10%碘化钾 2mL；

③ 以标准硝酸银溶液滴定至开始出现浑浊为终点（可保留再用作测定 NaOH）。

计算

$$NaCN 浓度(g/L) = \frac{M \times V \times 0.098 \times 1000}{2}$$

$$KCN 浓度(g/L) = \frac{M \times V \times 0.13 \times 1000}{2}$$

式中 M——标准硝酸银溶液的物质的量浓度；

V——耗用标准硝酸银溶液的体积，mL。

12.2.4.3 镀钴液的分析

（1）钴的测定

方法 1（碱性溶液中）

① 吸取镀液 1mL 置于锥形瓶中，加水 100mL；

② 加入 pH=10 缓冲溶液 10mL，加入紫脲酸铵指示剂少许；

③ 用 0.05mol/L EDTA 溶液滴定至紫色为终点。

计算

$$含金属钴(g/L) = MV \times 58.9$$

式中 M——标准 0.05mol/L EDTA 溶液的物质的量浓度；

V——消耗 0.05mol/L EDTA 溶液的体积，mL；

58.9——金属钴的相对分子质量。

方法 2（酸性溶液中）

① 吸取镀液 1mL 置于锥形瓶中，加水 100mL；

② 加入 pH=5.5 缓冲溶液 10mL，二甲酚橙几滴；

③ 用 0.05mol/L EDTA 溶液滴定至黄色为终点。

计算

$$含金属钴(g/L) = MV \times 58.9$$

式中　M——标准 0.05mol/L EDTA 溶液的物质的量浓度；

　　　V——消耗 0.05mol/L EDTA 溶液的体积，mL；

　　58.9——金属钴的相对分子质量。

（2）氯化物的测定

氯离子与银离子能定量生成氯化银沉淀，滴定时以铬酸钾为指示剂，在近中性溶液中，铬酸钾和硝酸银生成红色沉淀，指示反应终点。方法如下：

① 取镀液 5mL 置于 250mL 锥形瓶中，加水 100mL；

② 加入铬酸钾指示剂 1mL；

③ 用 0.1mL 硝酸银标准溶液滴定至白色沉淀略带淡红色为终点。

计算

$$氯离子含量（g/L）=\frac{MV\times 35.5}{5}$$

式中　M——标准硝酸银溶液的物质的量浓度；

　　　V——耗用标准硝酸银溶液的体积，mL；

　　35.5——氯离子的相对分子质量。

（3）硼酸的测定

用强碱使钴生成氢氧化钴沉淀，过滤后用硫酸酸化溶液，以甲基红为指示剂，用碱中和过量的硫酸，在甘露醇或甘油存在下，以酚酞为指示剂，用碱滴定硼酸。

分析方法

① 取镀液 5mL 置于 100mL 容量瓶中，加几滴过氧化氢；

② 加 25% 的氢氧化钠调至碱性，稀释至刻度，摇匀；

③ 用干纸过滤，分取 20mL 于 250mL 锥形瓶中（相当于原液 1mL），加水 90mL；

④ 加数滴甲基红指示剂，用 3mol/L 硫酸调至微酸性，煮沸、冷却；

⑤ 滴加 0.1mol/L 氢氧化钠溶液至甲基红恰好变黄色，加入酚酞数滴、甘露醇 2g，摇匀；

⑥ 用 0.1mol/L 氢氧化钠滴定至粉红色，再加 2g 甘露醇，继续滴定至加入甘露醇后粉红色不消失为终点。

计算

$$硼酸浓度（g/L）=\frac{MV\times 61.8}{1}$$

式中　M——标准氢氧化钠溶液的物质的量浓度；

　　　V——耗用标准氢氧化钠溶液的体积，mL；

　　61.8——硼酸的相对分子质量。

12.2.4.4 氰化物镀铜锡合金的分析

（1）铜的测定

先用硫酸或硝酸分解氰化物，这个操作一定要在抽风柜内进行。然后在微酸性溶液中以碘量法测定铜。锡生成偏锡酸沉淀，不影响铜的测定，可以不分离。

① 取镀液 5mL 置于 250mL 锥形瓶，置于抽风柜中，打开抽风机后，加入硫酸和硝酸各 5mL；

② 加热至冒白烟，冷却，加水 50mL，加热使铜盐溶解；

③ 冷却后，加入 1∶1 的氨水至溶液呈深蓝色，然后滴加浓醋酸至溶液由深蓝色转为蓝绿色；

④ 加入氟化氢铵 1g，摇匀，加入 20％的碘化钾 15mL，摇匀后立即用标准 0.1mol/L 硫代硫酸钠溶液滴定至黄色；

⑤ 再滴定至蓝色将近消失，加入 10％硫氰酸铵 10mL，再滴定至蓝色消失为终点。

计算

$$氰化亚铜浓度(g/L) = \frac{MV \times 89.54}{5}$$

式中　M——标准硫代硫酸钠溶液的物质的量浓度；

　　　V——耗用标准硫代硫酸钠溶液的体积，mL；

　89.54——氰化亚铜的相对分子质量。

（2）锡的测定

① 取镀液 5mL 于 250mL 锥形瓶，置于抽风柜中，打开抽风机后，加入硫酸和硝酸各 5mL；

② 加热至冒白烟，冷却，加水 50mL，加浓盐酸 20mL 及铁屑 3g，加热至蓝色消失，铜被完全还原；

③ 稍冷，过滤，用 2∶98 的盐酸溶液洗涤数次，将滤液和洗液合并置于 500mL 锥形瓶中，加浓盐酸 50mL 及铝片 2g，如果反应剧烈，用流水冷却以防溶液冲出；

④ 加热至沸，让铝和析出的锡完全溶解，立即停止加热。投入大理石一块，迅速以流水冷却，加淀粉溶液 5mL；

⑤ 用标准 0.1mol/L 的碘溶液滴定至蓝色不消失为终点。

计算

$$锡酸钠浓度(g/L) = \frac{MV \times 133.4}{5}$$

式中　M——标准碘溶液的物质的量浓度；

V——耗用标准碘溶液的体积，mL；

133.4——锡酸钠（含三个结晶水）的相对分子质量。

（3）游离氰化钠的测定

① 取 5mL 镀液置于 250mL 锥形瓶中，加水 40mL；

② 加入 10％碘化钾溶液 2mL；

③ 用标准 0.1mol/L 硝酸银溶液滴定至微黄色浑浊为终点。

注意采用此法时不可以稀释太大，滴定时的速度也要慢一点，每秒 1～2 滴为好。否则结果会偏高。

计算

$$游离氰化钠浓度(g/L) = \frac{MV \times 0.098 \times 1000}{5}$$

式中　M——标准硝酸银溶液的物质的量浓度；

V——耗用标准硝酸银溶液的体积，mL；

0.098——2×NaCN 的相对分子质量/1000。

（4）氢氧化钠的测定

由于镀液中存在大量氰化物和锡酸钠等，对滴定有干扰。因此加入硝酸银和氯化钡使之生成沉淀，过滤，以消除干扰。

① 取镀液 10mL 于 200mL 容量瓶中，加水 40mL；

② 加标准 0.1mol/L 硝酸银溶液至混浊，过量 2mL；

③ 加 30％的氯化钡 30mL，麝香草酚酞 6 滴；

④ 用 0.1mol/L 的盐酸滴定至由蓝色至无色（或呈微蓝色）为终点。

计算

$$氢氧化钠浓度(g/L) = \frac{MV \times 40}{10}$$

式中　M——标准盐酸溶液的物质的量浓度；

V——耗用标准盐酸溶液的体积，mL；

40——氢氧化钠的相对分子质量。

12.2.4.5　焦磷酸盐镀铜锡合金液的分析

（1）铜的测定

① 取镀液 1mL 于 250mL 的锥形瓶中；

② 加氟化铵 1g 及水 100mL；

③ 加 PAN 指示剂数滴，以 0.05mol/L EDTA 滴定至由紫色至黄绿色为终点。

计算

$$焦磷酸铜浓度(g/L)=\frac{MV\times301.2}{2\times1}$$

式中　M——标准 EDTA 溶液的物质的量浓度；

　　　V——耗用标准 EDTA 溶液的体积，mL；

　301.2——焦磷酸铜的相对分子质量。

（2）二价锡的测定

① 取镀液 1mL 于 250mL 锥形瓶中，加水 100mL，盐酸数滴，调 pH 值至 6～7；

② 加淀粉溶液 5mL，用 0.1mol/L 碘滴定至蓝色为终点。

计算

$$二价锡含量(g/L)=\frac{MV\times118.7}{1}$$

式中　M——标准碘溶液的物质的量浓度；

　　　V——耗用标准碘溶液的体积，mL；

　118.7——锡的相对分子质量。

（3）四价锡的测定

① 取镀液 5mL 于 250mL 烧杯中，加浓盐酸 15mL 及水 100mL；

② 加铁丝饼一个，加热至近沸腾，直至溶液蓝色消失，铜被完全还原；

③ 稍冷、过滤，用热水洗 6～8 次，将滤液和洗液合并置于 500mL 锥形瓶中；

④ 加浓盐酸 50mL 及铝片 2g（如反应剧烈，可用流水冷却），待作用缓和时煮沸到金属铝片和析出的锡完全溶解后，停止加热；

⑤ 迅速以流水冷却后，加淀粉 5mL，以 0.1mol/L 碘溶液滴定至蓝色为终点。

计算

$$总锡量(g/L)=\frac{MV\times118.6}{5}$$

$$四价锡含量＝总锡量－二价锡$$

式中　M——标准碘溶液的物质的量浓度；

　　　V——消耗的标准碘溶液的体积，mL；

　118.6——锡的相对分子质量。

（4）总焦磷酸根的测定

① 取镀液 10mL 于 250mL 容量瓶中，加入约 50℃热水 100mL，40％的氢氧

化钠 10mL；

② 待铜、锡沉淀，冷却，加水稀释至刻度，摇匀，过滤；

③ 吸取滤液 25mL（相当于原液 1mL）于 250mL 锥形瓶中，加水 80mL；

④ 用 1∶1 的盐酸调至微碱性，再用 1mol/L 的醋酸调 pH 值为 3.8～4.0；

⑤ 准确加入 25mL 醋酸锌溶液，PAN 指示剂数滴，这时溶液呈紫色，煮沸；

⑥ 冷却后移至 250mL 容量瓶中，加水稀释至刻度，摇匀，干纸过滤；

⑦ 准确量取 100mL 滤液于 250mL 锥形瓶中，加入缓冲液 10mL，以 0.05mol/L EDTA 滴定至由紫色变为黄色为终点。

计算

$$总焦磷酸含量(g/L)=\frac{(M_1V_1-2.5M_2V_2)\times174}{2n}$$

式中　M_1——标准醋酸锌溶液的物质的量浓度；

　　　V_1——耗用标准醋酸锌溶液的体积，mL；

　　　M_2——标准 EDTA 溶液的物质的量浓度；

　　　V_2——耗用标准 EDTA 溶液体积，mL；

　　　n——所取镀液毫升数（本例中为 1mL）；

　　　174——焦磷酸根的相对分子质量。

12.3　电铸质量检测

电铸加工的流程比较长。特别是电铸过程，由于需要达到一定的厚度，电沉积的时间往往在几个甚至十几个小时，并且一旦铸成，就无法改变。因此，对于电铸加工，电铸前期的检测就显得更为重要。

12.3.1　电铸原型的检测

对于原型主要是要检测其与原设计是否符合以及可电铸性、可脱模性等。

（1）与原设计是否符合

在电铸前一定要确定所用的原型是设计需要的原型。尤其对于大批量多品种生产制造的企业，这种镀前的符合性检测是非常重要的。对于文件化的生产指令，要核实原型、图纸、文件的一致性，确定无误后，再以图纸或文件要求为依据，对原型实物的尺寸等进行测量，以确定尺寸的符合性。发现有不符合要及时向需方（需方可能是客户，也可能是本企业的设计、工艺、检验、生产计划等部门）提出质询。

（2）可电铸性

要确定原型所用的材料是可以电铸的。这个问题看起来有些多余，但是实际上是一个很重要的问题。并不是所有电铸加工的企业或部门都是由自己准备原型或制作原型，而是由需方提供原型。当需方对电铸的认识有限时，很可能会拿来不易于进行电铸加工的原型。这主要是针对某些非金属原型而言的，因为并不是所有的非金属材料都可以顺利地进行表面金属化。而如果表面金属化不能成功地进行，则后面的电铸就无法进行。因此，要确定非金属原型是可表面金属化的材料，或者具备对这种材料进行表面金属化的能力。如果不具备，就需要在具备这种能力以后再进行电铸加工。或者提出对原型的材料进行转换，通过翻制的方法将原型转换成可以电铸的材料。

对于金属原型，这也并非是多余的。并不是所有金属材料制成的原型都能很方便地进行电铸加工。有些还需要进行适当的前处理工艺才能进入电铸流程。当不具备这种前处理能力时，要提出资源方面的要求，在具备了这种能力并能实施以后，才能进入电铸流程。

（3）可脱模性

可脱模性是电铸原型的重要指标，不论是反复使用性原型还是一次性原型，都有一个脱模的问题。只不过对于反复使用性原型，脱模的问题更为重要一些。

对于反复使用性原型，能不能顺利脱模，不仅仅是原型还能不能重复使用的问题，也关系到所电铸的制品是否合格的问题。对于反复使用性原型，如果发生电铸后不能脱模，就只能将原型进行破碎后脱模，这首先是损失了反复使用的原型，但同时也有可能使所获得的电铸制品不符合原设计的要求。因为一个原定是可反复使用的原型在电铸后不能脱模，说明原型发生了某种改变，如果这种改变是原设计不能接受的，那么不仅原型已经损失，而且电铸制品也只能是报废。特别是作为模具用的电铸制品，如果出现与设计不符合，则所批量生产的所有制品就都存在这种不符合性，这是设计者和用户都不会接受的。因此，在电铸前，认真检验原型的可脱模性是非常重要的。只有确认反复使用性原型是可以顺利脱模的，才能进入电铸工序。

对于一次使用的原型，尽管是破坏性原型，也有一个效率和质量兼容性的问题。第一当然是效率的问题。如果脱除原型很麻烦和很困难，效率就会很低，并且凡是效率低的脱模方法，往往存在损坏电铸制件的危险。所谓效率低的方法，所对应的是原型材料比较特殊，比如有时不得不用一些强度高的材料作原型，又只能破坏原型才能脱模，弄不好就会损伤到电铸模。比如以不锈钢作原型的电铸，如果不能顺利脱模，要破坏原型，就有较大难度。因为电铸金属不论是镍还是铜，都比不锈钢的强度小，无论是用酸蚀法还是熔化法，电铸模都受不了。所以，即便是对于一次性脱模的原型，也要确定其有合适的脱模方案后，才能进行电铸。

12.3.2　电铸制品的检测

对于不同的电铸制品，需要检测的项目也不尽相同。从力学性能、电性能、磁性能、抗蚀性能、热学性能、光学性能到外观、外形、几何尺寸等，都有几项是必须要检验的。

12.3.2.1　与原型的符合性

首先要确定的是这件电铸出来的制品是不是符合原设计的要求，也就是电铸出来的制品有没有产生变形等与原型不符合的情况。一般的制品采用目视和常规工具测量就可以基本确定其符合性。对于有些比较复杂的制品则借助一些仪器或仪表甚至于电子计算机来进行比照检测。比如用轮廓扫描装置对制件进行扫描后与原设计的三维图像资料进行对比，可以得到符合性方面的详细信息。

只有在确定了符合原型的外观和尺寸方面的要求以后，再抽检其他性能才有意义。

12.3.2.2　功能性检验

所有的电铸制品都是为的实现某种功能而制作的，比如是用作塑料注塑模具、滚塑模具、压模等，也可能是一件产品的零部件，还有可能是一种专用材料。这些不同的功能，会有不同的要求。这些要求包括表面状况、硬度、粗糙度、机械强度等。因此，对于制成品要针对不同要求的制品来确定检测相关功能是否符合原设计的要求。

（1）外观的检测

有些工艺性或装饰性电铸制品需要进行外观检测。这种外观检测可参照电镀层外观检测的相关标准和要求，比如参照 GB 5926 轻工产品金属镀层和外观测试方法。这种检测通常是在相当于 40W 日光灯照射下，在 30cm 距离内对制品的外观进行检测，不允许有起皮、分层、刺瘤等不良外观。也可以根据需方和供方共同确认的检测标准或约定进行外观检测。

（2）表面粗糙度的测量

无论是功能性电铸制品还是模具表面，都有粗糙度的要求。比如波导类异形管或腔的电铸制品，波导面的光洁度就要求很高。有些模具，比如光碟模等也有极高的表面光洁度的要求，这些要采用比较精密的粗糙度测试仪来进行测量。

（3）力学性能的测量

电铸制品的力学性能是重要的功能指标。比如表面硬度，对于模具或工具类制品是非常重要的。各种金属材料的硬度本来是可以通过金属手册查到，但是电镀金属的结晶与熔炼法获得的金属有所不同，通常都要经过实际测量来确定其实际的硬度。

镀层的力学性能取决于镀层金属的结晶组织，而镀层的结晶组织与电沉积的工艺条件有着密切关系。因此，镀层力学性能的检测不仅只是功能指标确定，而且对调整和改进工艺也是重要的依据。

① 显微硬度的测定 当电铸层较厚时，可以采用宏观硬度测试仪进行表面硬度的测试。但是当电铸层较薄时，采用显微硬度测试比较准确。显微硬度的测试要用到显微硬度计，对显微硬度计的要求如下。

a. 放大倍率在 600 倍以上；

b. 测微目镜分度值为 0.01mm；

c. 负荷重量 10～200g。

显微测试是利用特制的金刚石正方形锥体压头，在一定静压力的作用下，压入试样的表面或剖面，获得相应的压痕，然后用测微目镜将压痕放大到一定倍率，测量压痕对角线长度，经计算求出其显微硬度。

$$HV = \frac{1854P}{d^2}$$

式中 HV——显微硬度值，kg/mm^2；

P——负荷值，g；

d——压痕对角线长度，μm。

被测的表面应平整、光滑、无油污。

② 镀层内应力的测定 镀层内应力是电沉积过程中由于操作条件和镀液组成的影响而使金属电结晶过程中出现的一种平衡力。由于不是受外力引起的应力，所以称之为内应力。测量镀层内应力对于了解电沉积层的力学性能有重要参考价值。

镀层内应力测试现在已经有多种仪器可以进行。这些测试方法所依据的原理是在薄金属片上进行单面电镀后，由于镀层的不同内应力而使试片发生变形而弯曲，再根据试片弯曲的程度等参数来计算出相应的内应力。一种可供现场管理的实用测试方法是条形阴极法。

取长×宽×厚＝200mm×10mm×0.15mm 的纯铜试片，经过退火处理以消除机加工产生的内应力。小心进行除油和酸洗后，将试片的一个面进行绝缘处理，然后在被测试镀液内，让试片受镀面竖直地平行于阳极，按被测镀液的工艺要求进行电镀。完成电镀后，对试片进行小心清洗和低温干燥后，根据其变形情况来判断镀层产生内应力的情况。

如果试片仍然保持平直，可以认为镀层的内应力为零。

如果试片向有镀层的这一面弯曲，也就是有绝缘层的一面向外凸起，这就表示镀层有张应力。如果是向相反的方向变形，则表示镀层有压应力。这个测试方法还可以得出定量的结果。由于弯曲度是弹性模量（应力和应变之比）的函数，只要将镀层的厚度也加以测量，再将变形的试片的末端偏离垂直线的距离也测量出来，就可以利用公式计算出镀层内应力。

$$S = \frac{E(t^2 + dt)Y}{3dL^2}$$

式中　　S——镀层内应力，kg/cm^2；

　　　　E——基体材料的弹性模量，kg/cm^2，纯铜 $E = 1.1 \times 10^6 kg/cm^2$；

　　　　t——试片厚度，cm；

　　　　d——镀层的平均厚度，cm；

　　　　L——试片电镀面的长度，cm；

　　　　Y——试片末端偏离垂线的距离，cm。

③ 镀层脆性的测定　镀层的脆性直接影响沉积物的力学性能。镀层的脆性与镀层的内应力也有相关性。凡是引起镀层内应力增加的因素，也是引起镀层脆性的因素。测试镀层的脆性通常都是破坏性方法。即以外力引起被测试片变形至镀层产生开裂，然后根据试片变形的程度来评定脆性的大小。测定镀层脆性的方法有杯突法、静压挠曲法等。

杯突法是在杯突测试仪上进行的测试方法。所谓杯突，就是给被测试件加外力的冲头的形状是一个杯状突起。与冲头对应的外模则是一个比冲头直径大一些的圆孔。试片在受压成型过程中会向圆孔内凹下去一个与冲头一样的杯状坑，直至镀层产生开裂为终点。以这个坑的深度（mm）来表示脆性的程度。坑越深，表示镀层的脆性越小。采用杯突法测试镀层脆性，一般需要制作专门的试片，来模拟实际电沉积物的脆性。不同厚度或大小的试片选用不同的冲头和外模的直径。它们的关系见表 12-1。

表 12-1　杯突法试片厚度与冲头直径的关系

类　　型	试片厚度/mm	试片宽度/mm	冲头直径/mm	外模孔径/mm
1	≤2	70~90	20	27
2	>2~4	70~90	14	27
3	<1.5	30~70	14	17
4	<1.5	20~30	8	11
5	<1.0	10~20	3	5

第13章
电铸技术与环境

13.1 电铸工艺对环境的影响及治理

13.1.1 电铸工艺对环境的影响

在电沉积加工技术中，只有电镀为公众所比较熟悉。因此，关于电镀的环境保护措施和法规比较多，也引起各相关地区和各级政府部门的重视。电铸及其他电化学工艺，显然是被包含在电镀类当中了。不过电铸和电化学冶金有其本身的工艺上的特殊性，在环境保护措施上，应该有些不同的特点。

应该承认，我国在20世纪70年代曾经兴起的无氰电镀推广应用运动，尽管有当作政治运动来做的生硬和夸张的一面，但是，所获的科技成果至今都还在发挥作用。一些当年开发的无氰电镀工艺，至今都还在生产中应用，最有代表性的是碱性无氰镀锌、酸性光亮镀铜等。其他包括无氰镀银、碱性镀铜、镀合金等，都有无氰工艺在生产中应用。只是应用的面不那么广泛而已。

但是，电镀对环境的污染绝不仅仅是氰化物污染的问题。并且氰化物虽然是剧毒化学品，相对许多化学品污染，氰化物是比较容易被分解的，在自然界也不会积累造成持久的危险。其对社会的潜在危害要比对环境的危害大得多。各国对氰化物的严厉管制，主要还不是针对环境而采取的，很大的程度是为了公众的安全。事实上，许多重金属和新引入的有机添加剂和表面活性剂、络合物等，对环境的积累性和持久性的污染，比氰化物要严重得多。忽视对这类污染物的治理，才是最危险的。因为这类污染物是积累性和难以处理的，一旦进入环境，再要治理，就非常困难了。

由于相当多的电铸液采用的是与电镀相同的工艺，因此，电镀对环境有污染的因素，电铸也基本上都有。比如重金属离子、络合剂、表面活性剂、有机物、清洗剂等，并且也主要是以排水的形式进入环境。电镀加工过程对环境的影响见表 13-1。

表 13-1　电镀加工过程对环境的影响

工艺过程	产生的有害物质	对环境的影响及危害
除油	碱雾、含碱废水	使水体 pH 值上升；碱雾刺激和伤害呼吸道；含磷化合物和表面活性剂使水体富营养化、缺氧等
酸洗	酸雾和含酸废水	酸雾对皮肤、黏膜、呼吸道有害；使水体 pH 值下降；水中 pH 值低于 5 时，大多数鱼死亡
镀锌	含锌化合物	锌盐有腐蚀作用，能损伤胃肠、肾脏、心脏及血管；水中含锌量超过 10mg/L，可引起癌症，浓度仅 0.01mg/L 就可使鱼类死亡
镀镉	含镉废水	镉进入人体后，主要积累于肾和脾脏内，能引起骨节变形或断裂，0.2mg/L 可使鱼类死亡
镀铬、铝铬酸盐氧化	铬雾、水中的三价铬和六价铬离子	铬中毒时皮肤及呼吸系统溃疡，引起脑炎及肺癌；铬化合物对水生物有致死作用，并能抑制水体的自净，特别是六价铬危害最大，浓度 0.01mg/L 就能致水生物死亡
镀镍	溶液蒸汽、废水中含镍化合物	镍中毒时引起皮炎、头痛、呕吐、肺出血、虚脱，有资料介绍镍可导致癌肿，镍化合物的浓度为 0.07g/L 时对水生物有毒害作用
镀铜	废水中的含铜化合物	铜能抑制酶的作用，并有溶血作用，铜中毒引起脑病、血尿、腹痛和意识不清等，铜对水生物毒性较大，浓度 0.1mg/L 可使鱼类死亡
镀铅、铅锡合金	废水中的含铅化合物、氟化氢气体	铅可在人体内积累，每天摄入超过 0.3mg，就可以积累，引起贫血、神经炎、肾炎等，对鱼的致死量为 0.1mg/L 吸入氟化氢气体会刺激鼻喉，引起肺炎、氟骨症
氰化物电镀	含氰废水、含氰废气、氰氢酸	氰化物是剧毒物，0.1g 的氰化物就会致人死亡，0.3mg/L 就会致鱼死亡，吸入氰氢酸可导致喉痒、头痛、恶心、呕吐，严重时心神不宁、呼吸困难、抽搐甚至停止呼吸

13.1.2　电铸废弃物的治理

（1）固体废弃物的处理

电铸的固体废弃物大部分是可以回收的。特别是金属材料，无论是原型材料还是电铸加工中的废品，都可以通过金属回收的办法加以回收。非金属材料原型也基本上是可以回收再利用或交收旧部门回收的。

对于生产过程中的排气，包括金属酸洗时的酸雾、化学反应产生的气体和电铸操作产生的排气，都应该采用现场排气系统加以排出。如果所排气体或酸雾是有害物质或超过国家规定的排放标准，就要采用相应的治理措施。

（2）酸雾的净化处理

① 硫酸酸雾的中和处理　硫酸酸雾一般可以采用10％的碳酸钠进行中和处理。

$$Na_2CO_3 + H_2SO_4 == Na_2SO_4 + H_2O + CO_2 \uparrow$$

碱性溶液中和酸雾后，应有沉淀箱让净化过程中产生的渣滓沉淀下来，碱液通过循环系统还可以再使用。但是当其pH值达到8～9，接近中性时应该补充新的碱液。

② 硝酸酸雾的中和处理　硝酸可以采用氨溶液进行中和。

$$2NO + O_2 == 2NO_2$$

$$3NO_2 + H_2O == 2HNO_3 + NO$$

$$HNO_3 + NH_3 == NH_4NO_3$$

二氧化氮溶于水后，其中2/3生成硝酸，另有1/3转化为一氧化氮。一氧化氮与空气中的氧接触后又生成二氧化氮。再被水溶解成硝酸。这种方法不能完全将氮氧化物中和干净，采用氨进行中和是为了使这种反应更为完全，增加氮氧化物的反应概率。

③ 盐酸酸雾的中和处理　盐酸的中和可以采用碱和氨等低浓度的溶液进行中和处理。

$$HCl + NaOH == NaCl + H_2O$$

$$HCl + NH_3 == NH_4Cl$$

由于盐酸的溶解热较大，因此要较完全地中和盐酸，要用到冷却吸收器，或者溶液再循环使用时，先经过冷却器，再回到净化设备。

对于浓度较大的气体，由于惰性气体比较少，盐酸很容易扩散，吸收也快，可以在简单的设备中进行处理。对于浓度较稀的气体，吸收速度会有所下降，这时要采用例如陶瓷填料塔来进行处理。

④ 氢氟酸雾的中和处理　对于氢氟酸的酸雾，可以用5％的碳酸钠或氢氧化钠进行中和处理。

$$HF + NaOH == NaF + H_2O$$

通过净化后的氟化钠溶液，可加入适量的石灰水 [$Ca(OH)_2$] 和明矾 [$Al_2(SO_4)_3$]，生成冰晶石（Na_3AlF_6）和石膏（$CaSO_4$），而氢氧化钠则又可以再用于中和处理。

$$12NaF + Al_2(SO_4)_3 == 3Na_2SO_4 + 2Na_3AlF_6 \downarrow$$

$$Na_2SO_4 + Ca(OH)_2 == 2NaOH + CaSO_4 \downarrow$$

（3）酸雾净化设备

① 喷淋塔　喷淋塔的原理是让通过抽风系统排出的酸雾，能通过管道由塔的下方进入塔内，而中和用的碱水从塔顶部向下分级喷淋。碱水要形成大小合适的液滴，以充分与上行的酸雾接触而发生中和反应。气体在喷淋塔横截面上的平均流速一般为 0.5～1.5m/s，我们称这种平均流速为空塔速度。气流在通过筛板等塔内构件时会受到一定阻力，这种阻力的大小以 Pa 为单位。

喷淋塔的优点是阻力小，结构简单，塔内无运动部件，但吸收率不高，适合于有害气体浓度低和处理的气体量不大的情况。

② 填料塔　填料塔是在喷淋塔的基础上改进而得的设备，在塔内填充适当的填料就成为了填料塔。放入填料的目的是增加气液的接触面积。当吸收液从上往下喷淋时，沿填料表面下降而湿润了填料，气体则上升通过填料表面而与液体接触进行中和反应。

填料可以是实体也可以是网状体。常用的实体填料有瓷质小环和波纹填料等。填料的置入除了支承板上的前几层用整砌法放置外，其他层是用随意堆放的方法。填料塔的空塔速度一般是 0.5～1.5m/s，每米填料层的阻力一般为 400～600Pa。填料塔结构简单，阻力小，是目前用得较多的一种净化气体的方法。

③ 浮球塔　浮球塔的原理是在塔内的筛板上放置一定数量的小球。气流通过筛板时，小球在气流的冲击下浮动旋转，并互相碰撞，同时吸收从上往下喷淋的中和水，使通过球面的气体与之反应，使气体中混入的酸雾被吸收。由于球面的液体不断更新，气体不断向上排放，使过程得以连续进行。这种小球通常是以聚乙烯或聚丙烯制作，直径为 25～38mm。浮球塔的空塔速度为 2～6m/s，每段塔的阻力为 400～1600Pa。

浮球塔的特点是风速高，处理能力大，体积小，吸收效率高。缺点是随着小球的运动，有一定程度的返混，并且在塔内段数多时阻力较大。

④ 筛板塔　筛板塔也叫作泡沫塔。因为这种喷淋塔的特点是在每层筛板上保持有一定厚度的中和液，中和液由上向下喷淋在每一个筛板上形成一定液位的水池后，再溢出流往下一层筛板。筛板上有一些可以让气体通过的小孔，气体从孔中进入溶液后生成许多小泡，使气液发生中和反应，达到净化气体的效果。

筛板上的液体要保持在约 30mm 左右。空塔速度为 1.0～3.5m/s。随气流速度的不同，筛板上的液层呈现不同的气液混合状态。当出现大量泡沫时，气液有最大的接触面积，这时的效果是最好的。为了能达到这种泡沫状态，筛板的开孔率为 10%～18%，孔径为 3～8mm。筛孔过小，不仅加工困难，而且容易堵塞。筛孔过大，则液面难以保持，也不利于生成气泡。同时筛板的安装也一定要保持水平，以有利于液面高度的均匀，提高吸收效率。

筛板塔的优点是设备简单，吸收率高。它的缺点是筛孔容易堵塞，操作不稳定，只适用于气液负荷波动不大的场合，并且在气体流量较大时，这种方法的成本较低。

13.1.3　电铸用水的零排放系统

电铸与电镀相比，在相同规模的前提下，对环境污染的程度要小一些。这不是从加工总量的角度说的（电铸的加工总量肯定比电镀要小），而是从工艺特点来说的。电铸的特点之一是单件制品电镀时间长，往往是电镀产品的10倍以上，少则几个小时，多则十几个小时甚至更长。这样电铸件的清洗周期比电镀要长得多，从而使清洗水的用量比电镀要少得多。

电铸的另一个特点是对表面状态的要求比电镀要低得多。这样，即使是同样的镀种，在清洗时的用水量也就小得多。

清洗周期长和清洗水用量较少，使电铸的排水处理量比电镀要小得多。但是，这决不等于说电铸的排水可以不治理，而是可以根据这一特点使电铸的水处理技术更为合理。

大家知道，零排放在电镀污水治理中是一种最为理想的模式，至今都没有能够得到普及和推广。究其原因，是电镀用水量太大并且水体中的污染物又太多而复杂，要想分流治理，成本将很高。电镀实现零排放的另一个困难是对水质的要求较高，回用水如果不能完全恢复到初始状态，除了用于前处理的清洗外，在电镀件的清洗中是不能用的。因为那对于槽液和电镀件表面质量都会有危险存在。而要使回用水恢复到初始状态，成本也将高得惊人。因此，至今只有非常单一或专业的极少数电镀生产线，用到了零排放技术。

上边所说的采用回用水来达到零排放的技术，对于电铸加工来说，则是一种相对容易成功的技术。理由就是阻碍电镀过程实现零排放的问题，在电铸过程中都降到了最低。首先是水量大大减少，再就是电铸对表面清洗的要求没有电镀那样高，对水质的要求也没有电镀那样苛刻。还有就是电铸的镀种比较单一，水体中的杂质含量相对固定和成分不是很复杂。所有这些都有利于电铸过程成为零排放过程。水的回用的具体方案，将在下节中介绍。

13.2　电铸资源的可再利用

13.2.1　反复使用性原型的再利用

反复使用性原型本身就是基于节约资源的考虑而设计的原型。由于反复使用性原型基本上都是金属原型，因此，如何提高原型的使用寿命，是反复使用性原型再利用的第一个课题。

提高反复使用性原型的使用寿命的要点是对原型的脱模工艺进行有效的管理。首先就是选择合适的脱模剂或隔离层。

当反复使用性原型的脱模剂和隔离层出现质量问题时，就会导致脱模困难。在这种时候，为了保证电铸制品的质量，往往是牺牲原型而保留电铸制品。这时的反复性原型就变成了一次原型，这显然是一种浪费。因此对反复使用性原型，一定要保证其良好的脱模性能，从而延长其使用寿命。

对于这种一次或几次就报废的原型，除了少数是可以修复再用的以外，只能进行金属的回收。

超过使用寿命的反复使用性原型，除了可以经修复后再用的以外，也基本上是采取金属回收的方法加以再利用。特别是低熔点的合金，可以直接在熔炉中进行回炉再用。

13.2.2 一次性原型的再利用

一次性原型的再利用主要是回收再利用，其中主要是针对可回收材料的再利用。像石膏类一次性原型就无法回收再利用，而要作为废弃物或其他类型的再利用处理。对于可回收的原型也分为金属和非金属两大类。

（1）金属类

金属类一次性原型的回收，大多是可以再用于制成一次原型。比如低熔点金属或合金，可以将其收集起来，回炉再用。为了保证回收金属的纯度，在将回收的原型进行熔化前，要确定表面没有其他金属附着物，如果有要加以清除。

同时要尽量避免使用含铅等有害重金属低熔点合金。如果采用含有铅的合金，要采取相应的防止铅污染的措施。

有些化学溶解法脱模的一次性金属原型，则不可能直接回用，而要采用金属回收的方法加以再利用。在采用化学熔解法对金属原型进行溶解时，由于金属与酸或碱反应时往往会有气体产生而对环境造成影响。因此必须在有良好的排气装置的情况下进行操作，并且这种排出的气体要经过相应的气体净化装置处理后，才能排放。

（2）非金属类

非金属类一次原型中也有直接回用和回收再利用两类。直接回用的如石蜡类原型。而回收再利用的主要是各种热塑性塑料，如 ABS 塑料等。

塑料类原型的回收要将其表面的金属膜层完全退除后再用作回收料。否则会将金属类杂质带入塑料中而影响其使用性能。

除非是在用于热能再利用的垃圾焚烧炉，所有非金属废料不得采用焚烧的方法处理。对于自己不能回用的塑料和树脂类回收料，可以出让给专门的回收部门进行处理。

13.2.3　清洗水中金属的回收利用

这里所说的金属的回收，与前面所说的金属回收是不同的概念。不是指还原态金属的回收，而是指处于离子态的金属的回收，主要是指从电铸废液、经浓缩后的清洗液和经化学溶解的金属原型原液中回收金属，包括将散留在挂具或其他夹具等上面附着的金属经化学溶解（退镀）后，从这类金属离子的溶液中回收金属。所用的方法大多数是电解回收法。

（1）铜的回收

可以用电解法回收废水中的铜。如果水量不大，而含铜离子的量较高，可以通过蒸发的方法将废水进行加温蒸发，使其铜离子的浓度进一步提高至 30g/L 左右，然后加入硫酸至 50g/L，以 $0.5A/dm^2$ 的电流密度（电压约为 $1.8\sim2.4V$）进行电解沉积。阴极可以采用电解铜板或不锈钢板，阳极采用不溶性阳极。如果以铜粉的方式回收电解液中的铜，则铜盐的浓度最低可以在 5g/L 左右。

当水量较大而铜离子的浓度较低时，要采用反渗透法先将含铜离子的水进行浓缩后，再进行电解回收。由于铜的还原电位较正，又是采用较小的电流密度电沉积，这样可以保证铜的优先沉积而不会有其他金属离子的干扰。因此，采用电解回收的方法可以获得较高纯度的回收铜。类似于铜的精炼。

（2）镍的回收

镍的回收也是采用先浓缩废液，使其达到可供电沉积的工艺所要求的浓度，再以电解的方法进行电沉积回收。对镍进行电解回收时，比较理想的电解液是氯化物电解液。这种电解液可以在较低的浓度下工作，比如在以下的电解液中可以将镍离子以镍粉的形式加以回收。

氯化镍	$4\sim10$g/L	温度	$40\sim50℃$
氯化钠	$7\sim12$g/L	阴极电流密度	$30\sim60A/dm^2$
氯化铵	$15\sim25$g/L		

在这种电解液中回收镍时，可用一圆筒形不锈钢阴极，并让阴极滚筒缓慢地旋转。在滚筒上装一个刮板，将沉积在阴极上的镍粉不断地刮下来落入托盘中。当然也可以在这种镀液中镀出镍板，但镍盐的浓度要相应提高。

如果要用硫酸盐镀液进行回收，则镍盐的浓度至少要在 30g/L 以上。

（3）贵金属的回收

排放水中的金、银等贵金属的回收，最适合的方法仍然是阴极还原法。由于含金、银等贵金属的电沉积过程已经比较重视回收清洗，因此对贵金属的回收清洗水，由于累积浓度较高，很容易实现电解回收。但是，经过回收槽清洗后的电铸金、银等制件仍然要进入流动水清洗，这类水中也就同样存在一定浓度的贵金属离子。只要这类贵金属离子的浓度达到100mg/L左右，就可以让其通过流化床式电解槽，经过阴极电沉积收集后，使贵金属离子的浓度降至0.1mg/L以下，实现无害排放。这一方法也适合其他重金属离子的回收或清除。

13.2.4 水的再利用

（1）含镍废水处理

金属镍作为重要的工业资源，曾经是西方国家对我国禁运的战略物资。现在也一直属于供应紧张的战略资源。改革开放以来，我们虽然可以在国际上采购到金属镍，但其价格是越来越高。我国属于镍资源相对贫乏的国家，而无论是在电镀还是电铸中，镍的用量都非常大，更不要说在不锈钢等行业中也需要用到镍资源。因此节约使用镍资源有着重要的意义。

电铸镍由于镀液浓度比较高，加上清洗用水的量较少，使得废水中的镍离子浓度相对也较高，有必要从废水中将镍加以回收。通常可以用离子交换法、反渗透法和电渗析等方法加以回收。但是，离子交换法的处理浓度不能太高，当废水中镍离子浓度超过200mg/L时，就不宜采用。比较适用的方法为反渗透法。

反渗透法是一种膜分离技术。这种技术实际上是仿生学的成果。人们很早就知道肠衣和膀胱膜等能够分离食盐和水，这种透过膜将盐和水分离的现象被称为渗透现象。这种膜被叫作半透膜。最先利用这一原理的技术是海水的淡化。1953年由 Reid 提出用这个方法淡化海水，到1960年美国加利福尼亚大学的 Loeb 开发出实用的半透膜，这一方法得以进入实用阶段。

利用反渗透法处理废水的原理是，用隔膜将电镀废水与清水隔开，在废水一侧加上一个大于渗透压的压力，则废水中的水分子会逆向透过膜层透过到清水一侧。含镍废水在高压泵的作用下，镍盐被膜截留而只让水通过。这样不断持续，便可以达到分离出镍盐和净化清洗水的目的。其作用原理如图 13-1 所示。

反渗透膜有好几种，主要醋酸纤维膜。可以根据需要制成管式、卷式和空心纤维式三种。

醋酸纤维膜主要由醋纤维、甲酰胺和丙酮三种材料合成。甲酰胺起成孔作用，丙酮为溶剂。卷式醋酸纤维反渗透元件是将半透膜、导流层、隔网按一定排列黏合后卷在有排孔的中空管上，形成反渗透器件。废水从一端进入隔网层，在

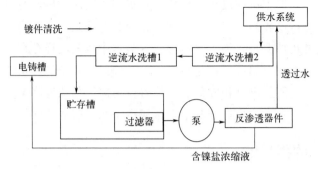

图 13-1　反渗透法处理含镍废水流程图

经过隔网时，在外界作用下一部分水通过半透膜的孔渗透到导流层内，再顺导流层的水管流到中心管的排孔，经中心管排出。被阻隔的部分为浓缩了的含镍盐溶液。可以经分析后投入电铸槽回用，或用作电解精炼为金属镍。

（2）混合废水的处理

前面已经谈到电铸的清洗水可以进行回收再利用。由于电铸生产相对电镀较为单纯，其废水的量和所含废弃物也相对少一些，因此不需要对其废水进行分流和分类收集，而是可以采取混合废水的处理方法。这样可以缩短水处理流程，方便水的回用。

混合废水处理可以简化处理流程，提高水的回用率。其废水处理和回用的流程如图 13-2 所示。

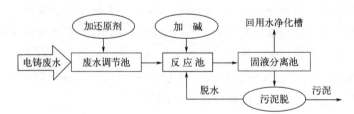

图 13-2　电铸混合废水处理回用流程

电铸混合废水首先进入调节池，加入硫酸亚铁等还原剂对废水中高价金属离子进行还原，以利后续的沉淀处理。还原处理后的废水用泵抽入反应池，加入石灰等碱类，使金属离子生成氢氧化物，然后用泵抽至固液分离池沉淀，经充分沉淀后，分离室内的水可以抽入回用水净化槽，经调整 pH 值至 7 以后进入电铸清洗供水系统。

沉淀室中的污泥可进入脱水过程。脱下的水可进入反应室回用。剩余的污泥是各种金属的氢氧化物，可以交环保部门做进一步的处理。这种进一步的处理包括再利用，或集中深埋。

13.3 安全生产

13.3.1 电铸生产中的安全技术知识

电铸生产过程中的安全技术涉及碱性溶液、酸蚀溶液、氰化物及其他（有机溶剂、机械、动力设备）安全知识。

（1）碱性溶液

电铸生产中涉及碱性化学用品的工序有化学除油、电解除油、氧化及有色金属精密件去油等。碱液对人的皮肤和衣服有较强的黏附性及腐蚀性，腐蚀时有灼热的感觉。因此在生产中使用碱溶液时，应掌握如下的安全操作知识。

a. 操作温度（除氧化溶液外）一般不宜超过 80℃，以免碱液蒸气雾粒外溢，影响操作环境和伤害工人的皮肤和衣服。

b. 应配备抽风设备或添加气雾抑制剂。

c. 操作时，工件进出溶液的速度应缓慢，严防碱液溅出伤害人体。

d. 氧化溶液加温时，用铁棍将其表面硬壳击碎，防止内压作用溅出的碱液伤人。

e. 操作时必须配备好防护用品，佩戴工作帽。

f. 碱液粘在皮肤或衣服上时，应立即用水冲洗干净。皮肤可用 2% 左右的醋酸或 2% 的硼酸溶液中和清洗干净，待皮肤干燥后涂以甘油、医用凡士林、羊毛脂或橄榄油等。若吸入体内，只有轻微的不适，可内服 1% 的柠檬酸溶液，多饮牛奶、黏米汤。严重烧伤者，送医院治疗。

（2）酸蚀溶液

常用的酸蚀溶液有硫酸、硝酸、盐酸、氢氟酸、铬酸及其混合酸液等。这些酸液腐蚀性很强，对环境污染严重，对人体危害也较大。因此操作时应掌握如下的安全操作知识。

a. 操作人员应熟悉各种酸的特性。

b. 配制和使用酸液时，应有抽风装置，工作者应佩戴好相应的防护用具。

c. 配制单酸溶液时，必须先加水，后加酸。配制混合酸蚀液时，应先加密度小的酸，后加密度大的酸，如配硫酸、硝酸和盐酸的混合酸时，它们的加料顺序是先把盐酸加入水中，再加硝酸，然后再加硫酸。

d. 宜在室温条件下使用浓硝酸，以防止其分解污染环境。

e. 细小通孔管状工件需用浓硝酸腐蚀时，应将工件同时浸入，不得只将一端插入酸液中，避免酸液和生成的气体从管内向外喷射伤人。

f. 发现酸液溅在皮肤上，立即用水冲洗干净，可用2%左右的硫代硫酸钠或2%左右的碳酸钠溶液洗涤，然后用水洗净，再涂以甘油或油膏。若轻微吸入体内时，可饮大量的温水或牛奶。严重烧伤者，冲洗后立即送医院治疗。

（3）氰化物

氰化物属剧毒品，操作不当，危及人的生命，因此必须严格遵守各项安全操作制度。购买、储存和使用氰化物必须通过当地公安局审核和审批，在有专人、专车、专库的硬件和制度保障前提下才能操作。氰化物操作注意事项如下。

a. 工作者必须熟悉氰化物的特性和它的危害性，操作时一定要集中注意力。

b. 操作前必须穿戴好防护用品。

c. 使用氰化物电解液时，必须具备良好的通风装置，应该是先开抽风机，然后操作。

d. 氰化物遇酸类物质产生反应，生成剧毒的氢氰酸气体，影响环境和安全生产，因此氰化物不能摆放在酸类物质的附近，酸类溶液不能与氰化物溶液共用抽风系统。

e. 工件进入氰化物溶液之前，必须将酸类物质彻底清洗干净（特别是有盲孔的或袋状的工件），以杜绝酸液带进氰化物溶液中。

f. 配制和添加氰化物时速度应缓慢，一方面使它能在溶液中充分扩散起反应，同时要避免溶液外溅。为了减少氰化物的分解挥发，防止环境的污染，溶液的温度不宜超过60℃。

g. 盛过和使用过氰化物的容器和工具，必须用硫酸亚铁溶液做消毒处理后，再用水彻底冲洗干净（专用于盛装氰化物）。凡含有氰化物的废水、废渣等都应进行净化处理，经处理符合排放标准后，才能排放。

h. 操作人员皮肤有破伤时，不得直接操作氰化物。清理氰化物电解液中阳极板时，必须在湿润状态下先中和，后清洗。清理时必须戴好手套。

i. 必须严格遵守氰化物剧毒品的领用制度。

j. 严禁在工作地区吸烟、吃食物。下班后应更换工作服。一切防护用品不准带回家去，放在专用的更衣柜内。下班后应漱口，用10%的硫酸亚铁清洗手和皮肤。每天下班后必须洗澡，防护用品应做到勤清洗。氰化物有苦杏仁味，发现有此中毒迹象，可内服1%的硫代硫酸钠溶液，并立即送医院救治。

（4）其他安全事项

生产现场有有机溶剂、压力容器、动力设备时，一定要有相应安全措施。

a. 由于有机溶剂易挥发，闪点低，因此严禁近火源。需升温时，应采用水浴或蒸汽加温。附近应有隔绝火源措施，容器应有密封盖。

b. 有机涂料烘干时，注意打开排气孔，防止爆炸，烘干设备应有防爆措施。在扑救易燃有机物火灾时，一般不宜用水，可用二氧化碳、四氯化碳、沙土。如果易燃物相对密度大于水或能溶解于水的，可用水扑救。毒性较大的气体，应戴防毒面具。

c. 受压器件应经常保持安全阀的完好，如发现故障，不得开启，检修完好后才能使用。

d. 蒸汽阀门开启与闭合时防止过头，否则易损坏阀门引起漏气伤人。

e. 转动设备使用时，切勿用手抓住强迫停车，应自然停稳后，才能装卸工件。

f. 生产场地应整齐、清洁。人行道畅通无阻。配备完好的消防、安全设施，并注意妥善保管。

13.3.2 防护用品的正确使用及保管

劳动保护用品是保护工人身体健康，以利安全生产的人身防护用品，各工种有它相应的劳动保护用品。对防护用品应正确使用，以节约资源。

（1）电铸操作者的劳保用品

电铸工艺属于化学、电化学加工行业，经常接触有腐蚀性、毒性的物品，因此电铸操作者的劳动保护用品应是耐酸、耐碱、防毒的。具体如下。

a. 耐酸、碱的工作帽，工作服，围裙及防水靴。

b. 防护眼镜、口罩或防毒面具。

c. 工作手套，必要时用耐酸碱手套，一般防止导电部分过热烫手可用纱套或布手套。

d. 存放防护用品的专用更衣柜或箱。

（2）使用防护用品时的注意事项

a. 防护用品只能在工作时间内使用，不得带回家或穿戴出入公共场所。

b. 防护用品只能起防护作用，决不能随意将防护用品浸入电镀生产中的化学溶液中，即使沾有这些化学物品也应及时或定期洗涤干净。

c. 不得使用不耐磨或软质用品去接触尖棱、摩擦性较严重的物件。

d. 不得用不耐热的用品去接触高温物件。

e. 保持操作范围内的场地畅通，消除有尖角、棱刃的障碍物，以免挂、划破劳动保护用品。电铸工作场所不准戴有色的平光眼镜。

参 考 文 献

[1] A. H. 弗鲁姆金. 电极过程动力学 [M]. 北京：科学出版社，1965：8-18.

[2] 刘仁志. 量子电化学与电镀技术 [M]. 北京：中国建材工业出版社，2022：25-62.

[3] 王喆垚. 微系统设计与制造（第二版）[M]. 北京：清华大学出版社，2015：1-22.

[4] 赵广宏. MEMS 技术中的电镀工艺及其应用 [J]. 遥测遥控，2021, 43（1）：30-31.

[5] 马福民，王惠. 微系统技术现状及发展综述 [J]. 电子元件与材料，2019, 38（6）：18.

[6] 刘仁志. 电气めっきにおける磁気の影响 [J]. 表面技术，1983, 30（1）：28.

[7] 刘仁志. 现代电镀手册 [M]. 北京：化学工业出版社，2010：2-15.

[8] 刘仁志. 磁电解的研究与应用 [J]. 材料保护，1985, 18（5）：10.

[9] 郭戈. 快速成型技术 [M]. 北京：化学工业出版社，2005：1-19.

[10] 何友义. CAD/CAM 技术与应用 [M]. 北京：机械工业出版社，2020：1-10.

[11] 安德烈亚斯. 格布哈特. 快速原型技术 [M]. 北京：化学工业出版社，2005：1-5.

[12] 刘仁志. 非金属电镀与精饰—技术与实践第二版 [M]. 北京：化学工业出版社，2012：88-100.

[13] 姜晓霞，沈伟. 化学镀理论及实践 [M]. 北京：国防工业出版社，2000：1-18.

[14] 徐红娣，李光萃. 常用电镀溶液的分析（第三版）[M]. 北京：机械工业出版社，1996.

[15] 张允诚. 电镀手册 [M]. 北京：国防工业出版社，1997.

[16] 陈治良. 电镀合金技术及其应用 [M]. 北京：化学工业出版社，2016：305-308.

[17] 徐泰然. MEMS 与微系统（第二版）[M]. 北京：电子工业出版社，2017：1-10.

[18] 古特·孟尼格，克劳斯·斯托克赫特. 模具制造手册 [M]. 任冬云，译. 原著第 3 版. 北京：化学工业出版社，2003：156.

[19] 渡边辙. 纳米电镀 [M]. 北京：化学工业出版社，2007：1-8.

[20] 刘仁志. 电镀添加剂技术问答 [M]. 北京：化学工业出版社，2009：1-29.